發現人體

生理學簡史

潘震澤

目次

推薦序

寶貴的借鏡

錢煦

潘震澤教授用生動的手筆把生理學的重要發現與觀念寫成《發現人體：生理學簡史》一書。從「諾貝爾生理或醫學獎」及「現代生理學研究於十九世紀的興起」開始，對心血管、呼吸、泌尿、消化、神經、內分泌、神經內分泌，以及生殖等各系統生理學的發展，有詳盡客觀的敘述探討，使讀者瞭解我們今天知識的由來和生理學各項關鍵理念的發展過程，對我們未來的研究給了寶貴的借鏡指南。最後一章「中國生理學的發展史」對華人讀者特別有價值。這是一本內容豐實，意義深長的生理學簡史，我讀後覺得受益良多，謹此介紹給生理學及其他有關領域的學者和同學們。

錢煦先生為美國加州大學聖地牙哥分校醫學工程研究院院長，中央研究院與中國科學院院士，美國國家科學院、醫學科學院與工程科學院院士，兩岸中國生理學會榮譽會員；曾任美國生理學會會長，美國實驗生物學會聯盟主席。

推薦序

生理學重返主流舞臺

陳慶鏗、華瑜

好友潘震澤教授最新著作《發現人體：生理學簡史》，即將付梓，承蒙不棄，邀請我倆撰序，深感榮幸。

誠如震澤指出，生理學本來就是醫學之根基，十分遺憾的是在二十世紀分子生物學崛起後，生理學一度極為式微，甚至於醫學教育上亦被邊緣化。有鑑於此，世界生理學會聯盟（International Union of Physiological Sciences）於上任會長諾伯（Denise Noble）教授與現任會長華瑜教授任內，即提出「重返主流舞臺」（Back to Center Stage）口號，號召全球生理學者重新凸顯研究人體功能為詮釋分子生物學之最大利器。此一口號，與震澤書中針對「眼中只有分子細胞、全無整體運作概念的生物醫學專家」之針砭，不謀而合。

有人說，歷史就是一面鏡子，細觀生理學的發展，其實與歷史洪流息息相關。震澤在詮釋心血管、呼吸、泌尿、消化、神經、內分泌、神經內分泌及生殖生理發展的同時，適時納入相關的時光背景，除顯示他尖銳的觀察力外，亦使本書可讀性大為增加。生理學家有喜樂愛惡，亦有瑜亮情結，既有人以天下為己任，亦有人奉獨善其身為圭臬；無論如何，生理學家之成就實應以其對醫學之貢獻為評價基準。國內學術界習以「諾貝爾獎」得主或中央研究院院士為桂冠，與震澤書中「更多篇幅還是留給許多未曾得獎的學者所得出的成果」之氣度相比，相形見絀。

震澤書中另一強調之論述，即為中外生理學家如何從簡單實驗中觀察到影響深遠的醫學現象。此外，相互分享研究概念與分享資源，正是學者能在逆境中發熱發光之不二法門。現代年輕學者，經常以經費不足、儀器落後為其成長速度緩慢之理由，若能細讀本書，得其精隨，必將受用無窮。

震澤獻身於科普譯介及報紙專欄，已逾二十年，近年來更以科學人物及其發現為主，生理知識為輔從事著作，本書付梓，應為此過程之結晶，可喜可賀。我倆與震澤結緣於一九八六年，數十年間亦師亦友，相互激勵，於《發現人體：生理學簡史》一書面世之際，能有緣為文撰序，做為生理學同儕，與有榮焉。

陳慶鏗先生為教育部國家講座教授、長庚醫療體系研究發展委員會主席
華瑜女士為世界生理學會聯盟會長、長庚醫療體系講座教授

自序

緣起

自幼嗜讀章回小說，《三國》、《水滸》、《東周》、《隋唐》等幾部稗官野史，伴我度過許多年少時光，記憶長留至今；這份經驗也培養出個人對歷史人物與事蹟的興趣。

及長，選擇生理學做為研究志業。在學習過程中，對於教科書中偶而提及的先賢以及經典論著的作者，除了心生敬佩以外，也不免對其生平事蹟感到好奇。只不過學術界入門之前要修習的專業科目太多，入門之後又必須一心放在原創研究與發表上方能立足，因此多年來並無暇多顧教學研究以外的個人興趣。

個人自一九九六年起涉足科普書譯介工作，轉眼已逾二十年，譯作也超過二十本。此外，從二〇〇〇年起開始撰寫報紙專欄，並於二〇〇六年開啟部落格[1]，直到二〇一二年請辭專欄、二〇一四年關閉部落格，前後不間斷地寫了十五年左右的文章。由於我的文章性質，以科學人物及其發現為主，生理學知識為輔，因此都得有所根據，不敢光憑記憶，或是想當然爾，就率爾操觚；於是蒐集資料，大量閱讀，也成了日常功課之一。閱讀內容包括許多前輩生理學家的傳記與生平介紹，以及一些相關的科學史論述；除了補足個人之前的不足外，也滿足了不少當年的好奇心。

個人最早是在《中央日報》副刊的「生理人生」專欄開始撰寫生理學家的生平，做為瞭解生理學發展史的進路。我先後撰寫了哈維、伯納、帕甫洛夫、坎能與林可勝五位分屬英、法、俄、美、中五國生理學者的生平介紹；此外，還就個人專業神經內分泌學的發展史做了回顧。可惜該專欄寫了不到兩年，就因《中央日報》停刊而中斷，我也就沒再重拾此專題。

二〇〇九年，我接受陳穎青先生之邀，為他主持的貓頭鷹出版社撰寫一本「生理問題集」類型的書。為此，我在部落格徵詢讀者意見並收集問題，做為寫書的依據。只不過寫到後來，我不滿足於單純回答問題，於是加入生理各個系統運作方式的介紹；該書終於在二〇一五年出版，書名《為什麼腸胃不會把自己給消化了？揭開人體生理的奧祕》，相當於人體生理學的簡明版。

由於篇幅限制，該書只介紹了生理學的要旨，對其發展歷史及重要人物並無著墨，自覺有所不足；於是想到之前寫過的幾篇生理學家小傳，希望能從歷史的角度，再寫一本介紹生理學的書，以補前書之不足。

一開始，我只把之前寫過的幾篇小傳加上幾個生理系統（我較熟悉的神經與內分泌）的歷史拼湊一下，就構成一本小書。但當我把書稿寄給與我合作多年的衛城出版總編輯莊瑞琳小姐徵詢出版意願時，她建議我野心可以放大一些：以更有系統的方式介紹整個生理學的發展史，而不僅是現有文章的結集。

思考再三，我覺得瑞琳的建議是對的：既然要做，就應該盡能力所及做好。因此，我放棄了原來的想法，重新擬定全書大綱，按生理各個系統的發展一一循序介紹；至於先前撰寫的文章，則分別插入合適的章節。在兩年多斷斷續續的筆耕下，終於完成了這本《發現人體：生理學簡史》；在此，我可以自豪地說：其中百分之七十的內容，都是根據新蒐集的資料進行的全新創作。

內容簡介

現有的科學知識都不是從石頭裡蹦出來的，而是一代一代的科學家根據前人的發現，做進一步的支持、修正，甚或推翻。在科學發展的歷史上，各種假說與理論來來去去，不計其數；對後學者來說，他們從教科書中通常只接觸到最新的事實與理論，不一定清楚其來龍去脈，更不見得

1 專欄前後有《中央日報》的「書海六品」與「生理人生」、《聯合報》的「生之理」及《中國時報》的「觀念平臺」四個，部落格有《遠流圖文閱讀網》及《中時部落格》的「生理人生」兩個。

知道前輩科學家曾經發生過哪些爭執。

瞭解本門的過往歷史，自然是有好處的；曉得現有知識是怎麼來的，會對所學有更深刻的體認與珍惜，不至於輕易受到不實的宣稱影響、不容易走回頭路或岔路，甚至能看出新的研究方向。本書取材是以一般生理學教科書都會提到的重要發現與觀念為主，介紹最早發現及引進它們的人，以及它們如何變成今日的模樣。在此將每章的內容摘要如下。

第一章藉由諾貝爾生理或醫學獎的由來，介紹生理學與其他生物醫學學門的關係；第二章介紹現代大學與生理學研究於十九世紀的興起，並分別介紹了法國、德國、英國與美國生理學界的開創性人物。

第三章是心血管生理簡史。公認最早以科學方法來研究生理問題、成一家之言的，是十六、十七世紀的英國人哈維；哈維也有現代生理學之父的稱謂，因此該章對哈維的生平與貢獻有較多著墨。其餘內容包括血壓測定、心臟節律控制、血液循環與血壓調控的發展史。本章對另一位在心臟功能、血液與體液交換，以及內分泌生理都有過重要貢獻的十九、二十世紀英國生理學家史達靈，也花了較多篇幅介紹。

第四章是呼吸生理簡史。一開始先介紹了氧的發現，其中有瑞典、法國與英國三位科學家的優先權之爭。接著是呼吸如何受到神經的控制，最後是與登高、潛水及飛行有關的呼吸生理研究，屬於應用生理學的一頁發展史。

第五章是泌尿生理簡史，從最早對腎臟形態與功能的研究開始，到尿液生成的方式，再到尿液濃縮機制的釐清，最後是腎臟功能測定方法的建立等，都經過許多參與者的折衝與角力，其中尤以腎小管微穿刺取樣的方法學建立最為關鍵。

第六章是消化生理簡史，由十九世紀上半葉的一樁意外展開，也就是美國軍醫波芒特在一位腹部遭受槍傷、傷癒後留下一條胃瘻管的工人身上，所做的系列消化實驗；這可是千載難逢的機運。接著深入介紹了十九、二十世紀的俄國生理學家帕甫洛夫：他以精湛的手術在狗身上製造了各種瘻管，以更有系統的方式研究消化作用及其調控。再來是第一個胃腸道激素（胰泌素）的發現，顯示胃腸道除了受到神經系統的控制外，還接受激素的控制。最後介紹了胃潰瘍由細菌造成的理論及發現經過。

第七章是神經生理簡史，是生理系統中最長的一章，從神經系統的解剖學研究開始，一路介紹神經電生理、神經化學、整合神經生理，以及腦部高階功能等領域的發展；對相關的重要發現與主題，都不厭其煩，一一詳述。其中每個領域都有許多人物的參與和爭執，例如高爾基與卡厚爾對神經系統的連結方式之爭、嘎爾凡尼與伏特對於生物電性的爭論、神經訊息是透過電來傳遞或是經由化學物質傳遞的爭論，以及神經組織生物胺螢光呈色法的優先權之爭都是。

第八章是內分泌生理簡史：從腺體與疾病的關聯、腺體分泌物的純化與分離，到激素的作用方式等，都有涉及，但重點放在腎上腺素、胰泌素、胰島素等幾個激素；其餘下視丘、腦下腺與性腺分泌的激素，則歸入第九與第十章。神經與內分泌系統是進入二十世紀後才成熟的學門，因此獲得諾貝爾獎肯定的科學家也最多，書中都一一予以介紹。

第九章是神經內分泌生理簡史：這是生理學當中最新的一門分支，於二十世紀上半葉才出現；主要是科學家發現神經細胞也會像腺體細胞一樣分泌激素，於是把神經系統與內分泌系統結合在一起，其中尤以下視丘的神經元為主。從實驗顯示下視丘激素的存在，到第一個下視丘激素的純化定序，整整花了兩個實驗室十五年的時間。這段追獵下視丘激素的故事，也構成了這一章的重頭戲。

第十章是生殖生理簡史。人類生殖生理的研究，一向落後其他學門；牽涉到避孕或輔助生殖的研究，還經常遭到衛道人士的攻訐，避孕藥丸與人工受精的發展史便是最佳寫照。此外，生殖生理與內分泌生理的關係密切，無論是腦下腺分泌的性腺控制激素，還是男女性腺分泌的雌性素、睪固酮等，都是正常生殖功能所必需；這些激素的發現史，也成為生殖生理的一部分。

第十一章是中國生理學的發展史。基本上，由國人進行原創性的生理學研究，是從一九二〇年代開始的，領頭的主要是任教北京協和醫學院的林可勝，以及上海醫學院的蔡翹。從他們兩位實驗室訓練出來的生理學家，遍布全國各地，也包括臺灣及美國。林可勝還創立了「中國生理學會」與《中國生理學雜誌》。這一頁歷史，以及臺灣生理學界的發展史，書中都有述及。

本書取名簡史，自然是受限於個人學識與本書篇幅，只能挑選一些最重要的發現與人物進行介紹，而不是以條列或編年的方式，做鉅細靡遺的陳述；生理學現況與最新發展也不在其列。至於選擇標準，個人希望是根據事實講話，盡量做到客觀；但個人也不吝提出一些主觀的看法。如果有讀者認為本書遺漏了哪些重要人物或發現，歡迎來信指教，以做為本書再版修訂時的參考。

1 生理學細說從頭

每年十月初，瑞典的諾貝爾獎基金會都會陸續公布該年的各獎項得主；其中打頭陣的，是由瑞典卡洛琳斯卡學院（Karolinska Institute）負責遴選的生理或醫學獎。因此，拜諾貝爾獎之賜，「生理」一詞還經常出現在媒體。只不過一般報章雜誌常把這個獎簡稱為「生理醫學獎」或「生醫獎」，甚至完全省略生理，逕稱「醫學獎」，顯然不甚瞭解這個獎為什麼要把生理與醫學並列。再者，許多得獎人既非醫生也非生理學者，更顯得這個獎似乎有些名實不副。

話說諾貝爾獎原始的五個獎項：生理或醫學、物理、化學、文學，以及和平獎，是根據諾貝爾（Alfred Nobel）於西元一八九五年立下的遺囑所設立的（經濟學獎則遲至一九六八年才設立）；因此，想要知道諾貝爾為什麼會用「生理或醫學」這個名稱，我們得回頭來看看現代醫學的發展史，以及十九世紀的醫學研究，才能瞭解一二。

醫學之本在生理

現代醫學的發展，是西方社會在文藝復興之後才開始的，至今不過五百多年。在那之前長達一千五百多年，西方醫學一直籠罩在二世紀的羅馬醫生蓋倫（Galen）的陰影之下。蓋倫綜合了西元前五世紀希臘希波克拉底（Hippocrates）學派的體液理論與病理觀察，加上他自己從解剖動物得來的知識，建立了一整套傳統醫學的理論。蓋倫醫學的強大威力，除了來自他等身的著作外（約二千五百萬字，二十二巨冊），也與他的理論同基督教教義有某種程度的契合有關：蓋倫認為人體內所有器官都有其特定功能，這一點與造物主的智慧若合符節，而得到天主教會的支持。蓋倫的追隨者（許多是中古世紀享有識字及接觸手抄典籍特權的天主教修士）都以記誦他的著作為主，少有人進行實際的解剖與實驗做驗證。因此，直到十七世紀，蓋倫的醫學理論仍被視為真理，如有人膽敢提出不同於蓋倫的說法，輕則罰款，重則下獄。

蓋倫

最早對蓋倫的權威提出挑戰的人當中，有一位是十六世紀任教義大利帕度亞（Padua）大學的解剖學家維薩流斯（Andreas Vesalius）。維薩流斯是當時少數走下講臺，親自在解剖臺前動手解剖屍體、進行教學的人。他發現蓋倫書中所描述的人體解剖，許多都不是來自真正的人體，而來自動物；譬如蓋倫描繪的子宮是狗的、腎臟是豬的、腦則屬於牛或是羊。據說維薩流斯在蓋倫的人體解剖圖中，一共找到了兩百處屬於動物的解剖構造。一五四三年，維薩流斯在瑞士出版了一套七本、繪製印刷皆精美的解剖圖譜《人體的構造》（*On the Structure of the Human Body*），是有史以來第一本高品質且忠於實體的人體解剖構造圖。

由於維薩流斯及其繼任者的努力，帕度亞大學醫學院成為十七世紀歐洲最進步的醫學院之一，與波隆納（Bologna）、巴黎、蒙彼利埃（Montpellier）等醫學院齊名。歐洲第一座室內解剖講堂，就建於帕度亞大學，時為一五八四年；十年後，這座圓形劇院式講堂更擴大改建成永久性建築，好讓教授在解剖人體時，更方便醫學生圍觀。有時甚至還收門票，供社會名流觀賞，地位愈高者可以坐在愈靠近解剖臺的位置。這座新建講堂，是維薩流斯的第三代繼任者法布里秋斯（Hieronymus Fabricius）設計的，現代生理學的奠基者哈維（William Harvey）則是他的學生。

維薩流斯

哈維是英國人，他於一五九九年不辭舟車勞頓，遠赴帕度亞醫學院接受親自動手解剖的「新」醫學教育，而不像歐洲多數其他的醫學院，只是閱讀蓋倫流傳下來的解剖圖譜，以及後人的注疏演繹而已，但缺乏實際動手及觀察的經驗。一六二八年，哈維根據推理與實驗，寫了《論心臟與血液之運動》（*On the Motion of the Heart and Blood*）一書，駁斥了蓋倫醫學中氣血在體內運行的講法，並建立血液從心臟經血管流至全身、再回到心臟的循環理論，是為現代生理學研究之濫觴（哈維的生平與研究詳見第三章〈心血管生理簡史〉）。

解剖與生理

無論是單純使用肉眼觀察的大體解剖、還是使用光學儀器輔助的顯微解剖，都是探討身體構造的學問，對象則是人或動物的屍體；反之，生理學感興趣的，是身體構造在活體當中的功能。對任何生物來說（人造物件也一樣），構造與功能是相輔相成的：功能需求引導了構造的演化方向，而構造本身也限制了功能的範圍。

相對於活體生理而言，解剖構造的變化較少，因此許多老舊的解剖圖譜也歷久彌新；譬如出名的《格雷氏解剖學：描述與手術》（*Gray's Anatomy: Descriptive and Surgical*）於一八五八

帕度亞大學的解剖講堂，是歐洲現存最古老的一座。

年發行第一版，迄今已超過一百五十多年，也歷經改版（最新的第四十一版於二〇一五年發行）。[1]有關人體解剖的研究，自維薩流斯以降，直到十九世紀的解剖學者，已大致完備；這一點只要看看人體當中許多以發現者為名的構造，都是十九世紀以前解剖學家的名字，就可明瞭。

反之，生理學研究則瞠乎其後，至今仍有許多未解之謎團，其主要原因有兩點：一、許多身體構造的功能不易從外觀得出，必須進行實驗，才能一窺堂奧；二、研究方法及工具的不足，使得真相無法顯露出來。例如脾臟的功能就曾困擾醫學研究者達幾千年之久，直到二十世紀中葉現代免疫學成熟以後，才有完整的認識；至於人腦許多功能的確切作用機制，至今仍是臆測多於事實。再者，生理學研究需要其他學門知識的輔助，才能有所突破；像心肺系統得用上流體力學的知識，血液、消化、代謝等系統要用上許多化學知識，神經系統則要用上電學等都是。現代生理學實驗室要是少了一些利用物理與化學原理所製備的測定儀器，是不可能進行任何實驗以及得出任何新發現的。

生理學還有一點與解剖學大不相同之處，就是研究者多以活體生物、而非死屍為研究對象。生理學家認為：多數身體功能只有在活著（甚至清醒）的動物（包括人）身上才觀察得到，死去（甚至麻醉）的動物就無從得見；因此，傳統的生理學家都屬於活體解剖者（vivisectionist），他們

1 其中文版早於一八八六年就由英國傳教士德貞（John Dudgeon）翻譯在華出版，書名《全體通考》，共十八卷；「解剖學」一詞即出自該書。

也必須具備相當充分的解剖學知識。

以活體動物做實驗是實驗生理學的基礎，是促使生理學與解剖學於十九世紀分家的主要因素，也使得生物醫學脫離了所謂的「自然神學」（natural theology）與「自然哲學」（natural philosophy）的束縛，大幅向前邁進。在十九世紀中葉麻醉藥物開始應用於手術之前，無論給人動手術或是以活體大型動物為實驗，都不可能是愉快的經驗；後者更遭致愛護動物人士的抗議，至今不衰。

經過近兩世紀的折衝與妥協，以活體動物做實驗已受到嚴格的規範，像是以純教學為主的示範動物實驗已減至最少，而多以教學影片及模擬程式取代；大部分食品、化妝品及藥物檢驗也多以細胞培養或微生物進行，盡量不用大型家畜及寵物做實驗，其餘則以鼠類及其他無脊椎動物取代。但我們在享受現代臨床醫學的進步、並期待持續有所突破之餘，就不能忘記那是犧牲許多動物生命所換來的成果，以及接受這種做法不可能完全消除的事實。

醫學研究分支

二十世紀以前的醫學研究，分支並不如今日繁複，像臨床只分內科與外科，基礎研究則都屬於解剖與生理的範疇。甚至，解剖與生理是不分家的，而以解剖為主，生理為輔。一直要到十九世紀中葉，實驗生理學發展成熟後，才正式成為獨立學門，與解剖學分道揚鑣；因此，純粹的生理學與生理學者在十九世紀中葉以前是不存在的。

至於今日我們熟悉的生化學（biochemistry），十九世紀的名稱是化學生理（chemical physiology）或生理化學（physiological chemistry），屬於生理的範疇；藥理學（pharmacology）的歷史雖然與生理學一樣悠久，但研究藥物在體內的作用，離不開對生理的瞭解；至於免疫學（immunology）研究的是身體的防禦生理、病理學（pathology）則研究出了毛病的生理（目前病理生理〔pathophysiology〕一詞仍繼續使用），甚至臨床微生物學（clinical microbiology）也是探討微生物對人體生理的影響。這些學門起初都歸入生理學的研究範疇，之後才逐漸獨立，終究仍與生理脫不了干係。因此，以研究人體的學問而言，生理是一切研究的根本；所有的臨床問題及基礎研究，最終都要回到兩個問題：其作用的生理機制是什麼？那對於人體的生理有什麼影響？生理的重要性，可見一斑。

基礎與臨床醫學之別

在二十世紀之前，基礎與臨床醫學的界線也不那麼涇渭分明，那是因為當時的醫學研究多數是由所謂的「紳士醫生科學家」在行醫之餘所為（自然科學的其他分支也一樣），真正由政府或私人機構支助，不具醫生身分的專職醫學研究人員，還是進入二十世紀以後才成為普遍的行業。再來，由於二次世界大戰期間許多實用的發明，好比雷達、抗生素、原子彈等，都源自基礎研究，因此，戰後各國政府開始大力支援基礎研究；自此，但憑興趣所至、不以應用為目的的研究成為主流，基礎與臨床也漸行漸遠。

基礎醫學研究以探討生物運作的原理與致病機制為主，並不見得把如何治病放在心上；臨床醫學則只把病人與治病放在第一位，而不一定在乎或曉得疾病的來龍去脈。基礎研究者經常拿動物或微生物做實驗，鮮少接觸人體；但臨床醫生如要動手做實驗或研習手術技巧，則免不了也要使用動物。當然，醫學的進展有賴兩者的相輔相成，缺一不可。從事基礎研究者或可不在乎即時的臨床應用，但臨床醫療若無基礎研究做後盾，則不可能有所突破，這點在新藥開發以及複雜疾病（如遺傳疾病、癌症、免疫失調等）的診斷治療上，尤其重要。

拜科學進展之賜，現代醫學的分支變得愈來愈繁複，幾乎每個器官或系統都自成一門學問，三不五時還又可能跑出一門新學問來，讓人眼花撩亂。單是以 -ology 為字尾的學門名稱，就不下二、三十個，像是因應老年社會而流行起來的老人學（gerontology）及老人醫學（geriatrics）等。事實上，有不少學門原本系屬同源，分家後也還藕斷絲連，像婦科學（gynecology）與產科學（obstetrics）、神經學（neurology）與精神病學（psychiatry）等都是。

醫學分支變得更多更細的後果，是造成許多專科醫生見樹而不見林。一百年前，哈佛醫學院的生理學教授波特（William T. Porter）曾說過一番話，值得在此重述：「醫學各部門的知識，已經累積到讓教授及學生都難以掌控的地步；唯一的解救之道，在於對科學方法有徹底的掌握。醫學生必須取得這份能力，而不是單純的資訊；只有如此，在穿越知識大海的橫風逆浪之時，才能維持穩定的航道。」[2]至於想要對科學方法有所掌握，就必須對基礎研究有所認識，這也是醫學院學生必須接受前期基礎醫學教育的理由。

但人世間的事大多在兩極之間擺盪，很少長期定於一尊。時至二十世紀末、二十一世紀初，以目標或疾病為導向的整合型研究又開始流行，好比已完成的「人類基因組計畫」（Human Genome Project）以及進行中的好幾個「人腦計畫」（BRAIN Initiative、Human Brain Project、Brain Activity Map、Human Connectome Project）等都是。不管怎麼說，研究光有目標、口號或經費是不夠的，還要有技術與方法為後盾；像美國在一九七〇年代就發起「向癌症宣戰」（The War on Cancer）運動，到現在仍未竟全功，理由就在於此。

2 見 Benison, Barger, and Wolfe. (1987), p. 47.

從諾貝爾獎得獎研究看生理學研究進展

如前所述，諾貝爾獎是根據諾貝爾的遺囑設立的，諾貝爾於一八九六年過世，當時的生理學猶如一世紀後的分子生物學，正是當紅的學問，被視為解開生命奧祕的鑰匙；晚年為心臟病所苦的諾貝爾自然也對生理學寄予厚望，因此有生理或醫學獎的設立。

第一屆諾貝爾獎於一九〇一年頒發，正是二十世紀開始的第一年，而人類社會的科技發展，在二十世紀有飛躍式的進步；因此，諾貝爾獎的得獎研究，也部分記錄了自二十世紀以來，人類在科學上的成就。

根據諾貝爾的遺囑原意，該獎項是頒給「前一年中為人類謀取最大福利的人」；但遴選單位很快就發現這個想法執行起來有其困難，因為在自然科學，任何發現的重要性都有待驗證，而一年的時間通常是不夠的。在諾貝爾科學獎項的獲獎歷史中，不乏日後發現有錯或價值不高的成果；因此之故，遴選委員會也變得愈來愈謹慎。以生理或醫學獎為例，獲獎人從發表獲獎研究到獲獎的期間，從一九二〇年以前平均不到十年時間，如今已超過二十年以上。其中等待時間最長的，是發現可誘發腫瘤病毒的勞斯（Peyton Rous）：從發現該病毒（一九一一）到得獎（一九六六）長達五十五年之久，得獎時勞斯已是八十七歲的老人了。此外，二〇一〇年獲獎人是高齡八十五歲的愛德華茲（Robert G. Edwards），得獎成果為一九七八年誕生的全球第一位「試管嬰兒」，足足讓他等了三十二年之久。還有二〇一二年獲獎者戈登（John B. Gurdon）的獲獎成果也是五十年前（一九六二）完成的：將成年青蛙細胞的細胞核植入去核的受精卵中，讓受精卵發育成完整的青蛙。

由於諾貝爾獎看重的是做出重大貢獻的人，而非終身成就，因此，許多著作等身的生理學者都無緣獲獎，其中尤以提名共二十五次的美國生理學者坎能（Walter B. Cannon）最出名。反之，有好些在學界原屬藉藉無名之輩，卻因一項重要發現而獲獎，像一九二三年因發現及分離胰島素而獲獎的班廷（Frederick G. Banting）、一九六二年因發現DNA雙螺旋結構而獲獎的華生（James D. Watson）與克里克（Francis H. C. Crick），以及二〇〇五年因發現幽門螺旋桿菌而獲獎的華倫（J. Robin Warren）與馬歇爾（Barry J. Marshall）等都是。

再者，傳統的系統生理學研究早於十九世紀就已蓬勃開展，因此，除了神經系統（包括感覺系統）、內分泌系統與細胞生理學等領域的獲獎次數較多以外，其他生理系統的得獎次數都相當低，像心血管系統有三次、消化系統有兩次，餘如呼吸系統、肌肉系統，以及生殖系統都各只有一次[3]，而且這些獎大部分是在二十世紀前半葉取得。這並不是說這些生理學分支百餘年來都停滯不前、沒有突破，而只是沒有「諾貝爾獎等級」的發現罷了。因此，要想瞭解生理學研究的全

3 生殖生理學領域可能還有宗教與道德的因素參與，導致得獎率偏低，像避孕藥研究就是遺珠，人工受精則遲到了三十餘年（參見第十章〈生殖生理簡史〉）。

貌，光看諾貝爾獎得主的成果是不夠的。本書在介紹生理學各分支的發展歷史時，除了不會遺漏得獎的生理學者外，更多的篇幅還是留給許多未曾得獎的學者所得出的成果。

2 十九世紀的生理學

前一章提到，現代生理學研究可以說是從英國人哈維開始的，與十五、十六世紀文藝復興時期展開的人體解剖學研究息息相關，也與十七、十八世紀啟蒙時代的科學革命同步進行。生理學從早期以觀察推理為主的描述記錄之學，一路進展到以實驗驗證為主的科學，得力於物理化學之處甚多，像力學、光學、電學、熱力學等知識，氣體、元素、酵素等發現，以及各種觀察與測定儀器的發明等，都促成了生理學在十九世紀的發光發熱。

十九世紀以前的自然科學研究者是不受所謂的「學門」限制的，他們任意悠遊於讓他們感興趣的問題或現象之中，上至天文、下至地理，無所不包；像達文西這樣的「文藝復興人」就是最好的代表。至於真正有生理學這門獨立領域以及專門研究身體運作的生理學者出現，還是十八世紀末、十九世紀初的事，與工業革命、資產階級以及新式大學的興起，關係密切，其中尤以德意志地區[1]的大學為最。

雖說歐洲在西元十一世紀就有大學的成立，但基本上早期的大學都由教會主辦，以訓練神職人員、律師、公務員及醫生為目的，除了天主教神學外，內容以希臘哲學與羅馬法律的古典知識為主，並沒有多少獨立研究與增進知識的精神。一直要到十九世紀的德意志，才有真正具現代意義與組成的大學出現，德意志也在十九世紀的學術研究獨領風騷；至於目前執世界牛耳的英美大學，則遲至十九世紀末以及二十世紀上半葉才後來居上。

現代大學在德意志的崛起，要歸功於洪堡（Wilhelm von Humboldt）[2]這位哲學家、語言學家、外交家以及教育家的遠見。洪堡認為大學不只是傳授既有知識的所在，還負有創造新知的責任，因此大學教師與學生都應該參與研究工作。這項改革對於當時普魯士以及德意志諸邦國在科學與技術的進步，厥功甚偉。洪堡並按其理想於一八一〇年成立了柏林大學（如今稱為柏林洪堡大學，以為紀念），成為當時最現代的大學，也是歐美各大學學習的榜樣。

洪堡

洪堡的教育改革反映在醫學研究上，就是教授制度的建立：無論基礎還是臨床分科，都由從事研究的教授主掌，並由學校支付薪水。這種現代人視為理所當然的大學制度，在十九世紀則是首創；因為當時的醫學教育類似師徒制，由臨床醫生帶領，直接向上課的學生收費。至於醫生的行醫執照是由同業公會管轄，醫學院的入學資格也無嚴格限制，因此無論教師還是學生的水準都參差不齊，他們更沒有研究的壓力。這種情況在英美等國一直持續到十九世紀末、二十世紀初，才逐漸向德國看齊。

教授制度的建立，使得當時德意志各邦國（包括如今的奧地利與波蘭的一部分）境內二十幾所大學陸續有生理學教授的職位出現（一開始都是由解剖學教授兼任）；這不單吸引了優秀人才，也促進了良性競爭。像是前往知名教授的實驗室學習蔚為風尚，因為就業的前景可期；同時，大學之間也爭相以優渥條件吸引知名教授前往任教。一般而言，正職（或稱講座）的生理學教授一系只有一位，但其下還有特職教授（professor extraordinary，類似英美的副教授一職）及編外講師（private lecturer，德文是Privatdozent，可視為助理教授或講師）的職位，做為晉身教授的跳板。因此，在制度的加持下，十九世紀的德意志出現了一整批出色的生理學者，也造成德意志地區的生理學研究於十九世紀大幅領先英法兩國。

我們可以從生理學研究論文的發表數字，來看看十九世紀的德意志是多麼的領袖群倫：

1 一八七一年以前並不存在一個統合的「德國」，十九世紀初由三十幾個各自獨立的邦國組成鬆散的德意志邦聯，其中以普魯士及奧地利兩國最大。

2 洪堡還有一位知名度不下於他的弟弟亞歷山大．洪堡（Alexander von Humboldt），後者是自然學家與探險家，曾前往南美洲探險五年之久，並留下大批寫作，是達爾文之前最出名的自然史學家。

年分＼國家	德意志地區／德國	法國	英國	美國
1800–1824	26	30	16	1
1825–1849	157	45	25	0
1850–1874	273	62	12	8
1875–1899	286	27	65	11
1900–1924	270	16	87	63
總數	1012	180	205	83

取材自：Zloczower, A. (1981).

從表中可以看出，法國在十九世紀的頭二十五年與德意志地區不分軒輊，在接下來的五十年間也繼續有所成長，但幅度遠不及德意志，到了世紀末更出現下降；從一八二五到一九二四的一百年間，德意志的生理學研究則獨領風騷。英國的生理學研究雖然傳統深厚，但在十九世紀的前七十五年都大幅落後德法兩地，直到十九世紀末、二十世紀初才奮起直追；至於美國的崛起，更是二十世紀以後的事。

十九世紀的法國生理學研究

在科學發展與新思潮的創新上，法國的貢獻一向與英德兩國並駕齊驅；像法國科學院（Academy of Sciences）於一六六六年由路易十四成立，只比英國皇家學院晚了六年。且不提引發法國大革命的啟蒙運動（像笛卡兒、伏爾泰、盧梭、孟德斯鳩等引領者都是法國人），在十八與十九世紀之交，舉世知名的法國科學家就有拉瓦錫（Antoine Lavoisier）、拉馬克（Jean-Baptiste Lamarck）、拉普拉斯（Pierre-Simon Laplace）、傅立葉（Joseph Fourier）、枯維葉（Georges

Cuvier）及安培（André-Marie Ampère）等人，同時法國還有西方世界現存最古老的醫學院與醫院：蒙彼利埃醫學院與神舍醫院（Hôtel-Dieu de Paris），在臨床醫學上也頗有成績，如精神病學的建立及聽診器的發明等；但法國在生理學研究上卻乏善可承，直到十九世紀馬江地（François Magendie）與伯納（Claude Bernard）這對師徒的出現，才完全改觀。

十九世紀初的西方生物醫學界大都臣服在生機論（vitalism）的教條之下，法國也不例外。所謂生機論是說生物體當中有種不可捉摸、且變化多端的「生命力」（vital force）存在，與無生命的無機物質遵循物理與化學的原理不同。由於這種生命力無法以物理及化學方法測量，因此生機論者認為以生物體做實驗，不可能得出前後一致的結果。

這批人最常提出的一項論點，是說同一種藥物或手術，用在罹患相同病症的不同個體身上，結果可能完全不同。只是這些人沒有想到，生物實驗的變異之所以過大，是由於生物體內外可變的因素太多、不易完全掌握所致，與什麼生命力並無關聯。十九世紀許多著名的生物醫學研究者，都與生機論者有過論戰；他們從實驗中發現：生物體的運作，一如無生命的物質世界，也遵循物理及化學的法則；只要實驗者將引起誤差變化的因子減至最少，生物實驗的結果絕對是可以重複驗證的。時序進入二十世紀，生機論已為大多數人摒棄，但其陰魂至今依然不散，存身於許多另類療法之中。

馬江地其人其事

馬江地出身醫生世家，後來也成為知名的外科醫生；他天生是懷疑論者，對空談、無事實根據的理論嗤之以鼻。他曾說過：「我只有眼睛，沒有耳朵。」對別人提出的理論，他會說：「我沒聽過。但只要做個實驗，就可以報告觀察所得。」憑藉著這種實驗精神以及豐富的論文發表，馬江地可說是一手建立了「實驗生理學」這門學問。馬江地從一八〇八年發表第一篇論文起，到過世前三年的最後一篇為止，一共發表了九十幾篇著作。其中包括專書、調查報告與評論在內，不完全屬於原創實驗報告，但可看出上表中法國於十九世紀前半葉的生理研究成果，馬江地占了絕大部分。

一八二一年，馬江地年方三十八歲就入選為法國科學院院士；他積極參與學院的服務工作，包括審稿（他會重複投稿者的實驗）、參與事件調查委員會（其中兩項調查都為期多年才結案），以及各種獎項的審查，同時他還定期在學院大會中提出論文報告，一直到他過世前兩年才停止。

馬江地

此外，馬江地在一八三〇年更獲聘為地位崇高的法蘭西學院（College de France）的醫學講座。這是法國歷史最悠久的學術機構（成立於一五三〇年），以研究新知及大眾教育為任務，其中講座數目有嚴格限制，目前也不過五十餘人，遇缺才補；

同時講座名稱不固定，按科學的最新發展以及新講座的研究內容而定，以確保與時俱進。講座的任務之一，就是每年提供不收費的公開演講系列。馬江地擔任該講座共二十五年，直到過世才由弟子伯納接任；但自一八四七年起，伯納就已擔任馬江地的代理講師，負責一半的講座，最後幾年則全數接手。

馬江地的研究既多且雜，但主要以神經系統為主，他最主要的貢獻，是建立了脊髓背根與腹根的功能[3]：背根攜帶了輸入脊髓的感覺神經，腹根則攜帶從脊髓輸出的運動神經。馬江地這項發現的優先權與蘇格蘭生理學家貝爾（Charles Bell）出現爭執：貝爾在早幾年一份自行發表、流通有限的文章中提過腹根的運動控制功能，但沒提背根；然而他在後續的寫作中刻意模糊此點，只強調自己的發現比馬江地更早。因此脊髓背側與腹側神經的功能分區，如今稱為貝爾－馬江地法則（Bell-Magendie law）。

由於馬江地的實驗以切斷、破壞、摘除部分神經組織，再觀察動物的行為為主，再加上他從事研究的年代，麻醉藥尚未流行（麻醉藥第一次公開用於手術，是在一八四六年），實驗都在清醒動物身上進行，因此他被保護動物人士當作頭號對象，攻訐不斷。但對馬江地來說，醫學的操作與藥物的使用，如不先在動物身上測試，就直接用於人身上，才是不道德的事。當然，有些人

3 所謂背根與腹根，是脊髓神經進出脊髓的兩條管道，一位於脊髓背側，一位於脊髓腹側，由此得名。這個命名是根據四足著地的脊椎動物，而在以雙足站立的人類身上，也稱為更貼切的後根與前根。

把動物生命看得與人命一樣重要，因此聽不進這種論點。

名師高徒：伯納

馬江地除了本身的成就外，另一樁讓他在生理學史上留名的事，就是教出了一位青出於藍的弟子：伯納。伯納出生於法國南部鄉下農民之家，只上了一年大學就被迫休學，前往里昂郊外一家藥房當學徒。每月只有一晚休假的伯納迷上了看話劇（也是他的唯一娛樂），並自行創作劇本，夢想成為劇作家。二十歲那年，他終於鼓起勇氣隻身來到巴黎，追尋劇作家之夢；只不過被澆了幾盆冷水後，他接受建議，進入巴黎醫學院就讀，準備當醫生。

伯納對當時傳統醫學院的記誦式教學不感興趣，成績也不算出色，但對動刀解剖屍體以及給活體動物動手術興趣盎然，很快就技藝精湛。他聽了馬江地於法蘭西學院的系列演講（包括公開展示的活體動物實驗），馬上就確定了自己的志趣：做一名專職的實驗生理學家，而不是開業行醫。他從馬江地的助手開始做起，一路建立起自己研究的名聲，終究青出於藍，成就還在馬江地之上。

伯納

一八五五年馬江地過世後，伯納正式接任，成為法蘭西學院的醫學講座。他的開場白如下：「我負責講授的『科學醫學』這門學問，目前還不存在。我唯一可做的事，是為未來幾代打下基礎，也就是建立未來科學醫學之所寄的生理學。」他的這番話，誠實指出了當時生理學知識的現況：幾乎是一片空白。十年後，伯納更出版了目前已成經典的著作：《實驗醫學研究入門》（*An Introduction to the Study of Experimental Medicine*），將實驗的精髓與重要性做了精闢的闡述。

絕大多數生理學者的成就，都不會在史上留名，甚至在教科書上都不會提到，但伯納的一項創見，卻讓他永垂不朽，那就是多細胞生物擁有一個與外界環境獨立的「內在環境」（milieu intérieur）；這是為了駁斥當時生機論者所謂「生物具有不可捉摸的生命力」這類論點而提出的。伯納從多年活體實驗的經驗中發現，生物之所以能對抗許多環境的改變，憑藉的並不是什麼「生命力」，而是生物能夠在隨時變動的外在環境下，維持一個穩定的內在環境。這個內在環境，就是環繞在體內所有細胞外圍的液體，包括血液及淋巴液在內。生物絕大多數的生理功能，就是為了維持這個內在環境的穩定而演化得出。

伯納的這項創見，得到美國生理學者坎能（Walter B. Cannon）的進一步闡釋及發揚光大；坎能將生物體內在環境的穩定，稱作「恆定」（homeostasis）。自此，「恆定」就成了生理學裡「一以貫之」的觀念，使得許多生理現象得以理解與解釋。伯納與坎能的大名，也因此常留生理學教科書中。

由於馬江地與伯納師徒的努力，法國的生理學研究在十九世紀中葉得以與德意志地區分庭抗禮；只不過無論在制度、設備以及周邊支援上，法國都遠不及德意志，以至於兩人的成就未能延續並發揚光大。

十九世紀德意志地區的生理學研究

進入十九世紀之際，受到黑格爾（Georg Hegel）、謝林（Friedrich Schelling）等德意志哲學家唯心主義（idealism）的自然哲學強力影響，以及由生機論所主導的生物醫學思維，德意志地區的科學研究其實是停滯不前、落後英法兩國的。謝林的自然哲學強調類比（analogy），不重實驗；從無機物到有機物（生物），都有一套以電性、磁性、生殖力、興奮性、敏感性到兩極性（一如中國的陰陽說法）為主的基本觀念對應，解釋一切現象。所幸這波稱為浪漫主義生理學（romantic physiology）的潮流為期不算太長，到了一八三〇年代其影響已逐漸式微。

十九世紀的眾多德意志生理學者當中，尤以繆勒（Johannes P. Müller）與路德維希（Carl Ludwig）兩位的貢獻最大：繆勒扮演了承先啟後的角色，路德維希則是現代生理學的創建者，與同時代的法國生理學者伯納齊名。

繆勒其人其事

繆勒出生於德意志地區科布連茲（Koblenz）一位鞋匠之家，該地曾短暫受法國統治，但一八一五年拿破崙兵敗滑鐵盧，萊茵河流域被劃入普魯士，因此也改變了繆勒的一生。繆勒的中學成績出色，校方說服其父親讓他前往當時新成立的波昂（Bonn）大學就讀，並於一八二二年取得醫學博士學位。繆勒在波昂大學接受的醫學教育還不脫自然哲學那一套複雜的類比說法，但他畢業後得到校方支助，前往柏林大學生理與解剖學教授魯道菲（Carl A. Rudolphi）的實驗室進修。魯道菲是自然哲學的強力批判者，鼓吹顯微鏡學研究，因此改變了繆勒的觀念；魯道菲並在一年半後繆勒進修期滿、返回波昂大學時，將自己使用的顯微鏡送給繆勒。

繆勒利用這臺顯微鏡在波昂大學進行了各種以形態學為主的研究，在胚胎學、組織學與比較解剖學等領域，成果輝煌；譬如胚胎當中可以發育成雌性生殖管道的繆勒氏管（Müllerian duct；將於〈生殖生理學簡史〉一章詳述），就是他發現的，並以他為名。基本上，繆勒還是老一輩的生理學教授，形態學研究遠多於生理學。繆勒認為生理學必須根據經驗、觀察與實驗，而非抽象的空想；但他也不否認根據事實來發展想法的重要性，可說是折衷的中庸派。此外，他雖然堅持觀察與實驗是推論的基礎，但他仍依附生機論的說法，相信生物與非生物的差別，在於有生命力，因此還算不上是真正現代的生理學者。

繆勒

繆勒在波昂大學一路從講師升到比較解剖與生理學教授。一八三二年魯道菲去世，繆勒寫信向普魯士王國文化部部長自薦接任；過程中雖有些波折（他並非首選），但終於如願以償，於一八三三年起擔任柏林大學的解剖與生理學教授，一直到二十五年後因病過世。

繆勒對生理學的主要貢獻有兩項，其中之一是他擅長綜合整理，著作豐富，除了許多論文外，還寫了兩大冊的《人體生理學手冊》（*Handbook of Human Physiology*）[4]，將當時的生理學知識做了一番整理，成為流行多年的生理學教科書，該書並有英文譯本，改名為《生理學要旨》（*Elements of Physiology*）。

繆勒的另一項、也是更為重要的貢獻，是他在柏林大學教出了一批重量級學生（包括他的助教），對近代生物醫學研究有巨大的影響，其中包括亨勒（Jakob Henle）、許旺（Theodor Schwann）、杜布瓦雷蒙（Emil Du Bois-Reymond）、布呂克（Ernst Brücke）、赫姆霍茲（Hermann Helmholtz）、維蕭（Rudolf Virchow）以及海克爾（Ernst Haeckel）等人。其中亨勒與許旺是顯微解剖學家，像腎臟當中的亨勒氏環（loop of Henle；詳見〈泌尿生理簡史〉一章）就是亨勒發現的，而許旺更是細胞理論的創建者之一；維蕭是現代病理學的祖師爺，也被視為社會醫學的創建者；海克爾是出名的自然學者，是達爾文演化理論在德國的推手，後來以提出生物發生過程中的重演理論（recapitulation theory）[5]知名，雖然該理論並不正確。

繆勒的學生裡真正對生理學有貢獻並且自成一家的，是杜布瓦雷蒙、布呂克與赫姆霍茲幾位，他們三位加上路德維希，都相信以物理及化學方法來解開生理奧祕的重要性，同時駁斥生機論的說法。他們幾位年紀相當，聲氣相投，一生都是好友。其中杜布瓦雷蒙在繆勒過世後接掌了柏林大學的生理學教授職位，凡三十餘年；布呂克擔任維也納大學的生理學教授凡四十餘年（佛洛依德是他最出名的學生）；赫姆霍茲歷任柯尼斯堡、波昂及海德堡大學的生理學教授，最後則是擔任柏林大學物理學教授（赫茲與普朗克是他最出名的學生）。

杜布瓦雷蒙與赫姆霍茲都以電生理學研究著稱（參見第七章〈神經生理簡史〉），但赫姆霍茲在物理學界的知名度可能還更高，在能量守恆定律、光學、聲學、熱力學及古典電磁學等領域都有貢獻，他甚至還發明了醫生檢查眼睛必備的眼底鏡（ophthalmoscope）。一八四五年，他們幾位醫生連同一些物理學家成立了柏林物理學會（即後來的德國物理學會），卻不是生理學會（德國生理學會遲至一九〇三年才成立），並且杜布瓦雷蒙與赫姆霍茲都當過該學會的理事長。由此可見，在科學分工還不那麼繁複細微的十九世紀，科學家可以同時優游於好幾個不同的領域，而不受排斥（生理學家也會探討任何讓他感興趣的生理系統，而不會像目前大多數學者只專注其中一

4 在學術出版界，Handbook 其實是具參考書性質的專書，通常涵蓋面廣，篇幅也龐大，甚至分冊出版；譯成「手冊」有誤導之嫌，可譯為「大全」。

5 重演理論是說，高等脊椎動物（例如哺乳動物）的胚胎發生過程中，會重新走過從低等脊椎動物（從魚、兩生、爬蟲到鳥）演化到高等動物的過程。

個系統）。

路德維希其人其事

然而真正造成德意志地區的生理學研究在十九世紀下半葉領先全球的功臣，是路德維希。路德維希出生於德意志中部小城，一路求學上的都不是名校（他於馬堡〔Marburg〕大學取得醫學博士學位），也沒跟過名師，但他憑自己的天分與努力，力爭上游，先後擔任過馬堡、蘇黎世、維也納等大學的生理學教職，最後則是在萊比錫大學建立了全球知名的生理學研究所，並執掌長達三十年，讓該所成為當時歐美生理學者的朝聖之地，無論英、美、俄以及歐洲其他國家的生理學者，莫不以前往路德維希的實驗室進修為榮；其中最著名的有英國的蓋斯克爾（W. H. Gaskell）、美國的包第齊（P. H. Bowditch）、俄國的帕甫洛夫（I. V. Pavlov）、瑞典的惕格斯泰德（R. Tigerstedt）、義大利的莫索（A. Mosso），以及德國的法蘭克（O. Frank）等人，前後多達兩百位以上。路德維希對現代生理學研究的影響之大，可說無出其右者。

路德維希與法國的伯納一樣，都是實驗生理學的開創者，堅持生命的運作也可以用物理與化學的機制解釋，而毋須訴諸虛幻的生命力。路德維希對生理學的貢獻既多且雜，提出過許多「全球第一」的發現與理論，好比肺動脈壓的測量、血中各種氣體的測定、心音的起源、溫度對心跳強度的影響、心肌收縮的全或無現象、腦幹的心血管中樞，以及尿液在腎臟形成的原理等。他是

路德維希

極為負責與照顧學生的好老師，參與實驗室每個實驗的設計、執行與解釋；雖然每篇出自萊比錫大學生理學研究所的文章都經過他的審訂，但他幾乎從不在學生或來訪學者發表的論文上掛名。這一點少有人能做得到，因此百年後仍為許多人津津樂道。

路德維希除了是偉大的實驗生理學家以及了不起的導師外，他還是出色的儀器設計師，現代醫學工程的祖師爺。早在一八四六年，路德維希就設計製作了全球第一臺波形記錄儀（kymograph），利用隨壓力（或任何外力）而上下移動的尖針，在定速旋轉並貼了燻煙紙的圓筒上[6]刻劃出許多生理反應的曲線圖，像是心跳、呼吸、血壓、肌肉收縮等。有了這個儀器，生理學家頭一回能將觀察所得的生理變化，按發生時間順序記錄下來，同時還可以將生理反應量化，可說是徹底改變了生理學研究。有人做過下面這個類比：波形記錄儀之於生理學，猶如望遠鏡之於天文學，可見其重要性於一斑。此外，路德維希還設計製作過可測量血流速度與數量的流量計（stromuhr），應用在心血管生理的研究。

經由絡繹不絕前往路德維希實驗室進修學者的引介，波形記錄儀很快就開始在全球各地的生

6 這個稱為燻煙鼓（smoke drum）的裝置，是把一張記錄紙貼在轉筒上，在通風櫃裡利用燃燒的煤油煙燻，在紙上鋪滿一層薄薄的煤灰，然後再裝到波形記錄儀上，讓肌肉收縮、心跳、血壓等生理變化驅動針尖，在紙上刻劃出波形來。等整張燻煙紙都用過以後，把紙小心取下，浸入亮光漆後乾燥，就成了永久性紀錄。

理學實驗室使用，並有各式各樣的改進與應用；除了記錄常見的生理指標外，甚至還有人用來記錄腺體的分泌。波形記錄儀在生理學實驗室的使用長達一百多年，直到一九五〇年代以電控制的多頻道記錄儀（polygraph）問世後，才逐漸被取代，但學生實驗室仍持續使用多年。[7]

至於新式的多頻道記錄儀屬於新一代的電子產品，利用各種能量轉換器（transducer）將壓力、張力、位移等機械力轉換成電磁訊號，來推動墨水筆在定速移動的紀錄紙上做長時間記錄，其原理與更早問世的心電圖與腦電圖記錄器類似，俗稱的測謊機（lie detector）是其中一種應用，但其準確性一向為人詬病。

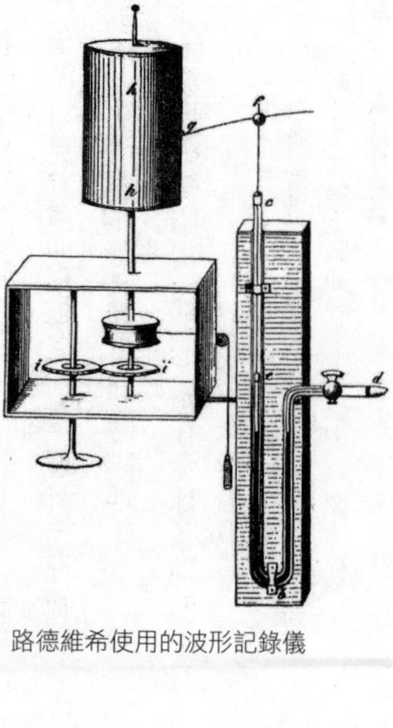
路德維希使用的波形記錄儀

十九世紀生理學在德意志的發光發熱並非獨立事件，同時也反映在其他的自然科學學門（好比物理、化學）以及一整批的下游產業當中，譬如機械、化工、製藥，以及兵工等，因此造就了整合後德國的國力富強，以至於有能力發動兩次世界大戰。當然科技本身無罪，受到野心政客的利用才造成問題。

十九世紀的英國生理學研究

如前章所述，現代生理學以及醫學之所以能脫離一千五百年來蓋倫醫學的宰制，主要是由於英國醫生哈維於一六二八年發表了血液循環的理論；因此，生理學研究在英國的傳統久遠，一路走來也能人輩出，無論在循環、呼吸、消化以及神經生理上，都有過重要貢獻。然而，時序進入十九世紀之際，英國的生理學研究卻停滯不前。一九二七年，在紀念英國生理學會成立五十週年時，著名的英國生理學家薛佛（Edward Schafer）如是寫道：

十九世紀中葉，英國生理學的發展遠遠落在法國與德國之後。英國沒有純粹的生理學家，任何外科或內科醫生都被認為能夠講授生理學這門課程……因此，當其他實驗科學都在進步之際，英國生理學界卻沒有什麼值得一提的人物，而法國與德國隨便就能提出馬江地、伯納、繆勒、赫姆霍茲或路德維希這些傑出生理學家的名字來。

至於英國生理學落後歐陸國家的原因，主要出在制度與觀念上。英國雖然號稱擁有牛津與劍橋這兩所古老且知名的大學（分別成立於一一六七與一二〇九年），但直到十九世紀中葉，它們還未脫離中世紀教會大學的建制與教學內容，只分成文、法、神、醫四個學院，講習內容也以

7 一九七〇年代初，本書作者在臺大動物系就讀時，生理學實驗就還是使用這種老式的波形紀錄儀與燻煙紙。

二千年前希臘哲人留下的著作為主。就算是一心想習醫的學子，也必須先取得古典文學的學位，並且必須是英國國教的信徒。因此，一八二五年遵父命準備學醫的達爾文，會從英格蘭遠赴蘇格蘭的愛丁堡（Edinburg）大學醫學院就讀，而不是選擇劍橋或牛津的醫學院，也就不讓人奇怪。

英國的蘇格蘭地區一向重視教育，且人文薈萃。在進入十九世紀之前，全英國只有七所大學，除了牛津與劍橋大學位於英格蘭、都柏林大學位於愛爾蘭外，其餘四所：聖安德魯（St. Andrew）、格拉斯哥（Glasgow）、亞伯丁（Aberdeen）與愛丁堡大學，都位於蘇格蘭。至於十九世紀蘇格蘭與英格蘭醫學教育的差別，可從下面這組數字看出：在一八〇一到一八五〇年間，牛津與劍橋的醫學院一共畢業了二百七十三位醫學生，而蘇格蘭的四所大學醫學院則畢業了七千九百八十九位，差別將近三十倍之多。[8]

當時英格蘭的醫學教育除了牛津與劍橋外，主要是由一些私立的醫學院及醫院所把持。它們形成類似同業公會的團體，擁有頒發醫師執照的權利，其運作方式有如今日的學店，對學生資格要求不多，只要繳費就能上課。至於醫生的養成過程則類似學徒制，都是跟在有經驗的醫師身後學習；除了必備的大體解剖課程外，其餘的基礎課程只是聊備一格，並無專人講授，自然也沒有獨立的生理學教授職位，研究就更不用說了。十九世紀著名的生物學家赫胥黎（Thomas H. Huxley）就是從這種醫學院畢業的，他在晚年回憶當年的習醫過程，如是寫道：

> 一位年輕人來到倫敦只要花兩年半時間懶散地「在醫院間走動」，再花半年時間在某個私立醫學院接受訓練，以完成三年的學制要求，然後忍受一個鐘頭的口試煎熬，就可順利畢業，像《新約．啟示錄》裡被放出封印的死亡騎士一樣，給大眾行醫。

這種情況到了一八五八年，開始有所改變：在該年通過的醫療法（Medical Act）要求下，建立了醫師註冊名錄（Medical Register）以及醫學總會（General Medical Council）組織；後者的任務之一，就是建立統一的醫師養成標準，像是在醫預科課程中加入必修的基礎醫學，並由專任的大學教師講授。

於一八二六年成立的倫敦大學學院（University College London），是英格蘭醫學教育改革的始祖；該學院是英格蘭第一所非由教會成立的大學，不限制入學學生的信仰，也無性別限制。該校於成立之初，就把解剖、生理、藥學、病理以及臨床醫學等課程列入大學學程，各由專門學系及醫院臨床部門共同負責。

一開始，臨床醫師自然是認為自己的權利被削減了，而反對這種做法。當時倫敦大學學院附屬醫院的一位外科醫生這麼說過：「我們不但將失去這些科目（解剖、生理、化學）的教師名額，

---

8 取自Henderson, J. (2005), pp. 3-4.

還必須小心別讓學生花太長時間在無用的基礎之學上，而耽誤了必要知識的學習。」可見當時的醫生對基礎醫學的心態。[9]

倫敦大學學院最早是聘請愛丁堡大學醫學院畢業、在倫敦開業的知名外科醫生與解剖學家貝爾，擔任生理及外科教授；先前提過，貝爾與法國的馬江地因發現脊髓的背根與腹根分司感覺與運動功能，而留名後世。一八三六年，貝爾辭職返鄉，擔任愛丁堡大學外科教授，遺缺由夏培（William Sharpey）擔任，職稱則是「一般解剖與生理教授」。從貝爾與夏培的職稱可以看出，當時生理還不算獨立學門，經常由解剖或外科教授兼任。

夏培也是蘇格蘭人，一八二三年從愛丁堡大學醫學院畢業。他在習醫期間以及畢業之後，花了將近三年時間在法國與德意志地區多家醫院與實驗室游學，結識了許多當時重要的歐陸醫界人士，也大幅拓展了他的生理學知識。夏培自己在研究上雖然沒有什麼值得稱道的建樹，但他在倫敦大學學院任教近四十年，培養出許多重要的生理學家，可視為現代英國生理學的祖師爺。

夏培的學生與助手當中，最重要的有三位：佛斯特（Michael Foster）、博登－桑德森（John Burdon-Sanderson）與薛佛。佛斯特是倫敦大學學院醫學院一八五九年的畢業生，之後自行開業了幾年；一八六七年，他在夏培的推薦下，擔任母校的實驗生理學講師，兩年後晉升為教授。一八七〇年，銳意革新的劍橋大學三一學院（Trinity College）聘請佛斯特為生理學大學講師（praelector），於是佛斯特成為劍橋大學第一位專任生理學教師（他於十三年後才正式晉升為教授）。佛斯特任職劍橋三十餘年，一直到一九〇三年退休為止。劍橋生理學系在佛斯特的領導下能人輩出，像蓋斯克爾（Walter H. Gaskell）、蘭利（John N. Langley）、薛靈頓（Charles Sherrington）、戴爾（Henry Dale）等人都是他的學生，研究成果也突飛猛進（這些人的研究成果將於〈神經生理簡史〉介紹），奠立了英國在二十世紀上半葉全球生理學界的領導地位。

佛斯特

博登－桑德森畢業於愛丁堡大學醫學院，並曾留學法國。一八七〇年，佛斯特離開倫敦大學學院前往劍橋後，他便頂替了佛斯特的遺缺，擔任實驗生理學教授。四年後夏培退休，他更正式接任生理學教授一職，直到一八八二年他接受牛津大學聘約，成為該校第一位生理學教授為止。至於他在倫敦大學學院的遺缺，則由夏培的另一位學生薛佛接任。

薛佛是倫敦大學學院的畢業生，以最早（一八九四年）發現腎上腺素的作用而留名後世（參見〈內分泌生理簡史〉）；一九一八年，他為了紀念恩師，還將自己姓氏改為夏培－薛佛。薛佛於一八九九年轉任愛丁堡大學生理學教授，直到一九三三年退休；中國生理學之父林可勝（Robert Kho-Seng Lim）就是他在愛丁堡大學任教時的學生。

9 一九八〇年代中期筆者在當時的陽明醫學院任教時，榮總的臨床教學醫生也有類似的態度；他們會說基礎醫學科系的老師們在前三年把學生教得太過自由懶散，也太愛問問題，不懂得醫學倫理、尊重前輩等等。

薛佛

除了制度之外，造成英國生理學研究停滯不前的，還有心理與社會因素。十九世紀的英國生理學研究仍承襲以解剖觀察為主的研究方法，對法德兩地新興的活體動物實驗方法帶有排斥心理。再來，根植於基督宗教的自然神學理論在當時仍是主流，好比一八〇二年由神學家培里（William Paley）寫作出版的《自然神學》（*Natural Theology*）一書暢銷一時；培里倡言所有的生物構造都是智慧設計的產物，尤以拿眼睛與鐘錶做類比最出名。培里的書廣為時人閱讀，包括先前提到、同馬江地齊名的貝爾在內（還有後來提出天擇解釋的達爾文）。對貝爾來說，他的解剖生理研究就是為了彰顯造物主的大能，因此他瞧不起法國的實驗生理研究。

此外，十九世紀的英國吹起一股反活體動物實驗的風潮，也影響了英國生理學者拿活體動物做實驗的意願；這股風潮在十九世紀中葉麻醉藥物發明及廣泛應用後，仍未稍歇。一八七五年，英國政府甚至在反活體解剖團體的壓力下，成立了一個皇家調查委員會（赫胥黎是成員之一），就活體動物實驗提出建議報告。結果則是一八七六年通過了活體解剖法（Vivisection Act），規定只有取得內政部許可的人士才能進行活體動物實驗。

這波反活體動物實驗的風潮，給英國生理學界帶來的好處反而多於壞處。一方面，從事研究的學者基本上都不難取得許可；有了許可，代表他們可以光明正大地進行動物實驗，不再擔心受騷擾。再來，為了在立法時有人代表出面與反對團體周旋，促使當時的英國生理學者團結起來，於一八七六年五月正式成立了生理學會；這是全球第一個生理學會，還遠在德法兩國之前。照創始成員之一薛佛於學會成立五十週年時的說法，那可是「塞翁失馬，焉知非福」（薛佛用的是拉丁文：*Ex malo bonum*，意思是「從壞事得出好結果」）。一八八五年，在佛斯特的主持下，提供學會會員發表研究成果的《生理學雜誌》（*Journal of Physiology*）誕生了，一百三十多年來刊登了無數經典之作，迄今仍是生理學界首屈一指的期刊。

至於動物保護意識會出現在英國，也有些弔詭。英國人看待動物的態度呈兩極化：一方面狩獵是英國貴族的傳統文化，屬於一項娛樂運動（sport）；另一方面，英國在工業革命後，中產階級及都市興起，讓許多人與大自然產生隔閡，反而對田野產生嚮往之情。這種田園式的懷舊之情，導致綠地、寵物、素食、環保等應運而生，至今不衰，且有愈演愈烈之勢。當然，宗教信仰與民族自尊，也都扮演了一定的角色。

在擺脫制度與動物保護的繫絆之後，英國生理學界終於在十九世紀的最後二十來年，跟上了世界潮流，從解剖學及自然神學中脫身，進入以實驗為主的研究。在心血管、神經、肌肉、內分泌、代謝等領域都有突出的貢獻，將於後面各章述及。

十九世紀的美國生理學研究

十九世紀的美國醫學教育，基本上與英國的傳統並無不同。以一七八二年就成立的哈佛大學醫學院為例，一開始整個醫學院只有三位教授，學生入學沒有前期教育的要求，也沒有筆試；學生不需繳學費，只要購買上課票就可聽講。正式課程只有一學期，其餘就是跟著開業醫生當幾年學徒，即可出師。這種情形，到了十九世紀中葉，除了課程延長至兩年外，並沒有太大改變。因此，當年的哈佛醫學院以及美國其他的醫學院與販賣文憑的學店或是職業訓練所，並沒有太大差別。可想而知，這些醫學院的基礎醫學教育都由臨床醫師兼任，聊備一格，研究就更別提了。這種情況在艾略特（Charles W. Eliot）擔任哈佛大學校長期間才逐漸有所改進。

艾略特的出身是化學教授，擔任哈佛校長達四十年之久（一八六九至一九〇九）。他之前曾於哈佛醫學院短期任教，對當時哈佛醫學院學生的素質之差，以及醫學院一般授課品質之低落，深感震驚，也因此種下日後積極改革的動機。艾略特最初的改革方案，包括將原本重複、鬆散，且考核不嚴的兩年課程，改成漸進式、評定等第的三年制課程，並授與畢業生醫學博士（MD）學位。同時，他敦促校務管理及監督委員會授權，取消醫學生直接繳交上課費給任課教授的方式，而由學校統一收取學費，並支付醫學院教師薪水。

哈佛第一位生理學教授——包第齊

艾略特曉得，單靠制度的改革，還不足以成就一流的學府，他還需要吸引一流的師資及研究人員才成。艾略特所招募的新教師當中，有位是哈佛大學及醫學院校友包第齊（Henry P. Bowditch）。包第齊出身學術世家，祖父是數學家，叔叔是哈佛醫學院的臨床教授，父親則是具有科學頭腦的成功商人。包第齊是當年極少數不準備開業，而想投身基礎研究的醫生；他也幸運地得到父親的大力支持，否則他連生活都會有問題，花錢的研究就更不用提了。

一八六八年，包第齊自哈佛醫學院畢業後，一如當時多數美國學者，逕行前往歐洲出名的實驗室學習。他的第一站是法國巴黎，在伯納的實驗室與杭維埃（Louis Ranvier）及馬雷（Étienne-Jules Marey）等人一起工作過。杭維埃是病理學家，以發現神經髓鞘及杭氏結（node of Ranvier）[10]知名；馬雷則以心血管生理研究及發明連續攝影名留後世。

包第齊雖然敬佩法國的生理學者，但對他們研究經費的寒傖感到震驚；當時的法國政府寧願花大筆經費在軍備上，卻吝於支持研究。於是他轉往德意志地區，繼續他的留學之路。他在路德維希的生理學研究所待了兩年多，表現極為出色。包第齊發表的第一篇論文，就包含了兩個重要的生理現象，一是肌肉的單次收縮在連續進行下，張力會有階梯式的增強（treppe）；另一則是心

10 髓鞘是包覆在神經纖維外圍的組織，由特殊的細胞形成；髓鞘之間的空檔（也就是兩個細胞之間的空隙），稱為杭氏結。

包第齊

肌興奮的全或無特性（all-or-none）。包第齊還具有機械長才，改進了路德維希的波形記錄儀，這在大部分儀器都需自行製備的年代，是極為重要的技能。

一八七一年，包第齊在艾略特的多次大力邀請下，帶著新婚的德裔妻子，及自費購置的生理儀器，從萊比錫回到哈佛，擔任生理學助理教授。他成立了全美大學第一個實驗生理學研究室，開放給任何有興趣的學生使用；自此，哈佛的醫學生除了上課聽講外，終於有了動手的機會。之前哈佛醫學院的生理學都是由一位解剖學教授兼任，為此，英國的大學評議會一度還不承認哈佛的醫學博士學位。一八七六年，包第齊升任哈佛第一位專任生理學教授，並成為十九世紀後葉至二十世紀初，美國最重要的生理學者之一。一八八七年，他協助成立了美國生理學會，並擔任第一任及第三任理事長，前後六年。

美國生理學雜誌及哈佛儀器公司創辦人——波特

一八九三年，包第齊宣布他將於十年內退休，因此哈佛醫學院聘請了另一位生理學助理教授波特（William T. Porter）來協助教學。波特是當時聖路易醫學院（後來成為華盛頓大學醫學院）的生理學教授，比包第齊年輕二十來歲，但同包第齊一樣，醫學院畢業後也在德國留學了幾年，才返國任教。他在心血管生理研究有過重要貢獻，是最早成功結紮冠狀動脈以模擬心臟病的人之一。

為了加強生理實驗教學，好讓每兩位學生都有一臺波形記錄儀可用，波特簡化並改進了原有的設計，在校內自行製作記錄儀。由於製作規模逐漸擴大，哈佛校方不願意在校內有營利的公司存在（這點與今日可是大不相同），於是在校長艾略特的私人資助下，波特在校外成立了哈佛儀器公司（Harvard Apparatus Company），以生產線方式量產記錄儀及其他生理實驗器械，不但提供了哈佛的教學之需，還可接受全美各大學生理實驗室的訂購。

此外，波特還積極鼓吹美國生理學會成立自己的期刊，以提供發表研究成果的平臺；但他連續提案了四年都沒有得到理事會的同意，於是波特提出自負盈虧及擔下編輯重任的建議，這才得到學會首肯，《美國生理學雜誌》（*American Journal of Physiology*）也終於在一八九八年創刊。該期刊很快就建立起名聲，與英國的《生理學雜誌》並駕齊驅。

然而當包第齊終於在一九〇六年退休時，接任他生理學講座教授職位的並不是波特，而是他倆教出的傑出學生坎能。當時坎能從哈佛醫學院畢業才六年，年方三十五歲，還只是生理學助理教授，也沒有留學歐洲的經驗。哈佛校方與醫學院之所以破格擢升，乃是因為坎能展現了過人的研究與管理長才，使得他們盡一切努力也要留住坎能。坎能後來成為二十世紀最重要的生理學家之一，可見哈佛確有識人之能。在此有必要對坎能的生平做更詳細的介紹。

坎能其人其事

坎能是十九世紀末，少數完全在美國本土接受訓練出來的生理學者，他的大學和醫學院教育，以及一生事業，都在哈佛大學完成。十九世紀到二十世紀初的美國學者中，前往歐陸接受教育或取經的，占絕大多數；這一點與二十世紀九〇年代前，國內自然科學及醫學學門的研究人員，大多數都曾出國深造的情形，十分類似。

然而，坎能卻與當時多數出身世家、屬於菁英階級的哈佛人不同：他來自明尼蘇達州「鄉下」，父親只是鐵路公司職員，並無意願及能力供兒子前往哈佛就讀；資質出眾的坎能是受到高中老師的鼓勵，才提出了申請。當時哈佛大學校長艾略特正力圖將哈佛提升至全國性大學，而非給東部少數有錢子弟就讀的地方私立學院，於是廣從全國各公立高中招募優秀的畢業生。到坎能入學的一八九二年，已有百分之三十的哈佛新生來自公立高中。

哈佛的這種改變，並不代表其入學標準有所下降。所有申請者除了要有優良的高中成績及推薦信外，還得通過一系列嚴格的入學考試，科目包括希臘文、三角、英文、德文及法文等，可在高中畢業後一年內完成。多數東部的私立中學會幫學生補習，一般公立高中的學生就只有自行準備。坎能也和當時多數人一樣，畢業後多花了一年時間修習這些課程，才參加並通過了為期兩天的考試。

坎能在進入高中前，曾輟學兩年隨父親在鐵路公司工作，以補貼家用。復學後，他在三年內完成了四年的學業，並名列前茅。他廣泛閱讀達爾文、赫胥黎、史賓塞（Herbert Spencer）、丁達爾（John Tyndall）等人的著作，對科學的興趣日增，並對從小養成的宗教信仰產生懷疑。教會牧師找他談話，訓誡他說有多少偉大學者都支持教會的訓條，他這個年輕人有什麼資格反對。只不過這種訴諸權威的說法完全無法說服坎能，因為他知道多的是偉大的學者站在反對的一方。

靠著獎學金、打工及兼任助教工作，坎能在哈佛完成了四年大學教育，主修動物學。他以最優等的成績畢業，並一路得到多數系上教授的賞識，提供他參與研究及協助教學的機會；坎能也珍惜與教授們相處聊天的機會，享受被視為同儕的良好感覺。他在大三那年，曾修習出名的心理學家及哲學家詹姆士（William James）的課，並深受吸引。詹姆士出身富裕，從小遊學歐陸，會多種語言並修習藝術，是傳統的紳士型學者，學養極為豐富。最終，詹姆士從哈佛醫學院畢業，但從未實際行醫，而在哈佛任教長達三十五年，講授科目從解剖與生理學到心理學，最後則是哲學，著作等身，影響至今不衰。坎能修了他的課之後，曾表示想放棄習醫的宿願，追隨詹姆士當研究生，詹姆士回答說：「別那麼做，不然你的肚子可是要裝滿西北風。」（詹姆士原文用的是「東風」。）[11]

坎能原本想申請進入成立不滿三年的約翰霍普金斯大學醫學院就讀，並去信給該院院長兼病

11 出自 Weissmann, G. (2007), pp. 31-44.

有「實驗室隱士」之稱的坎能與他的波形紀錄儀（Wellcome Library, London [CC BY 4..0]）

理學教授魏爾區（William H. Welch），要求提供半工半讀的機會，但沒有得到答覆，於是坎能決定留在哈佛唸醫學院。坎能之所以會嚮往霍普金斯醫學院，是因為打從成立起，霍普金斯醫學院就以一流的教學研究師資以及嚴格的入學標準與學程知名於世，聲望也一下就超越了哈佛醫學院，成為當時美國最好的醫學院。

坎能於一八九六年秋天進入哈佛醫學院就讀。在霍普金斯醫學院的壓力下，哈佛也宣布自一九〇一年將實施新制：申請入學者必須擁有學士學位，因此造成了一波趕著申請入學的熱潮，與坎能同時入學的有一百七十一名之多。雖然哈佛醫學院幾年前才搬過新家，但過多的學生仍造成課室擁擠不堪。同時，坎能發現基礎醫學課程的講授方式，大多冗長枯燥，且組織不當；好比在生理學講授了腦部的功能之後，解剖學才進行腦部構造的介紹。於是，許多課程坎能都自行研習，而不一定去上課；同時，他開始尋求獨立研究的機會。

一八九六年十月，坎能參加了一場盛會，那是哈佛醫學院為慶祝乙醚成功使用於外科手術五十週年而舉辦的，地點是在麻州綜合醫院。除了系列演講外，會中還展出了醫院新添置的一項儀器，也就是根據倫琴（Wilhelm Conrad Röntgen）於前一年的發現所製成的X光攝影機（倫琴於一九〇一年獲頒第一屆諾貝爾物理獎）。坎能沒有想到不久之後，他就利用了該項儀器進行他的

第一回研究，也讓他名留醫學史冊。

坎能的消化生理研究

坎能和一位二年級醫學生莫瑟（Albert Moser）往見生理學教授包第齊，尋求研究題目及方向的建議。包第齊想到新的X光機可能帶來的應用，就建議他們使用這個新儀器，來研究十幾年前有人提出的理論：流體食物從口腔進入胃，靠吞嚥肌收縮產生的壓力即可，毋須食道的蠕動。

沒有多少研究經驗的坎能，剛入門就碰上了多數人一輩子可遇不可求的機會：以全新的技術探討未知的問題。在經人指點如何操作原始的X光機後，坎能與莫瑟就著手實驗。起初他們讓實驗狗吞入珍珠紐扣，然後以X光屏幕觀察紐扣通過食道的過程。接著他們使用公雞及青蛙，最後則以一隻鵝進行了一百多次的觀察；吞嚥物也改成不透X光的亞硝酸鉍及硫酸鋇，包裹在膠囊內，可與不同質地的食物混合，以觀察固體或流體通過食道的情形。他們發現食物的質地確實影響其通過食道的時間：固體以緩慢的規律動作通過，流體則迅速進入胃。

接著，坎能又以清醒的貓為對象，獨立進行了胃部蠕動的觀察。他發現胃的蠕動是從中間開始，往小腸的方向推進；同時，每次蠕動只有少量的胃糜通過幽門進入小腸，其餘又回到胃的本體，等待下一波的蠕動開始。目前生理學教科書對於胃蠕動的描述，與一百多年前坎能的觀察紀錄大致相同。一八九八年創刊的《美國生理學雜誌》第一卷就刊登了兩篇坎能的論文，其中一篇與莫瑟共同發表，另一篇坎能是唯一作者。以一位醫學院二年級的學生而言，可是少見的殊榮。

坎能的初試啼聲之作，就為他帶來了幾乎不朽的名聲；這項工作不單是消化生理學的基礎，同時也開創了放射線診斷學這門學問。在更先進的胃鏡及非侵入式顯影技術發明之前，由坎能所使用的簡單技術，是全球所有現代醫院用來診斷胃潰瘍及消化道腫瘤的方法。然而一如許多早期使用放射線的人士，坎能也未能及時體認放射線對身體可能造成的傷害，因此疏於防範，造成手部灼傷，以及疼痛擾人的皮膚角化病，帶給他一輩子的不便。

雖然初次嘗試研究就得到莫大的回報，坎能並沒有就此決定放棄當醫生的打算，仍積極準備朝神經內科發展。但他的能力與表現引起了艾略特校長的注意，在他四年級那年，就聘請他為動物系講師，講授脊椎動物比較解剖學。到他畢業時，動物系及生理系同時都提出正式聘函，邀請他前往任教。不論在當年還是現代，要醫學系畢業生放棄待遇優渥的臨床工作，走教學與基礎研究的寂寞長路，都是重大的決定。不管怎麼說，一九〇〇年坎能從醫學院畢業時，接下了生理系的聘書，從講師開始幹起，兩年後升為助教授。再過四年包第齊退休時，哈佛為了留住坎能（他同時收到康乃爾大學醫學院的邀聘，之前還收過凱斯西儲大學的），決定破格擢升坎能為生理學講座教授，接替包第齊；坎能也在該職位一待三十六年，直到一九四二年退休為止。

對此決定，波特自然憤憤不平。為了安撫波特，哈佛另外成立了比較生理學教授的職位，讓波特擔任；波特雖不滿意這樣的安排，但也只能接受。因此事件，坎能與波特兩人的關係一直緊糊，經常為了小事鬧得不愉快。一九一四年，坎能當選美國生理學會理事長，波特因《美國生理學雜誌》的財務及編務問題請求學會幫忙，兩人坐下來開誠布公地談了一回，終於盡釋前嫌；波特將《美國生理學雜誌》的所有權以及債務都轉移給學會。一九二八年波特從哈佛退休，獲頒榮譽教授一職；一九四八年，美國生理學會也贈予波特榮譽會員頭銜（那通常只給外國的傑出生理學者）。

坎能的研究成果

坎能持續研究消化功能十幾年，然而他的一項意外發現，卻開啟了他下一階段更重要的研究方向，也就是動物的情緒與胃蠕動的關聯，其中牽涉的是自主神經系統的調控。

話說坎能在清醒的貓身上，利用X光顯影研究胃部的蠕動。一開始坎能使用的動物雌雄都有，但他很快就發現雄貓的脾氣暴躁，實驗中不斷掙扎想脫離拘束，不但實驗不易進行，結果亦不佳；反之，雌貓則容易受到安撫而靜止不動，因此成為常用的動物。然而有兩次實驗，動物分別是一雌一雄；一開始，兩隻動物都相當合作，讓坎能觀察到胃的正常蠕動。不過當實驗進行到一半，兩隻動物都發起脾氣來，原本收縮良好的胃突然間就停頓下來；等到動物安靜下來，胃的蠕動又再度出現。顯然，先前使用雄貓的結果不佳，與性別無關，而與情緒有關。

情緒會影響消化，可是從老祖母就傳下來的智慧，然而親眼目睹，還是讓坎能驚訝萬分，因為消化道會對精神狀態這麼敏感，是之前難以想像的（坎能還發現動物在睡覺時，腸道並非如前人所說也靜止不動，而是會繼續蠕動）。一九一一年，坎能將十五年來的消化生理研究寫成《消化的機械因子》（*Mechanical Factors of Digestion*）一書，做一總結，接下來，他便著手神經系統影響內臟活動的研究。

二十世紀初的生理學家已然知道，周邊神經系統除了感覺與運動的分支外[12]，還有負責內臟功能的自主神經系統，其中又分成交感與副交感兩支（詳見第七章〈神經生理簡史〉）。舉凡心臟、血管、消化道及腺體等幾乎所有體內臟器，都受到自主神經的控制，同時還不在我們的意識之中。譬如說瞳孔縮放、心跳快慢、血壓高低、血流多寡、體溫上下、呼吸緩急、胃腸蠕動等身體活動，似乎都自有定見，毋須我們操心。也因此，才有「身體的智慧」一詞出現。

從情緒影響消化道蠕動的觀察開始，坎能進行了一系列的研究。他發現，動物在面對肉體或精神的受創或壓力時，會有心跳呼吸增快、血流重新分布、血糖升高、肌肉較不易疲乏、血液凝固時間縮短等種種反應。為此，他創造了「戰或逃」（fight or flight）這個名詞。同時，他更發現，這些反應持續的時間，要比神經的活動時間來得長，因此，他推測除了神經之外，還可能有腺體的參與。

坎能開始研究交感神經的年代，神經傳導的化學理論（也就是說神經與神經，以及神經與其他構造的聯繫，以分泌化學物質為主；這些化學物質稱為神經遞質）尚未建立，內分泌研究也才萌芽，無論神經遞質及激素（荷爾蒙）的本質，都還不清楚（參見〈神經生理簡史〉與〈內分泌生理簡史〉）；因此，坎能大多是採用間接的方法，包括以手術切除交感神經及大腦皮質等，來進行實驗。由腎上腺髓質分泌的腎上腺素（adrenaline 或名 epinephrine）於二十世紀初分離純化，是最早被發現的激素之一（參見〈內分泌生理簡史〉）。由於注射腎上腺素可產生類似活化交感神經的作用（也就是坎能描述的戰或逃反應），因此有人提出：交感神經的作用可能經由類似腎上腺素的物質達成。

坎能利用去除腎上腺以及心臟上頭所有神經末梢的動物，做為生物測定的材料，因為這種動物的心臟對於血液循環中的腎上腺素物質極為敏感，只要一丁點兒，心臟就會受到刺激而變快。坎能發現，體內不論任何位置，只要還有沒切除乾淨的交感神經，當動物受到驚嚇時，心臟仍會出現反應。

坎能的這項發現，強烈指出交感神經的作用，也是由於分泌了某種類似腎上腺素的物質，這與同一時期奧地利的藥理學家婁威（Otto Loewi）以離體心臟為實驗，發現屬於副交感神經系統的迷走神經（也是第十號腦神經）分泌了某種讓心跳變慢的物質，可謂異曲同工。然而，坎能並未

12 神經系統可大致分為中樞與周邊兩個系統，前者由腦和脊髓構成，後者則由連結腦／脊髓與全身上下的腦神經及脊髓神經組成。周邊神經包括感覺與運動分支，分別將訊息帶入及帶出中樞神經。至於自主神經系統，屬於周邊神經系統的運動分支，與控制骨骼肌收縮的體運動神經不同，以控制內臟活動為主，不受意志控制，因此稱為自主神經。

在分離這種未知物質上多下工夫，轉而研究中樞神經對情緒的控制；至於婁威與英國藥理學者戴爾（Henry Dale）則鍥而不捨，發現了迷走神經分泌的是乙醯膽鹼（acetylcholine）。一九三六年，婁威及戴爾分享了諾貝爾生理與醫學獎，坎能則成了遺珠之憾（神經遞質的一頁發現史請參見〈神經生理簡史〉）。

坎能與諾貝爾獎失之交臂，並無損於他是二十世紀最偉大生理學者的頭銜。對二十世紀初諾貝爾獎未成氣候前即已出名的生理學家而言，得不得諾貝爾獎其實並不那麼放在心上。除了戰與逃外，坎能還根據拉丁文創造了「恆定」這個名詞；他在一九三二年寫給一般大眾閱讀的《身體的智慧》（*The Wisdom of the Body*）書中，對恆定有如下說明：

> 維持生物體內絕大部分穩定狀態的協調生理過程，不單複雜無比，而且為生物所專屬，其中有腦與神經、心、肺、腎及脾等器官的共同合作；因此，我曾提議使用「恆定」這個特別的名詞，來稱呼這種狀態。

幾乎所有的科學創見，都有其歷史淵源，而不是從石頭裡蹦出來的，恆定也不例外。一八五七年，法國生理學家伯納首度提出：「所有獨立生命都有一個固定的內在環境。」同時，「所有生理機制，不論看起來多麼不同，都只有一個目的，就是維持這個內在環境的穩定。」

一九二二年，英國生理學者侯爾丹（J. S. Haldane）寫道：「這是生理學家說過，最富有想像力的一句話。」這些淵源，坎能在闡述恆定的觀念時，都有提及。

因此，美國的生理學研究從十九世紀後葉包第齊、波特這一代留歐的生理學家開始，在哈佛、霍普金斯、密西根等大學起步，並訓練出下一代的本土生理學家，從二十世紀開始在全美各大學的醫學院開枝散葉，終究結出甜美的果實，不但趕上並超越了英法德等國，獲致全球生理學研究的領導地位，而成為新一代生理學子嚮往的研究重鎮。

3 從哈維到史達靈──心血管生理簡史

前哈維時代

現代任何一位修習過生物學的中學生，都會知道血液是由心臟這個唧筒推動，流經動脈、微血管及靜脈等管道，再回到心臟。學得更徹底的學生還會告知：心臟分左右兩半，左側心臟負責將飽含氧氣的充氧血傳送全身，再回到心臟右側，稱為主循環；右側心臟則將缺氧血送至肺臟，進行氣體交換（充氧及排除二氧化碳），再回到心臟左側，稱為肺循環。因此，血液是以反覆循環的方式，在體內流動。這個現象，不單合理，也不算太複雜，只不過長達幾千年來，無論中西方傳統醫學對於血液流動的說法都是錯誤的，一直要到英國醫生哈維（William Harvey）於一六二八年出版《論動物心臟與血液之運動》（*Movement of the Heart and Blood in Animals: An*

Anatomical Essay）一書後，血液循環的觀念才為世人所知。

對古人來說，心臟的跳動、脈搏的存在，以及血液在血管當中的流動等現象，其實都不是什麼祕密；甚至心臟的構造：分左右兩側、各有上下兩個腔室，在西元前四世紀亞里斯多德的著作裡就有記載。同時古希臘以及羅馬的醫生也發現與心臟連接的血管有兩種：一種管壁較厚、且有彈性（就是動脈），另一種管壁則較薄、順從性（compliance）較高（就是靜脈）。只不過他們把與左側心臟相連的全部血管都稱為動脈，把與右側心臟相連的全部血管都稱為靜脈，並認為兩者互相獨立，功能也不同。所以從右心室發出、將血液送往肺臟的肺動脈，當時就稱為「類似動脈的靜脈」，將肺循環血液帶回左心房的肺靜脈，當時稱作「類似靜脈的動脈」。

在古希臘人的觀念裡，動脈屬於呼吸系統的一部分；由肺吸入的空氣可經由「類似靜脈的動脈」直接通往左側心臟，經過加溫及轉變，成為生命之氣（精氣，pneuma），再由動脈傳送全身。因此，動脈的管壁之所以厚且強壯，就是為了要將活躍且具有穿透性的精氣給限制在內；至於血液則是由與右側心臟相接的靜脈傳遞，送往全身上下。根據這種說法，攜帶精氣的呼吸系統與輸送血液的滋養系統相互獨立，各有各的功能。

古希臘人之所以出現上述這種錯誤，是因為他們在解剖人或動物的屍體時，發現血液都積存在靜脈裡，動脈管腔內則是空的，所以他們認為血液是由靜脈輸送，動脈則傳遞精氣。但他們有所不知，當心臟停止跳動後，富有彈性的動脈會持續將血液往下游輸送，堆積在具有高度順從性的靜脈當中，而讓前人誤以為血液只由靜脈輸送。至於他們對切開活體動物（包括人）的動脈也會有血液流出的解釋，是說分隔左右心室的中隔上有個小孔，可讓少量血液從右心室流向左心室，再進入動脈；就算許多人都未能發現這個小孔，但也無從推翻傳統的認定。再來，連接動脈與靜脈的微血管非常細小，管徑與紅血球的直徑相當，肉眼全不可見，因此讓古人認為動脈與靜脈是獨立、不相連的管線系統。

在蓋倫醫學的陰影籠罩下，就算實際觀察所得的結果，也可能做出錯誤的解釋；例如哈維在帕度亞大學的授業老師法布里秋斯是當時最著名的醫生及解剖學者，他不單解剖人與動物的屍體，也解剖活體動物。他早在一五七九年就報告了大靜脈當中有「小門」的存在，也就是今日我們所稱的「瓣膜」（valve）；然而法布里秋斯對於這些小門的功能解釋，卻是錯誤的。他根據蓋倫醫學的說法，認為那些小門的開啟與關閉，可調節血液從心臟流向周邊的數量，不讓過多的血液堆積在四肢末梢。他完全沒有想到，這些小門的開啟方向其實正好相反：它們保證了血液朝心臟的方向流動，而阻止了往周邊的逆流。

至於血液對人體的重要性，則沒有什麼爭議，因為人或動物要是失血過多，就可能喪命（割開頸部血管放血更是常用的動物犧牲法）。然而古人對於血液的生成、組成、功用以及代謝等問題，則是臆測多於瞭解。中醫認為血液來自脾胃消化所得之營養，又說來自腎精及清氣，因此有「精氣化赤為血」的說法。而在西方傳統醫學的體液理論裡，血液是四體液之首，與四元素中的火對應，性質為熱且潮。同時他們相信，血液由肝臟製造，經靜脈帶出滋養全身，然後就像退潮的海水一般消逝不見；因此，肝臟得源源不絕供應新鮮的血液。

更糟糕的是，這些錯誤的觀念還應用在實際的醫療行為上，好比放血。切開靜脈讓血流出體外，一向是蓋倫醫學的重要療法之一，因為他們認為體液不平衡，是所有疾病的成因。好比發燒是體熱過多，也就是具有熱與潮特性的血液過剩，因此放血是必要的治療。遲至十九世紀，對於造成發燒的傳染病以放血治療，仍是通用的做法。切開皮表靜脈讓血液流出的刺胳針（lancet），多年來都是醫生隨身攜帶的器械，甚至英國出名的醫學期刊也以此為名。美國開國先賢、獨立宣言的簽署人之一拉許（Benjamin Rush）是醫生，一七九三年黃熱病在費城肆虐時，他就奉行以水銀、瀉藥及放血為治療之道。他以超人的毅力，日以繼夜地給病人放血，一天多達百人以上。由於黃熱病是由蚊子為傳染媒介的病毒性傳染病，多數人可靠本身的免疫力逐漸康復，醫生毋須做太多事；因此，由於拉許放血而死亡的人數，可能比死於黃熱病的還多。

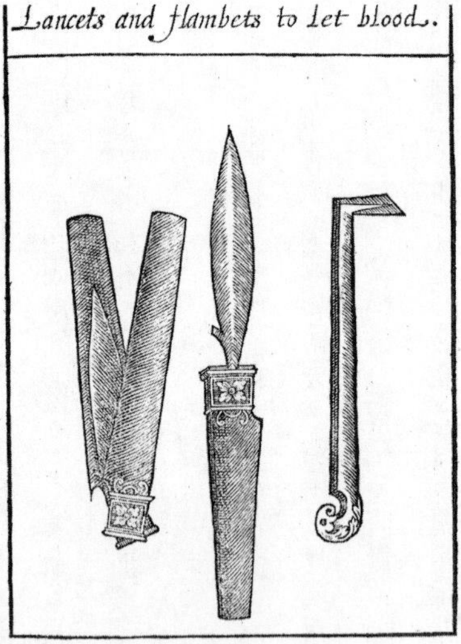

放血時使用的刺胳針（又名柳葉刀；Wellcome Library, London [CC BY 4..0]）

哈維其人其事

哈維於一五七八年出生在英吉利海峽邊上，離多佛（Dover）不遠的一處漁港，父親是成功的商人，後來更成為當地市長。哈維是家中長子，從小一路讀的都是菁英貴族學校。

一五九三年，哈維取得獎學金進入劍橋大學岡維爾及基斯學院就讀，準備習醫。當年的大學課程，以研讀希臘羅馬時代的古典作品為主，好比柏拉圖、亞里斯多德、西塞羅、普里尼等人的寫作；此外，自然哲學（科學的舊名稱）也是必修科目，包括算數、幾何及天文學等，許多還是近兩千年前亞里斯多德的著作。同時，學生自大二起，每週都得參加二到三次的辯論，畢業前還要以特定主題進行一場公開辯論。所以當時的大學教育除了提供智育外，還訓練學生表達及辯護所學知識的能力。

哈維於一五九七年取得文學士學位後，繼續留在劍橋學習醫學。歐洲的大學自西元十一世紀成立起，就只分文、法、神、醫等四個學院，因此，大多數十六、十七世紀受過大學訓練的科學家，都是醫學院出身，像伽利略、克卜勒、哈維及牛頓等人都是；只不過他們所學的，都是一、兩千年前亞里斯多德與蓋倫的學說。於是，一五九九年秋天，哈維離開了英國劍橋，長途跋涉來到北義大利的帕度亞取經。他在帕度亞醫學院學到了親自動手解剖的「新」醫學，而不像歐洲多數其他醫學院的教學，只是閱讀蓋倫流傳下來的解剖圖譜，以及後人的注疏演繹，但缺乏實際動手及觀察的經驗。

一六〇二年，哈維從義大利取得醫學博士學位返回英國。當時英國倫敦的醫界由皇家醫生學院（Royal College of Physician）把持，那是一個類似同業公會的組織，並非真正的學院。這個組織對於什麼人能在倫敦開業，有十足的控制權。這當然是一種保護主義的做法，

哈維

但至少保證了倫敦的開業醫生都接受過醫學院的訓練，而非江湖郎中。只不過在醫學科學化之前，經過核准開業的正牌醫生與沒有執照的民俗密醫相比，治病的本事並不見得高明到哪裡去。

醫生一詞的英文，除了常用的 doctor 之外，還有個較正式的用法是 physician。Doctor 原意是老師，因此轉用來稱呼神學家、博士以及醫生這些具有專門知識的人；所謂的醫生也包括牙醫、獸醫在內，不只是給人看病的醫生而已。至於 physician 一詞，指的是精通醫療技藝的人；在現代醫學興起前，是指熟讀蓋倫流傳下來的醫學典籍，以及亞里斯多德自然哲學著作的人。傳統的 physician 接近現代的內科醫生，只管看病開藥，並不開刀動手術，手術則是外科醫生（surgeon）的執掌。美國的醫學院裡，目前還有哥倫比亞大學維持內科與外科學院（College of Physicians and Surgeons）的名稱。

哈唯一開始申請加入皇家醫生學院，還遭到拒絕，因為他不是本土醫學院畢業的。由於當時

倫敦正好爆發瘟疫，亟需醫療人員，該學院也就睜一眼閉一眼，讓哈維開業看起病人來。一六〇四年，哈維終於成為皇家醫生學院候選會員，可以正式開業；三年後，他升成正式會員，擁有投票權。哈維終身都隸屬這個學院，並且相當活躍，擔任過許多職位。

成為皇家醫生學院的正式會員，對哈維的身分地位大有幫助；他後來先後成為英王詹姆士一世（James I）及查理一世（Charles I）的御醫，可見他的口碑不錯。然而真正讓他對心臟及血液循環問題有深入研究機會的，是從一六一五年起，他獲聘為皇家醫生學院的朗姆里講座（Lumley Lecturer），每週做兩次實地解剖示範及講解。哈維追隨他老師法布里秋斯的做法，除了人體外，還用上青蛙和魚等冷血動物，以及狗和豬等溫血動物為解剖對象，也終於讓他得出名留醫學史的發現。

在十九世紀中葉麻醉藥發明之前，外科醫生的地位並不高，甚至與理髮師屬於同一行業；主要是當時的外科醫生多是學徒出身，屬於技術人員，不需要受什麼「高深」的教育，甚至對人體的解剖構造，也不見得完全瞭解。因此，哈維所屬的英國皇家醫生學院，也同時負責外科醫生的管理，包括審核他們的執照、行醫內容，以及給予再教育等。

哈維自一六一五年起擔任的朗姆里講座，對象就包括這些外科醫生。在當年，人體解剖屬於自然哲學（也就是科學），與臨床並不一定直接相關；也由於這個講座，哈維得以獲得許多第一手的觀察經驗，也對從蓋倫流傳下來的說法，產生許多懷疑。

其中之一，是說靜脈與動脈如果分屬完全不同的系統，靜脈與右側心臟相接，動脈則與左側心臟相連，那為什麼心臟右側與肺臟相連的血管，構造與動脈相近？而心臟左側與肺臟相連的血管，又類似靜脈呢？事實上，血液從右心經由「類似動脈的靜脈」帶到肺臟，再由「類似靜脈的動脈」帶回左心的肺循環，已有不只一位學者提出過，包括帕度亞大學的可倫波（Realdo Colombo）在內。經由這種肺循環，右側心臟的血液就可以通往左側的心臟，而毋須仰賴左右心室的分隔上頭其實並不存在的小孔。哈維將進出心臟的血管以功能及構造命名：將血液帶離心臟的血管是為動脈，將血液帶回心臟的血管則是靜脈。因此，連接右心與肺臟的血管是肺動脈，連接肺臟與左心的血管是肺靜脈；心臟的左右兩側，同時都有供血液進出的動脈及靜脈存在。

再者，如果蓋倫的講法——血液由靜脈帶離心臟送往全身各處而不回收——是正確的話，那麼不只是心臟不斷要有源源不絕的血液供應，身體也得不斷排除從靜脈送來的血液。哈維對於單位時間內有多少血液從心臟送出，做了粗略的估算；他用的數字來自死屍心臟裡的血液量，算是相當保守，但乘以心跳數，還是得出相當大的數字。目前我們已知，正常人心臟在一分鐘內的輸出量，幾乎等於全身所有的血液量（約五公升；也就是說，在一分鐘內，全身血液可通過心臟一次）；運動的時候，心跳血流加快，輸出量甚至可達五倍以上。因此，身體不可能持續供應及排除這麼大量的血液；換言之，血液非得在體內循環使用才成。

還有一點，哈維對於自己的老師法布里秋斯的發現：「大靜脈當中小門（瓣膜）的開啟方向」，也提出質疑。他發現以金屬探針朝向心方向伸入靜脈，很容易就可將瓣膜推開；如果是朝離心方向伸入，則很困難。因此，靜脈當中的血液流動方向，應該是朝向心臟，而非離開心臟。這麼一來，動脈將血液帶離心臟，靜脈則保證將血液送回心臟，血液在體內也就完成了循環。

不過，哈維還未能完全解釋其中一點，也就是血液流到了動脈末梢，如何進入靜脈的問題；因為連接微動脈與微靜脈（這些是最小號的動脈與靜脈）的微血管，直徑甚至比血球細胞還小，單憑肉眼絕對是看不到的。微血管的構造，還要等到一六六〇年，也就是哈維去世後三年，才由義大利波隆納大學的馬爾辟基（Marcello Malpighi）利用顯微鏡正式發現，但哈維卻以一項簡單但巧妙的實驗，證明了動脈血確實會經由某種管道流入靜脈。

哈維使用的方法是拿一條止血帶，將某位受試者的上臂紮緊，不讓其中動脈及靜脈的血液流動；如此一來，肘部以下的手臂及手掌都因缺血而變得蒼白。接著，哈維將止血帶稍微放鬆一些，讓位於深層的動脈開啟，位於表層的靜脈仍然關閉；這麼一來，手臂及手掌的靜脈就開始充血腫脹起來，顯示從動脈流入手臂的血液，的確會流到靜脈。由於靜脈的回流仍受到阻擋，所以血管就腫脹起來了。

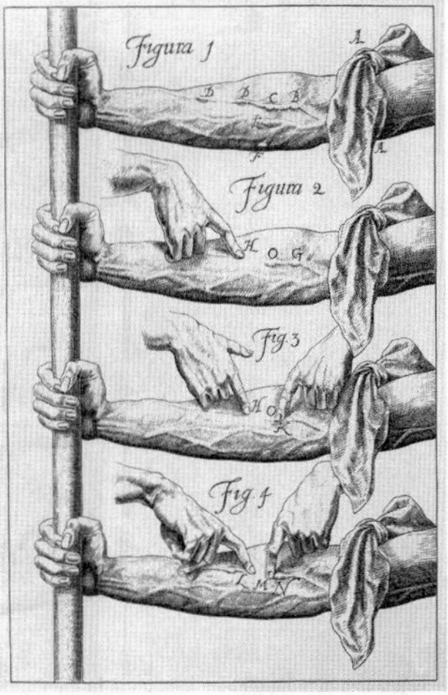

哈維的實驗（Wellcome Library, London [CC BY 4..0]）

哈維這項劃時代的發現，於一六二八年發表在一本只有七十二頁的小書《論動物心臟及血液之運動》，以當時學術界通用的拉丁文撰寫，並在法蘭克福出版（他還是擔心他的理論會被天主教會視為異端，所以選擇在境外出版）。然而，哈維的循環理論卻沒有馬上得到所有學者的接受，當時歐陸一些著名的解剖學家都公開反對，可見千年以來的古老教條，並不是那麼容易就推翻的。

哈維於一六二八年提出的血液循環理論，固然是他承繼義大利的維薩流斯學派，以實際解剖觀察死人屍體及活體動物所得出的結果，但他顯然也受到比他大十來歲的培根（Francis Bacon）提出的經驗主義所影響，也就是使用歸納思考方式，循序漸進地針對事實研究，而不只是盲目相信前人及傳統的說法。

當時，教會的力量雖仍強大，但科學革命的種子已在歐洲萌芽；波蘭人哥白尼（Nicolaus Corpernicus）以太陽為中心的《天體運行論》在他死前出版，引起一片反對之聲，只有少數有識之士私下認同。哈維以心臟為中心的血液循環理論，部分也受到哥白尼的「日心論」啟發。而哥白尼的後繼人義大利的伽利略（Galileo Galilei）與德意志的克卜勒（Johannes Kepler），則與哈維屬於同代人士，彼此的影響較不明顯。

哈維出生在伊麗莎白女王一世（Elizabeth I）統治下的黃金時代，詩歌、文學、藝術都蓬勃發展，尤其是戲劇表演，風行一時，成為當時倫敦人的最佳娛樂。莎士比亞只比哈維大八歲；一六〇二年，哈維從義大利學成返國在倫敦開業時，莎士比亞的名聲已如日中天，早已寫就許多喜劇及歷史劇，出名的《羅密歐與茱麗葉》及《哈姆雷特》也已完成，顯然哈維有機會觀賞許多莎士比亞的戲劇演出，甚至還有可能看過首演。

然而伊麗莎白女王在哈維返國後不久就過世了，接任的是詹姆士一世。詹姆士一世原是蘇格蘭國王，受過良好教育且文采風流，他持續支持藝術創作，包括莎士比亞的劇團在內；莎士比亞的《馬克白》一劇，就是獻給詹姆士一世。然而更讓詹姆士一世名傳後世的，是他召集當時六十幾位一流學者所翻譯的英文《聖經》，俗稱「欽定本」（King James Version，一六一一年），至今在諸多聖經版本中還占有一席之地。

詹姆士一世在位時，哈維逐漸建立起名聲，後來更成為御醫團成員之一，接受醫療諮詢。一六二五年，詹姆士一世因病過世，由其子繼位，是為查理一世。查理一世對自然科學擁有相當興趣，經常在一旁觀察哈維進行解剖。他不但聘任哈維為御醫長，還讓哈維代表他出使歐洲各國。因此，在發表循環理論著作後將近有二十年時間，哈維以服侍王室為主，並無暇做進一步的研究。

不過哈維趁出使歐陸各國之便，拜訪了當時一些著名的解剖學家，當面推廣他的循環理論。有趣的是：年輕一代的醫生大都相當容易就接受哈維的理論，有的還設計了新的實驗，證實該理論。譬如一六三八年，荷蘭萊頓大學的瓦勒斯（Johannes Walaeus）將狗的股動脈及股靜脈分離出來，然後分別將兩根血管紮起再放鬆，以此觀察血液的流動及堆積情形。其實這種做法與哈維以止血帶紮住受試者上臂的做法類似，只不過在分離的狗血管上面可以直接看到血液的流動及堆積，也更容易取信於人。

然而，哈維的理論卻遭到英國及歐陸老一輩解剖學者的漠視，甚至為文反對，因為這些人士學習並講授了一輩子的蓋倫學說，怎麼可能就此輕易放棄？那等於是承認他們自己的愚昧。面對不斷出現的攻訐，哈維表現得非常低調，一直要到二十一年後（一六四九），他才發表了兩封辯駁的長信，收信人是法國著名的王室醫生李奧蘭（Jean Riolan）。哈維之所以會有這樣的表現，主要是多數反對者並未細讀他的著作，也不想搞清楚他是利用怎樣的觀察及實驗才得出那樣的結論，他們就只是重複蓋倫學說的說法而已。哈維如提出辯駁的話，要麼重複書中已經說過的話，不然就是要反對者回去再把他的書好好讀一遍；這些都不是哈維願意做的事。

由於哈維受到查理一世的信任與重用，因此被歸為「保皇黨」(Royalist）的成員。不幸的是，查理一世上任後就與國會關係緊繃，無論在權力、金錢以及宗教等問題上，都產生對立。整個一六三〇年代，查理一世都沒有召開過一次國會，而引起國會成員的不滿，最終於一六四二年造成國會與王室的爭戰，史稱「英國內戰」；由於當時英國尚未統一，因此這場包括英格蘭、蘇格蘭及愛爾蘭在內的戰爭，又稱為「三國之戰」。

由於國會黨（Parliamentarian）控制了政府的軍隊，查理一世只好逃離倫敦，四處尋求保皇黨的支援。哈維也被迫離開倫敦，在牛津大學待了四年，並擔任莫頓學院的院長。重回學術界的哈維，結交了一批新的朋友，也重拾放下多年的研究。哈維承續他老師當年的研究，從雞胚開始觀察動物的生長與生殖，並寫作了《論動物的發生》（*On the Generation of Animals*）一書，於一六五一年出版；只不過哈維在這方面的貢獻有限，不像他的循環理論對後世的影響重大（參見〈生殖生理簡史〉一章）。

查理一世的保皇黨勢力於一六四六年遭國會黨擊潰，查理一世逃往蘇格蘭，又被出賣，解送回倫敦；他由國會審判以叛國罪定讞，於一六四九年一月遭到處決。之後，英國由克倫威爾（Oliver Cromwell）為首的軍政統治過一段期間，對哈維這些原先的保皇黨並未趕盡殺絕，只是處以巨額罰款（哈維付了兩千英鎊，等於他五年的御醫薪水）。當然，哈維也「無官一身輕」，繼續他在皇家醫生學院的朗姆里講座。此時，哈維的循環理論已然受到醫學界及科學界的普遍接受，他也成了國際知名的解剖學家，以及英國科學成就的代表。哈維於一六五七年因中風去世，享年七十九歲，在當年可謂高壽。

哈維對後世的影響，可分為兩方面：就血液循環理論本身而言，那是以靜脈注射做為給藥途徑以及輸血療法等臨床應用的起點；就實驗方法而言，他更是建立了「大膽假設，小心求證」的精神，遠離了人類天性裡喜歡自求解釋的傾向。因此，他不但是現代生理學研究的祖師爺，同時也是現代科學的奠基者，他的大名也將永留醫學及科學史冊。

後哈維時代

前文提到，義大利解剖學家馬爾辟基於哈維死後三年發表了微血管的發現，但他的報告只局限於蛙肺及腹膜，真正對全身器官的微血管做了完整描述的，是有「微生物學之父」稱號的荷蘭織品商人兼業餘科學家雷文霍克（Antonie van Leeuwenhoek）。

雷文霍克沒有上過大學，純粹自學成名；他以自行製造的小玻璃珠為鏡頭，製作出當年解析度最好的手持顯微鏡，進行了各式各樣的觀察，並以書信方式投送給英國的皇家學會，前後一共三百多封。他是最早觀察到水中有微小生物存在，並分辨出細菌與原生動物的人；還有像各種血球、男性精子（他承認是自己的）以及其他許多顯微構造，都是最早由他提出報告，而為世人所知。就微血管而言，他觀察了蝌蚪與鰻魚的尾巴、蛙蹼，以及蝙蝠的翅膀等，進一步證實了馬爾辟基的發現；他也是頭一位看到紅血球通過微血管的人。

雷文霍克（Wellcome Library, London [CC BY 4..0]）

在哈維發表血液循環理論後三年出生的英國醫生樓爾（Richard Lower）是頭一位觀察並描述血液從右心送往肺臟、再回到左心時，顏色會由深紫變成鮮紅的人，他也是頭一位給動物及人輸血的人；此外他還描述了心肌的構造與收縮方式，並對心輸出量及動脈血流速度做了估算。當然，血液變色的原理還要再過一百年、氧被發現後，科學家才曉得血液通過肺臟時，究竟發生了什麼變化（參見〈呼吸生理簡史〉一章）。至於正確、安全的輸血方式則要再等上兩百多年、人類血型被發現後，才確定下來。人類血型是奧地利醫生蘭德斯坦納（Karl Landsteiner，後來移民美國）於一九〇一年發現的，他因此成果獲頒一九三〇年的諾貝爾生理或醫學獎。

血壓的測定

接下來是血壓的測量。英國牧師兼科學家黑爾斯（Stephen Hales）於一七三三年讓一匹從軍隊除役、準備犧牲的母馬側躺並固定在門板上，然後將一根長約三公尺、直徑〇．四二公分的玻璃管垂直插入馬的頸動脈。他觀察到動脈血壓將血液推入玻璃管中，達二．五公尺的高度，並隨著心跳上下移動；這是頭一回有人直接觀察到心縮壓（systolic pressure）[1]以及脈搏跳動。

直接在動脈插管來測量血壓的侵入式做法，只能用在實驗動物身上，至於真正用於臨床、非侵入式的血壓計，還要等到十九世紀末、二十世紀初，經過好幾位醫生的相繼改進之後，才逐漸成形。血壓計的原理是先在動脈外圍加壓，等壓力超過心縮壓時，動脈血管會被壓扁，血液停止

1 心縮壓是心臟收縮時，造成動脈血壓上升的最大值，心舒壓（diastolic pressure）則是心臟放鬆時造成動脈血壓下降的最低值。

流動；此時再逐漸降壓，當壓力低過心縮壓的那一刻，血管開始復張，血液從仍然狹窄的管徑擠過，造成亂流（turbulent flow）；等壓力一路降到心舒壓那一刻，血管完全張開，血液則恢復以平順的層流（laminar flow）通過血管。

黑爾斯（Wellcome Library, London [CC BY 4..0]）

最早利用動脈加壓法來測量血壓的，是德意志醫生菲奧特（Karl von Vierordt），但他於一八五五年提出的加壓設計過於笨重，不適合一般診所使用。一八八一年，維也納醫生巴許（Samuel von Basch）設計以充水的橡皮袋置於手腕的橈動脈上施壓，藉由調整並記錄橡皮袋的壓力來測量血壓，巴許也被稱為血壓計的發明人。一八九六年，義大利醫生里法－羅奇（Scipione Riva-Rocci）進一步將巴許的方法改進，以充氣加壓的橡皮袋包住整個上臂，來記錄肱動脈的血壓。再來則是一九〇五年，俄國醫生柯若特可夫（Nikolai S. Korotkov）將聽診器放在肘窩（肱動脈的上方皮膚），聆聽血液通過逐漸開啟的肱動脈所發出的亂流聲，並從聲音的出現與消失點，判定出心縮壓與心舒壓。至此，現代醫院通用的血壓計於焉問世，測量血壓也成為臨床上最常用、也最有用的常規生命徵象測定之一。

心臟節律與心肌電生理

心臟的自發性收縮從古至今就困擾了無數智者，到後來學者分成兩派：一派主張肌肉源

（myogenic），說心肌本身就是自發性收縮的源頭；另一派則主張神經源（neurogenic），認為心肌收縮是由神經發出的訊號引起。這項紛爭一直要到十九世紀顯微解剖的進展，才得到解決。

心跳節律的起源與傳導，由一系列特別的心臟組織負責；這些構造的發現與功能的釐清，先後有許多解剖生理學者的參與。一八三九年，捷克解剖生理學家普金葉（Jan Evangelista Purkinje）在心內膜下層（subendocardium）發現了一些扁平的膠狀纖維，但他對這些後世稱為普金葉纖維（Purkinje fiber）的構造有什麼功能並不清楚。

同樣在一八三九年，德意志生理學家呂麥克（Robert Remak）發現在靜脈竇（sinus venosus，位於將上身血液送回心臟的上大靜脈與右心房相連處）有一群細胞類似呼吸中樞的神經細胞，推測可能與交感神經引發心臟跳動有關。另一位德意志生理學家史坦尼斯（Hermann Friedrich Stannius）於一八五一年提出報告：他將蛙心的大靜脈與右心房連結處（靜脈竇）用線紮起，發現蛙心的跳動就完全停頓；接著他以電極刺激心室，可引起心室的自發收縮，但頻率較心房收縮慢。這是最早顯示心臟具有節律器（pacemaker）的觀察。

普金葉

在一八七九至一八八三年間，英國生理學家蓋斯克爾以青蛙與烏龜的離體心臟做實驗，分別記錄了同一顆心臟的心房與心室跳動；他發現心跳是從位於右心房的靜脈竇開始，傳到鄰近的左心房，再到心房與心室的交會點，最後才抵達心室；這是目前公認的事實，也因此確定了心臟跳動的肌源論（離體心臟不受神經控制）。蓋斯克爾是自主神經系統研究的創始者之一，他也發現心臟雖可自發跳動，但也接受了交感與副交感神經的雙重控制。[2]

一八九三年，瑞士裔德籍解剖生理學家希斯（Wilhelm His, Jr.）根據蓋斯克爾的報告，對不同發育階段的胚胎心臟進行觀察；他發現了連接心房與心室的一小片結締組織，也就是目前為人熟知的希氏束（Bundle of His）。希斯以為希氏束直接與心肌相連，卻不知那只是心臟電訊傳導系統的一部分而已，真正與心肌相連的是普金葉纖維；而希氏束與普金葉纖維之間，還有位於心室中隔的分支束存在，左右各一，一路延伸到心尖，再翻轉進入心室的內膜下層，與普金葉纖維相連。

希斯（Wellcome Library, London [CC BY 4..0]）

一九〇六年，在德國馬堡大學進修的日本醫生田原淳（Sunao Tawara）發表了他在德國三年的研究成果。他在心房中隔底部、希氏束上方發現了一群後來稱為房室結（atrioventricular node）的細胞群構造，並正確推論那是連結心房與心室傳導的中繼點；至於心臟規律跳動的起點，還要再過一年，英國解剖學家基斯（Arthur Keith）與醫學生弗雷克（Martin W. Flack）提出報告，指出在他們檢視過的所有哺乳動物心臟靜脈竇與右心房交接處，都發現有一群特殊的纖維細胞，包在緊密的結締組織內，並與迷走神經及交感神經末梢接近。他們也指出該群細胞構造與田原淳發現的房室結相近，因此後來稱為竇房結（sinoatrial node）。竇房結也就是之前五十多年、史坦尼斯以結紮實驗顯示節律點的所在。至此從竇房結到房室結，再從房室結往下經希氏束、左右分支束及普金葉纖維，就構成了完整的心臟傳導系統。

至於心肌（包括節律器細胞）的電生理研究也有漫長的歷史。細胞帶電最早是由義大利醫生嘎爾凡尼（Luigi Galvani）於一七八〇年代在青蛙肌肉上發現的，只不過生物細胞的電位極低，不易直接測量，因此進展緩慢，一直要到十九世紀後葉才首度由德國生理學家伯恩斯坦（Julius Bernstein）完成（參見〈神經生理簡史〉）。一八八七年，英國生理學家沃勒（Augustus D. Waller）利用毛細管靜電計（capillary electrometer）頭一回在人類體表記錄到由心肌興奮收縮造成的電位變化，也就是目前為人熟知的心電圖（electrocardiogram）。

根據沃勒的先驅實驗，荷蘭生理學家埃因托芬（Willem Einthoven）於一九〇一年發明了更為敏感的弦線電流計（string galvanometer），大幅增進了心電圖的記錄方式，成為百餘年來臨床最重要的檢驗法之一；埃因托芬並因此獲得一九二四年的諾貝爾生理或醫學獎。

---

2 刺激迷走神經會降低、甚至暫時停止心跳的發現，最早是由萊比錫大學的解剖生理學家韋伯兄弟（Ernst H. Weber與Eduard F. Weber）於一八四五年報告。

血管開關與血流控制

與心血管研究有關的少數幾位諾貝爾獎得主，還有一九二〇年的丹麥生理學家克羅（August Krogh），以及一九五六年的德國醫生佛斯曼（Werner Forssmann）及兩位美國醫生庫爾南（Andre Cournand）與理查茲（Dickinson Richards）。克羅的得獎研究是微血管在不同生理情況下的開與關現象；佛斯曼的得獎原因是發明了從體表靜脈插入、一路通往心臟的心導管；庫爾南與理查茲的貢獻則是心導管在臨床上的應用。

心血管系統的功能，在於提供全身細胞養分及移除廢物（包括氣體在內），是多細胞生物存活不可或缺的功能，而微血管正是執行這項功能的所在，可說是系統中最重要的一環。自十七世紀中馬爾辟基發現微血管以降，許多人都研究過微血管。第一位直接測量到血壓的黑爾斯，就觀察到血管會不斷分支，且愈分愈細，總截面積則會變得更大，血流速度也愈慢等現象。再來，許多人都觀察到微血管有時開時關現象；同時，將各式各樣的物質（包括明礬、氨水、鹽類、酒精等）施加在微血管外圍，都可能造成流量的增多或減少。

雖然早在一八三一年，英國醫生霍爾（Marshall Hall）就已經將顯微大小的血管分成微動脈（arteriole）、微血管與微靜脈（venule）三種構造，但直到二十世紀初的克羅都還認為微血管本身可以收縮及放鬆，以調節血流量。根據現代的分類定義，微血管壁只由一層內皮細胞以鑲嵌方式拼湊構成，外圍並無可收縮及放鬆的肌肉細胞；真正控制微血管血流量的，是位於微血管上游的微動脈。微動脈外圍的平滑肌受到神經、激素以及許多局部代謝因子的控制，以因應組織的需求；這就是克羅得獎發現的背後機制，也占據了二十世紀絕大部分的血管生理及藥理研究。

血管平滑肌的神經控制，主要來自交感神經，這是十九世紀中葉就得出的發現；不久，比周邊神經更上一層的腦幹心血管控制中樞也為人所知。一八六六年俄國生理學家齊恩（Ilya F. Tsion，又名Elias Cyon；參見〈消化生理簡史〉）在路德維希的實驗室進修時發現，在兔子頸部迷走與交感神經幹（vagosympathetic trunk）旁有一條降壓神經（depressor nerve）：刺激該神經切斷面的中樞端，會造成心跳變慢與血壓下降，刺激其周邊端則沒有反應。顯然，這條神經在傳入腦部後，會引起副交感神經興奮、交感神經抑制的反應。然而，齊恩與路德維希誤以為這條降壓神經的末梢起點在心臟，一直要到近六十年後，才由另一位德國生理學家黑靈（Heinrich E. Hering）發現其末梢位於頸動脈竇（carotid sinus）。

目前已知，腦幹心血管控制中樞接受了位於主動脈弓（aortic arch）及頸動脈竇的感壓受器（baroreceptor）所傳入的血壓訊息，經過處理後，再由自主神經傳出訊息給心臟及血管，調節心跳的速率與強度，以及血管的收縮或放鬆，因而完成了控制日常血壓的反射弧（reflex arc）[3]，也就是出名的感壓反射（baroreflex）。中樞神經當中控制心血管的腦區除了腦幹外，還包括下視丘、

3 反射弧是完成所有反射動作必備的構造，由感知變化的接受器、傳入通路、整合器、傳出通路，以及作用器組成。

邊緣系統（limbic system）[4]以及某些前腦部位，因此血壓會受到各種情緒所影響。

至於能影響血管平滑肌的激素有不少，最主要的是源自腎臟的腎素－血管張力素（renin-angiotensin）系統，這是早於一九四〇年就得出的發現。當腎臟血流不足（可能由大出血或腎疾造成），就會引起腎素釋放；腎素以及位於血管壁的酵素會把血液當中血管張力素的前身轉化成血管張力素。顧名思義，血管張力素是強效的血管平滑肌收縮劑，可引起血管收縮、血管阻力增加；血管張力素還會促進腎上腺皮質合成及釋放醛固酮（aldosterone，又名留鈉素）這個激素，以增進腎臟對鈉離子（連帶水）的回收。水與鈉離子在體內滯留，將增加細胞外液（詳見下節）的體積，進一步增加血量。血管阻力與血量的增加，都會提高血壓，也解釋了腎性高血壓（renal hypertension）的成因。

二十世紀後葉，還有一項諾貝爾獎的得獎發現與血管有關，那就是一九九八年頒給一氧化氮的三位發現人佛區高特（Robert F. Furchgott）、伊格納羅（Louis J. Ignarro）與穆拉德（Ferid Murad）。一氧化氮由血管壁的內皮細胞生成，是強力的血管平滑肌放鬆因子，可因應血流剪力（shear force）改變而釋放，造成血管舒張，血流量增加。促進男性勃起藥物（好比威而鋼）的作用，就是靠延長一氧化氮的作用而達成。

史達靈力與史達靈心臟定律

先前提過，諾貝爾獎是二十世紀的產物，因此頒給傳統生理研究者的次數有限，也造成許多遺珠之憾。二十世紀上半葉被提名多次的心血管生理研究者，還有路易斯（Thomas Lewis，被提名七次）與戈爾德布萊特（Harry Goldblatt，被提名十六次）等人。其中路易斯是與埃因托芬齊名的英國心臟學家，有「臨床心臟電生理之父」之稱；至於美國病理學家戈爾德布萊特則是腎性高血壓成因的發現人。「戈爾德布萊特腎臟」（Goldblatt kidney）指的是以特殊設計的銀夾將實驗動物的單側腎動脈部分夾住（並不夾死，只是造成腎血流量下降），而造成高血壓的做法，並成為腎性高血壓的同義詞（其背後機制就是上一節提過的腎素－血管張力素－醛固酮系統）。

此外，還有因發現第一個激素而被提名四次的英國生理學家史達靈（Ernest H. Starling），卻因兩項心血管系統的重要發現，而名留生理學史，至今仍為修習生理的學子熟知：其中之一是決定血液在微血管過濾與吸收的「史達靈力」（Starling forces），另一則是決定心室收縮強度的「史達靈心臟定律」（Starling's law of the heart）。

現代人大都曉得水占了人體重約六〇%，但對其詳細分布倒不見得清楚。人體水分有三分之二位於多達數十兆（10^{12}）的細胞內，稱為細胞內液（intracellular fluid）；其餘三分之一位於細胞外，

4 邊緣系統是位於大腦皮質下方、俗稱舊皮質的腦部構造，包括海馬、杏仁體、視丘、下視丘等腦區，負責情緒、行為動機、記憶等功能。

稱作細胞外液（extracellular fluid）。細胞外液的二〇%到二五%位於血液當中，構成血漿（plasma，就是去除血球細胞的血液）的主體，其餘七五%到八〇%則位於細胞之間，稱為細胞間液（interstitial fluid）。

前一章在介紹法國生理學家伯納時提過，生理功能的最終目的，在於維持「內在環境」的穩定，也就是後來美國生理學者坎能所說的「恆定」；而這個內在環境，指的就是細胞間液。水分在血漿與細胞間液之間，隨時進行交換，並維持平衡（細胞間液與細胞內液之間也一樣）；微血管則是進行交換的地點。

除了血管系統之外，人體還有另一個單向輸送液體的管線系統，就是淋巴系統（lymphatic system），將全身組織多出來的細胞外液形成淋巴液（lymph），然後經由淋巴管送回血管系統。此外，淋巴系統還參與脂肪於腸道的吸收，以及免疫系統的防禦功能。

史達靈

十九世紀末期，關於淋巴液如何形成的問題，有兩個對立的學說存在：其一是由路德維希提出的「過濾假說」（filtration hypothesis），認為淋巴液的形成是由於微血管內外的壓力差，造成血液當中可通過微血管壁的成分進入細胞外液，再進入淋巴管形成淋巴液；另一個是由海登罕（Rudolph Heidenhain）提出的「分泌假說」（secretory hypothesis），認為微血管壁具有類似腺體的分泌功能，可將一些物質分泌出去，形成某些成分的濃度高於血液的淋巴液。海登罕曾受教於柏林大學杜布瓦雷蒙，之後擔任德意志東部的布雷斯勞（Breslau，二次大戰後該地劃給波蘭，波蘭語稱作弗次瓦夫〔Wroclaw〕）大學生理學教授長達四十年，聲譽卓著。一八九二年夏天，史達靈還特地前往海登罕的實驗室進行短期研究，試圖解決淋巴液生成的爭議。

從一八九三到一八九七年，史達靈一共發表了九篇關於淋巴與微血管的文章，以各種精巧的實驗與推理，駁斥了分泌假說。他發現除了微血管內的靜液壓（hydrostatic pressure，在此就是血壓）決定了血漿的過濾量之外，血液中的蛋白質大分子還形成滲透壓（osmotic pressure，與溶質濃度成正比），促使細胞間液往微血管的方向移動。在微血管的動脈端，靜液壓一般高於滲透壓，所以血漿（連同其餘可通透的小分子）會朝細胞外流動，造成過濾；反之，在微血管的靜脈端，靜液壓會降至滲透壓以下，於是細胞間液會朝微血管腔移動，造成吸收。因此，血漿與細胞間液在微血管內外的移動，是由管內外的靜液壓與滲透壓的壓差所決定；這幾種壓力就統稱為史達靈力。

在正常狀態下，血漿離開微血管的過濾量要大過細胞間液進入微血管的吸收量，一天下來可有四公升之多的血漿滯留在細胞間液。這些多出來的細胞間液會進入淋巴管末梢，形成淋巴液，並朝單方向移動（由單向開啟的瓣膜控制，如同心臟與靜脈當中的瓣膜），最終從左右鎖骨下靜脈再回到血液循環。

這個劃時代的發現，不單解釋了淋巴液的成因，同時還解釋了尿液於腎臟的形成機制（過濾量與吸收量相抵之後的淨值），以及各種水腫的成因；史達靈本人也因為這項發現建立了他在生理學史上的地位。譬如心衰竭（heart failure）[5]，甚或久站久坐，造成血液在靜脈堆積，因此而增加靜脈端微血管的靜液壓，使得血漿從微血管過濾進入細胞間液的量隨之增加，吸收量則下降，造成液體在細胞間堆積，也就形成水腫（edema）。還有因血絲蟲感染，阻塞了淋巴管，造成下肢腫大的象皮病，也是由細胞間液與淋巴液的堆積造成。此外，由各種肝臟疾病造成血漿蛋白的數量下降（肝臟是血漿蛋白的主要生成器官），使得血漿的滲透壓下降，造成細胞間液的回收減少，同樣也會造成水腫（甚至是腹水腫〔ascites〕）。

完成淋巴分泌的研究後，史達靈與他的同事、好友兼妹夫貝里斯（William M. Bayliss）轉而研究胰臟的分泌控制，結果於一九〇二年發現了「第一個」激素：胰泌素；這段歷史將於〈內分泌生理簡史〉一章詳述。接下來在一九一〇到一九一四年間，史達靈又將興趣轉向心臟收縮力的控制，前後共發表了四篇原始論文，得出另一樁重要的發現：史達靈心臟定律。

心臟是極其奇妙的器官，除了能終生自發性跳動不衰外，還能因應身體需求，迅速加強收縮的速度與強度；其中除了有自主神經的控制外，心臟本身似乎也能做出改變。像先前提過最早在馬身上直接測量血壓的黑爾斯，就在一七四〇年有過如下觀察：「以繩索固定在門板上的馬會奮力掙扎，造成血流加快，有更多的血液回到心臟，而心臟也會更強力收縮，推出更多血液進入循環。」至於心臟如何曉得要加強收縮這點，黑爾斯就不清楚了；這個問題一直要到一百七十年後，才由史達靈解開。

為了去除神經系統的影響，以及完全控制回心的血液量與周邊血壓，史達靈採用並改良了三十年前美國約翰霍普金斯大學生理學教授馬汀（H. Newell Martin）所發展的「活體心肺裝置」（heart-lung preparation）進行研究。這種裝置類似今日的心肺機，只不過保留了肺循環供血液換氣；同時，只留下一條主動脈讓左心室唧出的血液流出並記錄壓力，其餘動脈都紮死（供應心肌血流的冠狀動脈除外）。在這種狀況下的動物（以狗為主）基本上已死亡，只剩下心臟在跳動，空氣進出肺臟也由呼吸機控制。從主動脈流出的血液進入恆溫的儲存槽，再送回右心房，因此可由人為控制回心的血量。利用這樣的動物模型，史達靈與同事就能夠直接研究回心血量與心搏量之間的關係。

馬汀是倫敦大學學院及劍橋大學的畢業生，擁有醫學士及科學博士雙重學位，是佛斯特的出色弟子兼助手。一八七六年，約翰霍普金斯大學成立，年方二十八歲的馬汀就應聘為首任生物學教授；因此，他身兼英國與美國生理學會的創始會員，也是唯一的一位。一八九三年，霍普金斯大學醫學院成立時，馬汀因健康問題（酒精中毒）未能接任生理學教授一職，並於三年後去世，享年四十八歲。

---

5 心衰竭又稱鬱血性心衰竭，指的是心臟無法推送足量血液以供身體所需，其成因包括冠狀動脈疾病（心肌梗塞）、高血壓、瓣膜性心臟病，和心肌病變等。造成的後果是血液在肺臟與周邊靜脈堆積，體液滯留，心臟負荷更大的惡性循環。

之前研究心臟收縮功能的實驗，多是在青蛙或烏龜等變溫（冷血）動物身上做的，因為這些動物的代謝率低，心臟在動物死後或取出體外，仍可維持長時間跳動，便於實驗進行。馬汀的心肺製備雖然麻煩，卻是在恆溫（溫血）哺乳動物身上進行的，結果也更接近人類（冷血動物的心臟沒有冠狀動脈循環，心肌收縮所需的氧直接由流經心房心室的血液取得）。事實上，馬汀的學生豪威爾（William H. Howell；霍普金斯醫學院首任生理學教授）早在一八八四年就使用這種動物模型得出類似的結果，只不過他們並沒有從中得出結論，直到三十年後才由史達靈提出。

在前後三位訪問學者（分別來自美國、澳洲與德國，其中來自澳洲的派特森〔Sydney Patterson〕還成了史達靈的女婿）的協助下，史達靈不但得出心搏量與靜脈回心血量成正比的結果，他還得出那與骨骼肌的長度－張力關係（length-tension relationship）類似，也就是在一定範圍內，肌肉拉得愈長，收縮時產生的張力愈大。至於橫紋肌（包括骨骼肌與心肌）的構造與收縮機制一直要到一九五〇年代中葉，電子顯微鏡發明應用以後，才得出目前的纖維滑動理論（sliding filament theory），圓滿解釋了肌肉長度與收縮張力的關係[6]；有關橫紋肌興奮與收縮的各種性質，早在十九世紀中路德維希發明波形記錄儀之後，就得到生理學家的廣泛研究。

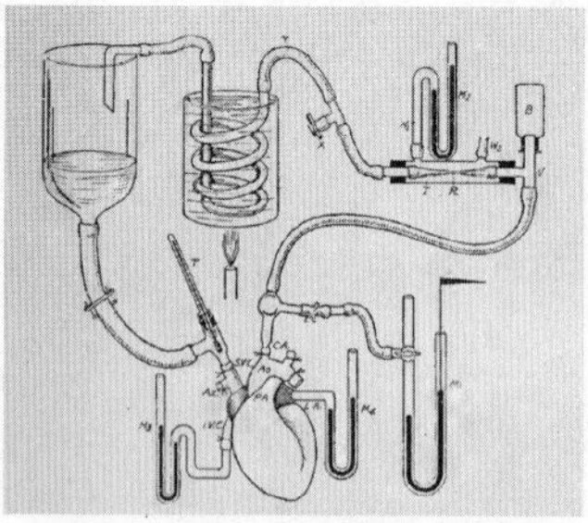

史達靈使用的心肺裝置（出自 Starling, E.H. [1920] *Principles of Human Physiology*, p. 955）

闡述心搏量與靜脈回心血量成正比的「心臟定律」一詞，最早出現在一九一四年史達靈發表的一篇長達四十九頁的論文中。一開始，這項發現並沒有得到多少臨床醫生的注意，但一九一五年，史達靈接受英國皇家醫學院的邀請，在劍橋大學給了一場林納克講座（The Linacre Lecture，以十五世紀的英國醫生學者林納克〔Thomas Linacre〕為名），就以「心臟定律」為題。因第一次世界大戰爆發，這份演講稿遲至一九一八年才出版，但比起先前的實驗論文，該講稿清楚易懂，成為史達靈最具影響力的著作之一。他除了重述以心肺裝置動物模型所進行的實驗外，還進行了推論，想像心臟在運動時以及腎上腺素分泌下根據心臟定律所產生的變化，好比心跳加快、血流加速以及收縮力增強等，這些在後來都得到了驗證。

科學發現大多有前人軌跡可循，鮮少無中生有，史達靈心臟定律自不例外。除了科學家個人的優先權之爭外，國家民族的榮譽也是影響因素之一。如前所述，心臟的自我調整功能早就有人觀察並報告過，但一九五〇年有位德國心臟學家撰文，為德國生理學家法蘭克（Otto Frank）「平反」，認為法蘭克於一八九五年發表的離體蛙心實驗報告中，就提出了相同的說法。自此，許多教科書就把該定律稱為「法蘭克-史達靈心臟定律」，以示公平；至於法蘭克是否明確提出過該

6 所謂「纖維滑動理論」是說肌細胞的收縮產力，是由肌細胞內規則排列的粗細兩種纖維絲相互連結並滑動造成。粗絲與細絲之間重疊的部分愈多，收縮時產生的力就愈大；在一定範圍內將肌肉拉長，可增加重疊區域，也就解釋了長度—張力關係。

理論，以及冷血與溫血動物實驗的不同，也就不予深究。

史達靈可說是十九世紀末、二十世紀初最富傳奇性的生理學者。一來他不是牛津或劍橋大學的畢業生，再來也非出自哪位名師門下，卻卓然自成一家，以三項傑出的發現：史達靈力、胰泌素與史達靈心臟定律，在生理學史上留下大名；然而由於第一次世界大戰爆發，讓他與諾貝爾獎失之交臂（大戰期間，諾貝爾生醫獎停了四年）。戰時他參與防毒面具（對抗德國的化學戰劑）的研究與使用教學，對英國政府的官僚作風多有批評；戰後，他對英國教育系統的批評也直言無隱，都得罪了不少人。英國政府一向利用皇室贈勳封爵來酬庸傑出的大英國協科學家（英文寫作中提到這些人的名字，前頭都會加個 Sir 字），史達靈的同儕（包括貝利斯）都在其列，但史達靈終其一生都未獲此榮譽。

史達靈的辭世也饒富傳奇。一九二〇年，他曾動手術切除大腸腫瘤，之後雖然恢復，但健康情況一直不佳。一九二七年四月十一日，他獨自搭乘越洋郵輪前往美洲（旅遊目的與獨行的理由，至今不詳）；當郵輪於五月二日抵達牙買加的京斯敦市時，史達靈已然在船上過世，遺體於次日葬在當地的英國教會墳場，一代賢哲就此長眠異鄉。

4 席勒、拉瓦錫與普利斯萊——呼吸生理簡史

人與多數動物終其一生，都會持續進行吸氣與吐氣的動作；這個現象大家習以為常，也視為理所當然，沒有太多人會問為什麼。同時，大多數人也都知道，自己不可能靠意志力閉氣過長時間，而不臣服於吸氣的衝動；再來，各種造成窒息的外力，都是奪命之道。因此，「氣」被視為精神的力量、生命的象徵，其來有自。

古希臘哲人亞里斯多德認為吸入肺部的氣，是為了冷卻心臟跳動生成的熱。稍後的亞里山卓學派醫生更進一步提出氣與血液在心臟混合後形成精氣，由動脈輸送全身；部分的氣還會送入腦，形成靈氣，由神經傳送全身。至於中醫對氣的說法，與西方傳統醫學也有類似之處，認為氣是生命之源，藏於血，並可運行於血脈之外，經絡之中。氣甚至可轉化為精，藏於五臟或骨髓之中。至於精可化為氣、氣化為神，都是常見說法。

這些現代人看來明顯錯誤的說法，在不瞭解空氣組成以及生物對空氣的需求何在之前，實不足為奇。由於肺臟與心臟都位於胸腔，同時肺臟與心臟左右兩半腔室都有血管相連，導致前人對氣血不分（事實上，現代生理學家也有「心肺一家」的說法，但其意義不同）。再來，沒有儀器（如顯微鏡、肺活量計）的發明以及其他學門（如物理、化學）的進展，想要瞭解呼吸系統的細微構造與確切功能，也幾乎是不可能的事。

呼吸功能的建立

英國科學家波義耳（Robert Boyle）於一六六二年發表了密閉空間內，氣體體積與壓力之間存在互逆關係的氣體定律，那也就是吸氣與呼氣時，胸腔體積的改變造成肺內壓與大氣壓之間出現差異，導致空氣進出肺臟的原理。同時波義耳發現，利用幫浦將密閉空間內的空氣抽出，造成半真空狀態，置於其中燃燒的蠟燭將熄滅，老鼠也將窒息，因此他把呼吸作用與燃燒聯想在一起。波義耳還進一步發現，將老鼠置於密閉容器一到兩個小時，老鼠將窒息而死；如果再把另一隻老鼠放入同一容器，新老鼠則撐不到三分鐘就會死亡。顯然空氣中有某種物質是動物呼吸與蠟燭燃燒都需要的，同時得不斷補充，否則會被用完。

與波義耳同時代，以發現彈簧定律、顯微鏡學，以及替細胞命名而留名後世的英國科學家虎克（Robert Hook）也做過呼吸實驗。一六六四年，他在切開胸腔露出心臟與肺臟的實驗狗身上，利用風箱將空氣經氣管打入肺臟，可維持狗的存活達一小時以上。這可以說是最早在動物身上進行的人工呼吸，也證實了吸入新鮮空氣對動物的存活不可或缺。

在前一章〈心血管生理簡史〉提過，另一位同時代的英國醫生樓爾發現：從右側心臟送往肺臟的血液呈紫紅色，但離開肺臟回到左側心臟的血液則變成鮮血色；顯然血液在肺臟接觸空氣後，吸收了某些物質，而有所改變。今日我們已知，空氣中讓血液變色的氣體是氧，血液中與氧結合後產生顏色變化的是紅血球當中的血紅素；只不過氧的發現，還要再過一百年，而血紅素這種大型蛋白質就更晚了。

氧的發現

幾千年來，西方人相信所有物質都由下列四種元素組成：水、土、氣與火；其中尤以氣與火的性質最難瞭解。十八世紀中葉的科學家，已經曉得空氣並非單一成分，而是由各種不同的氣體組成；像二氧化碳（時人稱為「固定氣」）、氫（稱為「可燃氣」）與氮（稱為「有毒氣」）等氣體，都在十八世紀中葉前後被人發現。至於對呼吸作用來說最重要的氧，則是在一七七二到一七七五的短短三年時間內，由瑞典的席勒（Carl Scheele）、英國的普利斯萊（Joseph Priestley）與法國的拉瓦錫（Antoine-Lavoisier）分別發現。其中普利斯萊與拉瓦錫的大名為人所熟知，也公認為氧的共同發現人，反而是最早得出發現的席勒，卻鮮為人知；世間事難得公平，身後名更是由不得人。

席勒出生於德意志東北角的施特拉松德（Stralsund），隔著波羅的海與瑞典相望；該地當年隸屬瑞典，同時席勒一生都在瑞典度過，因此是瑞典人。席勒是藥劑師，卻精於化學實驗，得出過許多重要發現，像是氯（chlorine）、草酸（oxalic acid）、酒石酸（tartaric acid）等。一七七二年，他透過加熱許多礦物（例如硝石、軟錳礦、橙汞礦等）得出一種可助燃的氣體，他稱之為「火氣」（fire gas）。如今已知，席勒使用的礦物分別是硝酸鉀、二氧化錳及氧化汞等含氧化合物，釋出的火氣則是氧。一七七四年，席勒將這個重要的發現寫成《氣與火的化學觀察與實驗》（*Chemical Observations and Experiments on Air and Fire*）一書，並定於一七七五年出版；可惜為了等一篇序文，該書遲至一七七七年才印行，因此被普利斯萊與拉瓦錫搶了先機。

普利斯萊

普利斯萊是十八世紀英國重要的科學家，同時也是牧師、神學家與哲學家，有過許多重要發明（汽水與氧是其中最出名的）；但他屬於不順從英國國教者（dissenter），後來又公開支持法國革命，導致他不見容於英國，最終移民美國，度過晚年。普利斯萊在一七七四年利用透鏡聚焦加熱置於瓶裡的汞礦灰

（也就是氧化汞），從而發現了一種新的氣體，不但可以助燃，同時還能維持置於密閉空間內動物的存活；普利斯萊自己也吸了幾口，覺得很舒服，並認為有應用價值。

十八世紀的科學家對於火，也就是「燃燒」，採用當時流行的燃素（phlogiston）學說，也就是說物質燃燒時，會釋放出一種假想的燃素；帶有愈多燃素的物質就愈容易燃燒，反之則屬於不可燃。由於新發現的氣體會使得燃燒的蠟燭燒得更猛，因此普利斯萊認為該氣體必然缺少燃素，才會加速其他物質釋放燃素（燃燒），所以他把新氣體命名為「去燃素氣」（dephlogisticated air）。席勒英年早逝，未能目睹後來的化學革命；普利斯萊終其一生都堅持燃素理論，因此影響了他的歷史地位。反而是讓最後提出發現，並可能受益於席勒與普利斯萊先前發現的拉瓦錫，得出正確結論，並給這種新氣體定名為氧。

拉瓦錫被稱為現代化學之父，他是最早提出化學元素觀念的人之一，也是質量守恆定律的發明人。早在一七七一年，拉瓦錫就發現將帶有葉子的薄荷樹枝養在密閉水瓶裡，會生成一種可讓蠟燭繼續燃燒、小鼠存活的氣體（普利斯萊也進行過類似實驗）；這是最早顯示植物光合作用以及氧氣存在的實驗，但當時他們兩位都不曉得自己發現了什麼。

自一七七二年起，拉瓦錫就進行了許多燃燒實驗，並得出植物生長、動物呼吸、物質燃燒與金屬灰化都有將氣體固定的類似化學改變；這可是劃時代的洞見，也預告了化學革命的到來。拉瓦錫也從加熱鉛丹與活性碳中得出一種新的氣體，但他不確定那是否是先前已發現的固定氣（二氧化碳）。此時（一七七四年），普利斯萊正好來到法國訪問，談及他新發現的去燃素氣；拉瓦錫馬上就曉得那與他發現的是同一種氣體，不但可助燃，同時還有助動物呼吸，並造成金屬的灰化（生鏽）。

拉瓦錫於一七七五年提出新氣體的報告時，認為該氣體就是純空氣，後來修正為空氣中的「可呼吸氣」，並於一七七七年命名為氧（oxygen）。在此拉瓦錫犯了一個錯誤，因為氧的希臘文字根含意是「酸產生者」，但這是氫而非氧的性質（事實上，氫也是拉瓦錫取的名字）；等到幾十年後的化學家發現錯誤時，已積習難改了。至於空氣中的另一部分拉瓦錫稱為「無生命氣」，也就是占大部分空氣的氮。根據氧的性質，顯然那就是波義耳的發現：空氣中某種動物呼吸與蠟燭燃燒都需要的物質。一七八三年，拉瓦錫正式提出報告，指出燃素學說的謬誤；自此，燃素的說法也就逐漸走進歷史。

拉瓦錫還發現，動物在吸入純空氣（氧）後，呼出的氣體中除了氧有所減少外，還多了一種他稱為「碳酸氣」的氣體。由於這種現象與燃燒作用類似，於是他得出了另一個重要的推論：氧在吸入肺臟後，進行了一種緩慢的燃燒作用，並轉換成另一種氣體，同時還產生了熱，經由血液

拉瓦錫和夫人

帶到全身。當時的人對熱的本質還不清楚，像拉瓦錫就把熱視為元素之一（光也包括在內）。

恆溫（溫血）動物的體熱從何而來，是生理學當中另一個困擾前人已久的問題，於是拉瓦錫與另一位出名的法國科學家拉普拉斯於一七八二年展開合作，研究呼吸作用與體熱生成之間的關聯。他們利用測定冰的溶化設計了一種熱量計（calorimeter），比較了活性碳燃燒與實驗動物呼吸當中氧消耗與熱量生成之間的關係，結果發現生物的呼吸作用確實與燃燒類似：都使用了氧，並產生二氧化碳與熱，但過程要緩慢得多。

在接下來的十年內，拉瓦錫繼續進行呼吸作用與體熱生成的實驗。他不只使用天竺鼠為試驗對象，還進行了人體試驗，方式與現代測定基礎代謝率的方法類似，測定單位時間內氧的消耗量與熱的生成量；他發現體熱生成與環境溫度、進食及體能活動都呈正相關。但他以為這種目前稱為「內呼吸」（相對於氣體進出肺臟的「外呼吸」）的代謝作用是在肺臟進行，卻不曉得氧可由血液攜帶至全身細胞，在細胞內的粒線體進行代謝；同時他也不曉得食物經分解吸收後，可以不同形式儲存於肝臟、肌肉與脂肪細胞，當身體有需要時再取出分解利用。但當時拉瓦錫已曉得血液可攜帶氣體，也準備著手測定血中氣體濃度。假以時日，他未嘗不能得出更多且更正確的發現。

不幸的是，一七八九年法國爆發革命，許多貴族與政府官員都被送上斷頭臺。多年來，拉瓦錫在一家負責稅收的農產公司擔任高層管理，因此也受到牽連。經過漫長的監禁審訊，他最終於一七九四年五月八日得到死刑判決，並於同日執行。當時的審判長說：「共和國不需要科學家，讓正義彰顯吧。」就這樣，「一個百年不遇的頭腦，在一瞬間就被斲斷了。」這真是科學史上的悲劇。

因此，除了內呼吸的細節外，拉瓦錫可以說是以一人之力，解開了幾千年來人類對呼吸作用的疑團，其貢獻不可謂不大。如今我們認為理所當然的許多常識，好比空氣由不同粒子組成、動物吸入氧呼出二氧化碳、植物吸入二氧化碳放出氧、水由氫與氧組成等，都不是人類天生就具備的良知良能，而是近兩百多年來才逐漸為人發現的事實。

接下來，則是十九世紀的科學家陸續解決了氣體由血液輸送以及在細胞組織的分布與應用等問題，譬如柏林大學的化學與物理學家馬格努斯（Gustav Magnus）於一八四五年發現，無論動脈血還是靜脈血都帶有氧與二氧化碳；波昂大學的生理學家弗律格（Eduard Pflüger）於一八七五年提出報告，指出氧的消耗是在全身細胞進行，而不只是在肺臟。因此在進入二十世紀之前，科學家對呼吸功能已有相當完整的瞭解，剩下的則是許多細節問題，好比氣體的交換、呼吸系統的形態測定學（morphometry，也就是研究從氣管、支氣管一路往下細分二十多次、最後形成肺泡的呼吸樹構造）、通氣與血液灌流之間的關係、呼吸的控制，以及在不同環境以及不同生理活動與病理狀態下的呼吸等。

關於氣體（包括血液中的其他組成）如何通過肺泡壁與血管壁，在空氣與血液之間交換，有過許多爭議：有人認為是經由主動運輸（或稱分泌），有人則認為是被動的擴散。由於將細胞漿質圍住、形成個別細胞的細胞膜太過纖細，就連在光學顯微鏡下都無法看見，所以有過許多臆測，一直要到一九五七年細胞膜的構造才初次在電子顯微鏡下現身：原來是由磷脂質分子形成的脂雙層（lipid bilayer）。再來，物質進出細胞的方式，由其大小及性質而定，氣體分子不但夠小，而且不帶電，所以能輕易順著濃度（分壓）差穿越細胞膜移動，與血液中脂溶性小分子通過細胞膜的方式無異，都屬於被動的擴散。

呼吸的神經控制：化學與機械受器

雖然亞歷山卓學派的醫生以及稍後集大成的蓋倫對於氣的想法是錯誤的，但他們卻以動物實驗證明，呼吸動作是靠橫膈與肋間肌的收縮造成，並受到由脊髓發出的運動神經控制，這一點是至今仍屬正確的發現。橫膈這塊片狀的骨骼肌源自頸部，於胚胎發生時下降到胸腔底部，分隔了胸腔與腹腔；控制橫膈收縮的膈神經（phrenic nerve）也發自頸椎，往下通過胸腔來到橫膈。膈神經是最重要的呼吸神經，如遭麻痺或切斷，則會造成呼吸停頓以及死亡。

雖然膈神經的重要性早為人知，但膈神經的活性及其上游控制機制，則受限於電生理實驗技術的發展（參見〈神經生理簡史〉），一直要到二十世紀後才得以進行研究。在正常呼吸動作的吸氣前，膈神經會出現陣發性放電，引起橫膈收縮，胸腔擴大，肺內壓下降，於是空氣由口鼻順著呼吸道進入肺臟。當膈神經的放電終止，橫膈放鬆，胸腔縮小，肺內壓上升，先前吸入肺部的空氣就又從口鼻吐了出去。正常呼吸下，呼氣是被動動作，不需呼氣肌（主要是將肋骨向下及向內移動的內肋間肌）的參與，只有在運動或進行其他體力活、需要更大的通氣量時，才有呼氣肌的參與收縮。

在以電生理技術直接研究呼吸的神經控制之前，十九世紀末的研究人員就以破壞動物的特定腦區、然後觀察呼吸變化的方式，得出呼吸中樞位於腦幹的結論。一九二三年，英國李斯特研究所的郎姆斯登（Thomas Lumsden）醫師以一系列從上往下切斷橋腦與延腦不同部位的研究，發現了呼吸調節中樞（pneumotaxic center）、長吸中樞（apneustic center）、呼氣中樞（expiratory center）與喘氣中樞（gasping center）等區域，前兩個中樞位於橋腦，後兩個則位於延腦。

後續的研究將延腦的呼吸中樞進一步分成背側呼吸群（dorsal respiratory group）與腹側呼吸群（ventral respiratory group）兩大部位；背側呼吸群具有控制吸氣的神經元，腹側呼吸群則具有分別控制呼氣與吸氣的神經元，其軸突直接投射至控制呼吸肌的脊髓運動神經元（包括控制橫膈與內外肋間肌的神經元）。所謂吸氣神經元，是指其放電與膈神經的放電同步，呼氣神經元的放電則與之交錯。腹側呼吸群當中還有一批節律器神經元存在，稱為前波京格複體[1]（pre-Bötzinger complex），是引起呼吸韻律的主要推手。

至於橋腦的兩個呼吸中樞，能調節延腦的吸氣與呼氣神經元，使得吸氣與呼氣的轉換更為平順。還有大腦皮質的運動區更具有主動調節呼吸的能力，能隨意增減呼吸的幅度與頻率，甚至長時間的閉氣，可讓我們在說話、唱歌、游泳、靜坐時控制呼吸。至於這些眾多呼吸中樞之間如何協調一致，十分複雜，目前仍是熱烈研究的課題。

如本章開頭所述，人在清醒下不可能自行閉氣過久，造成窒息；也就是說人只能憋氣一段時間，就會臣服於吸氣的壓力。因此，大腦皮質對腦幹呼吸中樞的控制只能到一定程度，就會被更大的吸氣衝動壓制，不得不投降。至於那更大的衝動為何，則牽涉呼吸的機械性與化學性控制，是另外兩個有長遠歷史的研究課題。

一八六八年，德意志生理學家黑靈（Ewald Hering，他是前一章提過發現頸動脈竇的黑靈的父親）與奧地利醫生布羅伊爾（Josef Breuer）幾乎同時提出報告：將肺臟維持在擴張狀態會抑制吸氣，也就是說肺臟具有感知張力的伸張受器（stretch receptor），興奮後會反射抑制吸氣神經，這就是出名的黑靈－布羅伊爾反射（Hering-Breur reflex）。黑靈－布羅伊爾反射仰賴迷走神經的輸入管道將肺臟的吸氣狀態傳入腦幹，這一點從切斷迷走神經的動物呼吸頻率變慢、幅度加深可以看出。此外，黑靈與布羅伊爾還發現降低肺臟的體積也會縮短呼氣，是為黑靈－布羅伊爾放氣反

1 波京格複體（Bötzinger complex）是由美國研究員費爾德曼（Jack L. Feldman）於一九七七年發現的，但沒有命名。次年，費爾德曼在德國開會聚餐時，隨手抓起桌上一瓶白酒，提議就以該酒名Bötzinger為這塊屬於腹側呼吸群的區域命名。至於「前波京格複體」這個名稱出現得更晚，是一九九一年費爾德曼利用離體腦薄片做電生理紀錄時，發現另有這群節律器細胞存在。事實上該區位於波京格複體的後部，而非前部。

射（Hering-Breur deflation reflex）；但一般提到黑靈－布羅伊爾反射指的都是吸氣反射（inflation reflex）。

自十八世紀各種氣體發現後，吸入空氣的組成不同會影響呼吸型態，就已為人所知；例如吸入純氧會減緩呼吸，吸入二氧化碳則會加大呼吸。顯然，人體當中具有偵測氧與二氧化碳的受體，至於其位置何在，直到一九二〇年代才由比利時根特大學（Ghent University）的海曼斯父子（Jean-François Heymans及Corneille Heymans）以精巧的手術及實驗確定，是在頸動脈竇外圍的頸動脈體（carotid body，拉丁原名是*glomus caroticum*），小海曼斯也因此成果獲頒一九三八年的諾貝爾生醫獎（頒獎時老海曼斯已過世）。他們的做法是將第一隻狗的腦部循環與身體分離，改由另一隻狗提供（將兩隻狗的頸動脈與頸靜脈分別切斷後再相接，做交換灌流），但頭一隻狗的神經系統與身體的連接仍然完整，可以控制心跳與呼吸。他們一開始研究的是感壓反射，但他們同時發現，血壓升降與呼吸之間具有反向關係，也就是血壓高則呼吸減緩，血壓低則呼吸增快。後續研究顯示，呼吸反射動作並非對血壓直接反應，而是由位於頸動脈體的化學受器感知血液中的氣體濃度所引起。

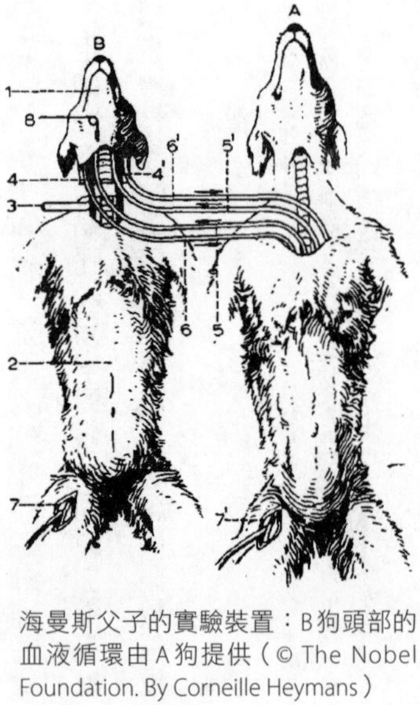

海曼斯父子的實驗裝置：B狗頭部的血液循環由A狗提供（© The Nobel Foundation. By Corneille Heymans）

由於頸動脈體靠近前一章提過的感壓受器：頸動脈竇，因此一開始海曼斯父子以為呼吸的化學受器也位於頸動脈竇。這部分工作的釐清得力於西班牙神經組織學家狄卡斯楚（Fernando de Castro）的研究。狄卡斯楚是卡厚爾（Santiago Ramón y Cajal，將於第七章詳述）的關門弟子，承襲了卡厚爾於神經解剖學的深厚傳統與訓練，對頸動脈體的形態與神經連結（與舌咽神經的分支相接）做了詳細的描述，讓小海曼斯對呼吸的化學控制提出正確的解讀。

海曼斯父子的結果得到美國呼吸生理學家庫姆若（Julius H. Comroe, Jr.）的證實與進一步澄清：影響頸動脈體的不是血中氣體的濃度，而是氣體分壓[2]，而且除了頸動脈體外，還有主動脈體（aortic body，拉丁原名是*glomus aorticum*）及位於延腦的中樞化學受器存在，對二氧化碳分壓與氫離子濃度敏感。

庫姆若是二十世紀最著名的呼吸生理學家之一，他出身醫學世家，父兄都是賓州大學醫學系畢業生，他自己也以第一名成績從該系畢業。但他的一隻眼睛於擔任住院醫師動手術時遭到感染變瞎，以至於當不成外科醫生，改行研究。上述的呼吸化學控制研究，還是他未滿三十歲前初試

2 這一點至關重要，因為液體的氣體分壓取決於游離態的氣體濃度、而非包括結合態氣體在內的總量。像血中有九八．五%的氧與紅血球當中的血紅素結合，只有一．五%溶於血漿與細胞質，但血氧分壓卻由後者決定，與前者無關。一氧化碳會造成窒息中毒，是因為一氧化碳與血紅素的親和力比氧高，而取代了氧與血紅素結合，造成血氧濃度大幅降低；但因血氧分壓沒有改變，所以化學受器不受刺激，呼吸頻率幅度也不變，終究造成腦部缺氧窒息。

啼聲之作；接著，他還測定了正常人肺泡與動脈血中的氧分壓，解決了丹麥生理學家克羅（參見〈心血管生理簡史〉）與英國生理學家侯爾丹（J. S. Haldane）長達三十多年的一項爭議：氧從肺泡進入外圍血管靠的是被動隨壓差擴散、還是以主動運輸對抗壓差；克羅相信前者，侯爾丹相信後者（導致侯爾丹得出錯誤推論的緣由，將於下節敘述）。庫姆若發現肺泡與動脈血中的氧分壓近似，因此氧應該是由擴散進出，而不是靠主動運輸，否則肺泡與動脈血的氧分壓差應該更大。當年無論氣血採樣與氣體分析都非易事，更彰顯庫姆若的成就非凡。

庫姆若對呼吸生理學的貢獻極多，除了設計並改進各種氣體的測定方法與儀器外，還包括吸入氣體於肺臟的分布、肺容積、氣流速度、肺血流量、呼吸道阻力等研究。一九五〇年，他編輯了《醫學研究方法》（*Methods in Medical Research*）一書；一九五五年，又寫了《肺臟：臨床生理與肺功能測定》（*The Lung: Clinical Physiology and Pulmonary Function Tests*），奠定了他在呼吸生理這一行的領導地位。

事實上，呼吸受血中氣體濃度控制的現象，早在十九世紀初就由兩位英國醫生錢恩（John Cheyne）及史托克斯（William Stokes）先後提出報告，也就是出名的錢恩－史托克斯呼吸型態（Cheyne-Stokes respiration），特徵是重複出現的急促強烈呼吸與長時間呼吸停頓，經常出現在呼吸中樞受損、心臟病，以及睡眠呼吸中止症患者身上。目前已知，急促強烈呼吸是由血中二氧化碳堆積、刺激頸動脈體與主動脈體的化學受器所引起，長時間呼吸停頓則是由急促呼吸後、血中二氧化碳濃度下降所造成，都與呼吸化學受器有關。

由於呼吸化學受器對呼吸中樞的強力控制，因此人受到這種反射機制保護，不能長時間閉氣。一般人憋氣的時間很難超過一分鐘，就忍不住要吐氣吸氣，但此時血中的氧及二氧化碳分壓都還沒有出現顯著變化，並不至於刺激化學受器，因此呼吸必定還受到其他因素的控制。目前有實驗顯示，造成吸氣的橫膈收縮，可能提供了強力的感覺刺激，促使橫膈放鬆；如將橫膈麻痺，則受試者就感受不到憋氣帶來的不適，而能延長閉氣至危險的程度。這是除了黑靈－布羅伊爾反射外，另一個機械性呼吸控制的例子。

呼吸研究與應用生理學

不論是為了需要還是娛樂，人類常從事各種挑戰體能極限的活動，例如攀登高山及潛入深海等，因此人體生理必須隨個人活動與所處環境做各種適應，而有所謂的環境生理學（environmental physiology）或應用生理學（applied physiology）的分支出現，其中又可細分為高原生理學（high altitude physiology）、航太生理學（aerospace physiology）及運動生理學（exercise physiology）不等。

西方古典著作中幾乎沒有什麼有關「高山症」的描述，緣由之一是古人對神祕高山的敬畏感大於親近感（好比希臘神話中住在奧林帕斯山上的諸多神祇），能避則避；再來則是海拔低於四千公尺的高山不至於給多數人帶來不適。最早有關「高山症」的描述，出於中國史書《前漢書》〈西域傳上〉當中一段紀載：「又歷大頭痛、小頭痛之山，赤土、身熱之阪，令人身熱無色，頭痛嘔吐，驢畜盡然。」其中頭痛、嘔吐、發燒等都是高山症的典型症狀。所謂的大頭痛、小頭痛之山，是現今屬於帕米爾高原（古稱蔥嶺）的喀喇崑崙山與興都庫什山，為古代絲路的必經之路，海拔有四千八百公尺左右。

再來是東晉法顯所著《法顯傳》中有這段記載：「法顯等三人南度小雪山。雪山冬夏積雪，山北陰中遇寒風暴起，人皆噤戰。慧景一人不堪復進，口出白沫，語法顯云：『我亦不復活，便可時去，勿得俱死。』於是遂終。」當時他們已越過蔥嶺，進入現今阿富汗境內。口出白沫可能是肺水腫（pulmonary edema）的症狀。

西方最早的高山症紀錄，出自十六世紀西班牙人征服南美洲後，天主教耶穌會神父阿科斯塔（Joseph de Acosta）於一五九〇年出版的《印度風土人情錄》（*Natural and Moral History of the Indies*）一書[3]；其中記載了他於一五七一年越過安地斯山脈進入祕魯時身體出現的不適（其症狀不完全類似高山症，有人懷疑是腸胃炎）。之前西班牙軍隊在攀越山脈進入祕魯與智利時，也出現過士兵、奴僕與動物死亡的記載，但沒有詳細的症狀描述。

登山正式成為一種運動，還是工業革命後中產階級興起，有錢有閒的人多了起來以後的事。一八五七年，全球第一個登山協會「阿爾卑斯山俱樂部」（Alpine Club）於倫敦成立，之後則推廣至全球各地；登山協會會員稱為登山家（alpinist），以「征服」全球高山為職志。隨著他們攀爬的山岳愈來愈高，對人體生理的挑戰也愈來愈大，也開始出現有系統的高原生理學研究。

除了攀登高山之外，人類還嚮往飛行。在二十世紀初美國的萊特兄弟（威爾伯〔Wilbur Wright〕和奧維爾〔Orville Wright〕）發明飛機前，乘坐熱氣球升空早已流行了一百多年。一七八三年，法國的孟戈菲兄弟（約瑟夫〔Joseph Montgolfier〕和雅克〔Jacques Montgolfier〕）首度將他們發明製造的熱氣球進行公開飛行；之後，就有許多追隨者及紀錄創造者，乘汽球升空的時間愈來愈長、上升的高度也愈來愈高，甚至接近一萬公尺，因此出現麻痺、失去意識，甚至死亡的案例。

在不曉得空氣組成成分與大氣壓力變化之前，登高造成身體不適的原因也難以確定；甚至大氣壓力的存在，都不是人天生就能察覺知曉的。雖然人類很早就知道利用唧筒的壓縮造成半真空以抽取地下水，以及利用虹吸管將水從低處引往高處（高度極限約十公尺），但卻不清楚其中原理；甚至伽利略還認為真空本身具有某種作用力。一直要到一六四四年，才由托里切利（Evangelista Torricelli）提出「我們生活在空氣海洋的底部，實驗也清楚顯示空氣具有重量」的洞見。托里切利的實驗，是將一端封閉並裝滿水銀的玻璃管倒插在裝了水銀的容器中，發現管內的

3 十五世紀發現新大陸的哥倫布以為自己來到了東方的印度，故而有此錯誤名稱。後來則把真正的印度稱為東印度，新大陸則是西印度；如今西印度已是少有人用的歷史名詞。

水銀柱可維持在七十六公分的高度；他並得出正確推論：維持水銀柱高度的力量是大氣作用於容器水銀液面的壓力。托里切利的水銀管裝置，就是最原始的氣壓計。

雖然托里切利曾提出推測：大氣壓力可能隨地表高度而變，但他並沒有進行這方面的實驗。公認最早發現大氣壓力會隨海拔高度變化的，是法國數學家巴斯卡（Blaise Pascal）；只不過人在巴黎的巴斯卡也只是提出構想與指令，沒有親自動手，而是要求住在法國中部老家的連襟佩利耶（Florin Perier）代為執行。一六四八年，佩利耶登上家附近的昆優火山丘（Puy-de-Dome，海拔一四六五公尺），並用托里切利氣壓計測定山頂的氣壓，與平地的做比較；經過反覆數次的比對後，發現山頂的氣壓確實比平地低了十二%，證實了帕斯卡的猜想。[4]

高山上大氣壓力低落，連同氧分壓也一併降低，因此對於高山症的影響孰重，引發了爭議。最早證實高山症是由於大氣中氧分壓低落所造成的，是十九世紀法國生理學家伯特（Paul Bert）。伯特是伯納最出色的弟子之一，他於一八七八年出版的《大氣壓力：實驗生理學研究》（*Barometric Pressure: Researches in Experimental Physiology*）一書[5]，是高原生理學研究重要的里程碑，也給伯特帶來「航太醫學之父」的稱號。該書厚達一千多頁，其中接近半數篇幅屬於歷史性回顧，其餘為伯特自己的實驗結果與結論。他以動物實驗顯示，正常氣壓／低氧分壓（normobaric hypoxia）與低氣壓／低氧分壓（hypobaric hypoxia）一樣，都會引起高原反應；因此高山症是由低氧分壓、而不是由低氣壓造成。

伯特

伯特在他任職的巴黎大學建造了密閉的壓力艙，可以增減其中氣壓；除了上述低氣壓實驗外，他還進行了高氣壓實驗，以模擬潛水及地底礦坑的情況。他以狗為實驗動物，將艙內壓力升到七至九個大氣壓，然後迅速或緩慢減壓；結果發現迅速減壓會造成大部分的狗死亡，緩慢減壓則對動物沒有不良影響。迅速減壓造成所謂的「潛水夫病」(caisson disease)，伯特也提出正確推論：迅速減壓會造成高壓下溶於血漿的氮氣釋出，形成氣泡栓塞、血流停滯而致病。除了建議深海潛水者不能上升過急以及中間要有休停點外，他還提出了治療建議，包括讓病人進入加壓艙（讓氣泡再度溶於血液）以及呼吸純氧（降低肺泡氮分壓，讓血中的氮更容易離開體內）。

繼伯特之後，另一位重要的環境生理學者是先前提過的英國生理學家侯爾丹。侯爾丹是蘇格蘭人，愛丁堡大學醫學院畢業，他的舅舅是先前提過、牛津大學首位生理學教授博登－桑德森（參見〈十九世紀的生理學〉一章），他的兒子小侯爾丹（J. B. S. Haldane）也是與他齊名的生理學家

4 大氣壓力隨海拔高度的變化並非單純的線性關係，而是呈指數變化；同時氣壓還受環境溫度與濕度影響，所以會隨緯度及季節改變。通常緯度愈低（靠近赤道）、氣溫愈高（夏季），氣壓也愈大。所以，單純用高度計來推算大氣壓力會有誤差，但方便實用。

5 該書英文譯本，於二次世界大戰期間應美國軍方之需，由俄亥俄州立大學的生理學家希區考克（Fred A. Hitchcock）及法語學家夫人瑪麗（Mary A. Hitchcock）合力譯就，於一九四三年出版。

兼遺傳學家。侯爾丹是積極的自體研究者，也就是拿自己（後來包括他兒子）做為實驗對象，例如吸入各種氣體、在密閉艙內做長時間停留，或改變艙內壓力等，然後記錄身心的變化。他曾在下水道或密閉艙中一連待上好幾個小時，發現除了氣味有些難聞外，下水道空氣與人呼出的廢氣並沒有什麼會引起生病的不潔成分。

侯爾丹對英國礦坑安全的貢獻無與倫比，他通常是礦坑發生事故後第一個抵達現場的科學家。他發現多數礦工不是因爆炸而死，而是死於所謂的「爆後氣」（afterdamp）；他更發現爆後氣的主要毒性來自一氧化碳。經由研究一氧化碳的性質與作用（包括使用動物及自行吸入的實驗），侯爾丹發現一氧化碳的毒性在於它與血紅素的吸附力是氧的三百倍，以至於大幅降低了血氧含量，導致缺氧窒息。對此，侯爾丹的預防之道是讓礦工攜帶代謝率高的小動物進入礦坑（先是小鼠，後是金絲雀），當作生物檢測器，因為牠們對缺氧更敏感，可提供警告。

此外侯爾丹還研究了「黑氣」（blackdamp），發現那與「窒息氣」（chokedamp）相同，都屬於缺氧的空氣，故而導致礦工窒息。他提出的預防之道是在礦坑點上特殊的安全燈，只要空氣中氧濃度降至十八％（正常值是二一％），火焰就會熄滅，以提供警報。雖然侯爾丹沒有受過任何工程學訓練，但因上述貢獻，當過英國礦業工程師協會的會長。

一九〇五年，侯爾丹接受英國皇家海軍深潛委員會的委託，研究潛水生理學。雖然之前伯特已經闡明潛水夫症的緣由以及建議預防治療之道，卻沒有建立緩慢減壓的標準做法，因此實際操

侯爾丹

作上不是耗時過長，就是做法有誤。像是有建議說一開始先緩慢上升至下潛深度的一半，之後則可快速上升，就是錯誤的方法；因為那不但增加了潛水者處於高壓的時間，造成更多的氮溶於組織，同時也容易在浮出表面時造成氣泡出現。

侯爾丹與同事使用由鍋爐改裝的壓力艙，在山羊與人身上進行了詳盡的增壓降壓研究，測定不同增壓幅度、艙內停留時間，以及降壓速度等因子對生理的影響，得出許多重要發現與結論。例如體內各種組織吸收與釋放氮的速率，有的只要幾分鐘就達到飽和，有的則需要幾小時。他們得出的重要發現之一是：人和動物在不超過七大氣壓下停留，都可以迅速降壓至一半（好比七降到三．五，四降到二）而不出現問題。因此。人在兩大氣壓下停留無論多長時間，急速減壓都不會出現問題。

一九〇八年，侯爾丹與同事將實驗結果發表在一篇長達百頁的論文〈壓縮空氣病的預防〉（The prevention of compressed air illness），詳細描述了實驗的進行與結果。最重要的是，侯爾丹設計了一張實用的潛水夫表格，可讓潛水夫根據其下降深度、停留時間，就能得知安全又迅速的上升方式。除了英國皇家海軍外，美國海軍也採用這份潛水夫表，直到一九五六年才改換新的修訂版本。

除了「下海」外，侯爾丹也進行了「上山」的研究。一九一一年七月到八月間，侯爾丹與牛津大學同事道格拉斯（C. Gordon Douglas）、美國耶魯大學的韓德森（Yandell Henderson）以及科羅拉多學院的許奈德（Edward C. Schneider）組成「英美派克峰考察隊」（The Anglo-American Pike's Peak Expedition），登上美國科羅拉多州高達四千三百公尺的派克峰，並在他們自己身上進行了為期長達三十六天的高山人體生理研究。此外，他們在登山前與下山後的一個月內，都分別進行了平地的生理測試，以為對照。一九一三年，他們將近兩百頁的研究報告〈在科羅拉多州派克峰所做的生理觀察，特別是低氣壓下的環境適應〉發表在英國皇家學會的《哲學會報》。

雖說之前已經有過許多高山症的紀錄與報導，但侯爾丹等人的派克峰研究可算是當時最嚴謹詳盡的研究報告。其中詳細描述了高山症的症狀與成因，以及人體生理在高原環境的各種適應，包括呼吸變快、出現週期性變化型態，以及紅血球增多等，都是因應氧分壓低落所產生的變化。但如前一節所述，侯爾丹等人在測定動脈血氧分壓時出現誤差（數值過高），導致侯爾丹得出肺細胞能主動運輸氧的結論。就算有這個錯誤，這份高原生理研究的歷史地位仍是屹立不搖。

事實上，參與一九一一年派克峰考察隊還有一位成員：費茲傑羅女士（Mabel P. FitzGerald）。從七月八日到八月二十三日的一個半月期間，費茲傑羅獨自一人在科羅拉多州的洛磯山脈間穿梭，測定高原居民的血中氣體與血紅素濃度。她一共造訪了十三處高原城鎮及礦區，高度從一千五百公尺（丹佛市）到三千八百公尺不等，可說是比住在派克峰頂旅館的四位男士辛苦多了。不過費茲傑羅的辛勞沒有白費，她的研究結果一共發表了兩篇文章，她都是唯一作者。

費茲傑羅是十九世紀與二十世紀之交、極為少數的女性生理學家。她與當時的英國女性一樣，從沒上過公立學校，只在家中接受私塾教育。她的父母在她二十三歲時相繼過世，於是她得以自由展開知性追求之旅，毋須走上傳統給女子安排的道路。當時的牛津大學不收女性學生，費茲傑羅是在得到授課教授的首肯下，才得以旁聽生身分上課。費茲傑羅不但修習了三年生理學相關課程，還進入實驗室協助研究進行。她花了長達五年時間進行脊髓灰質與白質間關聯的組織學工作，她自己也說是對毅力的考驗。

一九〇四年，費茲傑羅接受侯爾丹指導，學會使用侯爾丹設計的儀器，測量人肺泡內二氧化碳的濃度。費茲傑羅每天在自己身上進行測定，長達兩年多時間。此外她還在三位姊姊以及侯爾丹的小孩身上進行測定。一九〇五年，她與侯爾

英美派克峰考察隊：（左起）侯爾丹、費茲傑羅、許奈德、韓德森與道格拉斯。（Courtesy of Bodleian Libraries, University of Oxford）

丹聯名在《生理學雜誌》發表了研究結果〈正常人的肺泡二氧化碳分壓〉（The normal alveolar carbonic acid pressure in man），奠定了她在呼吸生理研究的地位，也讓她得以參與派克峰的考察研究。

在參與派克峰考察的前四年，費茲傑羅在侯爾丹及歐斯勒（William Osler）[6]的推薦下，獲得洛克斐勒基金會的獎學金，於一九〇七年底前往美國紐約及加拿大多倫多進修一年。在美國期間，費茲傑羅想申請進入醫學院就讀[7]，但當時她已三十五歲，康乃爾大學醫學院給她的客氣拒絕函中說：以她的年紀與研究資歷，不宜也不需要多花五年時間取得學位，才能進行生理學研究；「醫生已經夠多了，研究人員卻沒有幾位。」這話雖然不錯，但寫信人低估了當事人的壽命，也低估了學位做為敲門磚的重要性。

結束派克峰的考察後，費茲傑羅在美國又多待了幾年，除了學習外，還前往北卡羅萊納州由美國女醫師賴普罕（Mary E. Lapham）[8]為肺結核病人在山上設立的療養院，進行呼吸功能的測定。一九一五年，她應聘前往愛丁堡大學病理學實驗室工作（部分原因是第一次大戰期間人員短缺），不再從事呼吸生理研究，也與學界失去聯繫。一九三〇年她從愛丁堡退休返回牛津，照顧生病的姊姊（她有三位姊姊，姊妹四人都終身未嫁），更是無人知曉，直到一九六一年牛津大學紀念侯爾丹百歲冥誕時，才有人重新找到她。一九七二年她年滿百歲，牛津大學終於授予她榮譽碩士學位；頒獎的副校長承認，那是遲到了七十五年的學位。次年八月下旬在度過一〇一歲生日後三週，費茲傑羅就與世長辭了。

呼吸生理學的另一波研究高潮，是在二次大戰期間應需要而產生的。一九四一年十二月日本偷襲珍珠港、美國正式參戰後，許多生理學家放下手頭工作，自動向軍方請纓，看他們能為國防解決什麼問題。其中之一與飛行有關：誰能飛得更高更快，誰就能取得能制空權而克敵制勝。當時飛機的機艙是沒有加壓的，飛行員也沒有特殊的飛行衣可穿。因此，飛行員能承受多大的壓力及重力是迫切需要解決的問題，這些都與呼吸生理息息相關。

主動承攬這個問題的生理學家裡面，有位叫芬恩（Wallace O. Fenn）的，是紐約州羅徹斯特大學生理學系主任，專長是肌肉與電解質生理，同呼吸生理沾不上太多邊。但四年後二次世界大戰結束時，他和幾位同事已成為這一行的翹楚，建立了肺臟力學（pulmonary mechanics）這門分支學問。目前生理學教科書中習見的肺順從性（pulmonary compliance）、呼吸道阻力（airway

6 歐斯勒是十八世紀末最出名的醫學教育家。他是加拿大人，先後任教麥吉爾大學及賓州大學，後來出任約翰霍普金斯大學醫學院的創院者之一。一九〇五年，他應聘為牛津大學欽定醫學教授，直到過世。在他的幫助下，沒有醫學學位的費茲傑羅得以在醫院病人身上進行呼吸功能檢測。

7 下列數字可以說明費茲傑羅想在美國取得醫學學位的理由：一九〇〇年的紀錄顯示，英國與法國分別有二百五十八位及九十五位女性開業醫生，而美國已經有七千位，另外還有一千二百位正在醫學院就讀。

8 賴普罕也是在三十歲出頭、父親過世後，才開始按自己的志趣照顧病人。比費茲傑羅幸運的是，她終於在四十一歲那年取得醫學學位，也才有能力與地位幫助更多的人。

resistance）、壓力－體積關係圖（pressure-volume diagram）、氧－二氧化碳關係圖（O_2-CO_2 diagram）、通氣－灌流率（ventilation-perfusion rate）等名詞與觀念，都是芬恩團隊的貢獻。其中緣由除了「需要是發明之母」外，則是芬恩解決問題的能力。芬恩說過，所有的問題，不論實用與否，都可從基礎的層面探討。所以，打好數理化等基礎，是做出好研究的先決條件。

芬恩不單是傑出的研究員與老師，還是生理學界的重要決策人物。一九四八年，他在擔任美國生理學會會長期間，促成了該學會第三本期刊的出版，也就是《應用生理學期刊》（*Journal of Applied Physiology*）。[9]其主要原因是大戰期間政府資助的研究裡，許多都屬於環境因子對人體生理的影響，因此累積了大量的研究結果等著發表。當初考慮的期刊名稱還包括「人體生理學」、「環境生理學」及「運動生理學」等，可見該期刊內容於一斑。六十多年來，《應用生理學期刊》一直都是呼吸生理學者發表論文的首選，呼吸系統相關研究論文，也占了該期刊的大宗。

9 前兩本是一八九八年創刊的《美國生理學雜誌》（*American Journal of Physiology*）與一九三八年創刊的《神經生理學期刊》（*Journal of Neurophysiology*）；另外還有一本一九二一年出版的《生理學回顧》（*Physiological Reviews*）性質不同，不刊載原始研究論文。

5 尿液形成的過濾、吸收與分泌原理——泌尿生理簡史

人口渴了會想喝水，如果沒有水喝，一般人撐不過三天到一周，就會送命，可見水的重要。水在人體內的含量與分布，在〈心血管生理簡史〉中介紹過，不再重複。此外，人還不時得將尿液排出體外，平均每天有一．八公升左右；如若不然，膀胱脹到一定程度，也會出現尿失禁。尿液的生成量隨飲用液體量（包括各種飲料及湯）、食物種類（不同食物含水量不同）以及環境因子（如氣溫、濕度）的不同，而有上下變化。人就算完全不吃不喝，一天下來，還是會有半公升左右的尿液形成；再加上從皮膚、呼吸道及糞便流失約一公升水分，幾天下來如不補充，就會脫水而死。此外，還有許多天然物及藥物具有利尿或抗利尿的作用，也就是可促進或抑制尿液的生成。以上這些有關水分代謝的常識，都可從人的經驗取得。

古人很早就知道膀胱是儲存尿液的器官，對於從口而入的液體如何變成尿液、進入膀胱，也有過猜測；但在不清楚完整的泌尿系統構造之前，想像多於事實，自不可免。在人體的內臟器官中，俗稱「腰子」的腎臟躲在腹腔後壁，不像心、肺、肝、胃腸道等臟腑那麼明顯可見，功能更是難以一眼看出。中醫說腎主水主骨，還有幾分道理，但說腎藏精納氣，就完全出於想像，沒有根據。

最早發現尿液來自腎臟的人，是蓋倫這位偉大的羅馬醫生。他利用結紮與鬆開輸尿管的簡單動物實驗，發現只要將連接左右腎臟與膀胱的兩側輸尿管結紮，膀胱裡就不會有尿液積存；反之，結紮端上方的輸尿管則因充滿了尿液而脹大。只要將結紮的輸尿管鬆開，在結紮端上方堆積的尿液又會進入膀胱。蓋倫也做過切斷輸尿管的實驗：他發現手術後等上一陣子，膀胱裡空空如也，腹腔裡則積滿了尿液。這種種實驗結果，都讓他得出尿液是從腎臟生成，經輸尿管傳抵膀胱儲存，再經由尿道排出體外的結論。

至於尿液如何從腎臟生成，對蓋倫來說是個謎，但也不妨害他提出猜測。蓋倫認為尿液來自四體液（血液、黑膽、黃膽、黏液）當中的血液，這自然是合理且正確的想法；但血液黏稠帶有顏色，尿液則大抵清澈如水，要從血液形成尿液，必須經過淨化分離的過程。蓋倫提出兩個猜測：一是腎臟吸收了血液中的水分，另一是靜脈提供了動力，將血液中的水分從腎臟過濾出去。老實說，在完全不曉得腎臟顯微構造的情況下，蓋倫能提出這種離事實不遠的想法，已十分難得；但他以各種推理，放棄了腎臟的過濾假說，而接受了吸收作用。從今日來看，蓋倫的理由自然是牽強離譜的，但我們也不能抹殺他凡事求解的決心與努力。

腎臟構造的釐清

自蓋倫以降一千多年，腎臟如何產生尿液之謎，一直沒有解開；其中原因除了長久以來人體解剖被教會視為禁忌、鮮少有醫生實際觀察過腎臟的內部構造外，沒有顯微鏡的幫忙，單靠肉眼也看不出太多名堂來。自十四世紀中葉歐洲爆發黑死病後，天主教會逐漸放鬆對人體解剖的禁制，像達文西（Leonardo da Vinci）就繪製過精美的人體解剖圖，只不過他對腎臟並無太多著墨，只有簡單的外觀位置圖。到了十六世紀上半葉，教會才正式允許醫學院的解剖教學使用人類屍體；自此，公開展示的人體解剖才逐漸流行起來。

至於掀起解剖學革命的維薩流斯在一五四三年出版的精美解剖圖譜《人體的構造》中，對腎臟的描繪卻是錯誤的：一來他繪製的腎臟縱切面所顯示的是狗腎的單突（unipapilla）構造，而非人類腎臟的多突構造；再來，他把腎臟內部分成上下兩半，中間以篩孔分隔，以符合血液從上方流入、經篩孔過濾到下方，以形成尿液的理論。由此可見，傳統想法的根深柢固，就算名家也難以完全避免。

最早對腎臟的構造提出詳細且正確描述的，是與維薩流斯同時代的另一位義大利解剖學先驅歐斯泰奇（Bartolomeo Eustachi），像連接中耳與咽部的歐氏管（Eustachian tube，即耳咽管）就以他為名，他也是最早提出腎上腺（adrenal gland）存在的人。歐斯泰奇是羅馬大學的解剖學教授，也是某位樞機主教的私人醫生，故此享有解剖屍體的特權。

一五五二年，歐斯泰奇與一位藝術家合作，將其解剖圖譜刻製成四十七塊銅版；不幸的是在他有生之年只出版了其中八幅，其餘三十九幅圖版都沒有問世，甚至在他死後還失蹤多年，直到一七一四年才重見天日。這是歐斯泰奇的不幸，否則他將與維薩流斯齊名，人類解剖學的進展也會加速百年以上。

由於歐斯泰奇的發現晚了一百六十多年才為人所知，因此另一位義大利解剖學家伯利尼（Lorenzo Bellini）成為最先提出正確腎臟內部構造的人。伯利尼於一六六二年發表他對腎臟構造的解剖發現，指出腎臟組織與肝、脾或肌肉等其他器官都不同，並非堅實、肉狀的組織，而是由數不清的纖細管線組成。同時這些管線的走向，是從腎臟外層伸向中心的空腔；如果將這些管線從中切斷，會有類似尿液的水分流出。此外，腎動脈在進入腎臟後，會一路往下細分成許多纖細的微動脈，直達腎臟表層。

歐斯泰奇（Wellcome Library, London [CC BY 4..0]）

伯利尼發現的管線，也就是如今所稱的腎小管（renal tubule），歐斯泰奇對此也有類似的描述。他倆都只以肉眼觀察（最多用上放大鏡），就能得出這樣的結果，實屬不易。再過幾年（一六六六年），之前提過的微血管發現者馬爾辟基在顯微鏡下不但證實了腎小管的存在，同時還發現在微動脈的末端有球狀的構造。這個命名為馬爾辟基體（Malpighian body）的構造，就是如今為人所知的腎絲球（glomerulus），由微動脈分支而成的許多微血管組成，是血液過濾、形成尿液的起點。

接下來則又等上將近一百八十年，才由英國的解剖學家鮑曼（William Bowman）於一八四二年提出報告，徹底釐清了腎小管與腎絲球之間的關聯。鮑曼畢業於倫敦大學國王學院，後來當上國王學院的解剖與生理學教授，屬於英國最後一代以顯微解剖學研究為主的生理學家。他的另一個重要發現，是確認了骨骼肌也是由獨立的肌細胞構成。

鮑曼發現腎臟皮質當中具有許多球狀構造，稱為腎小球（renal corpuscle）。腎小球的內部是腎絲球，外圍則是一層囊狀構造；這個目前稱為鮑氏囊（Bowman's capsule）的構造是由腎小管的一端形成像手套一樣的盲管，將腎絲球包住，其內腔則與腎小管相通。因此，血液先經由腎絲球的過濾、再通過鮑氏囊壁後，就進入了腎小管；之後一路經過重吸收與分泌的過程，最終成為尿液，從輸尿管離開腎臟。

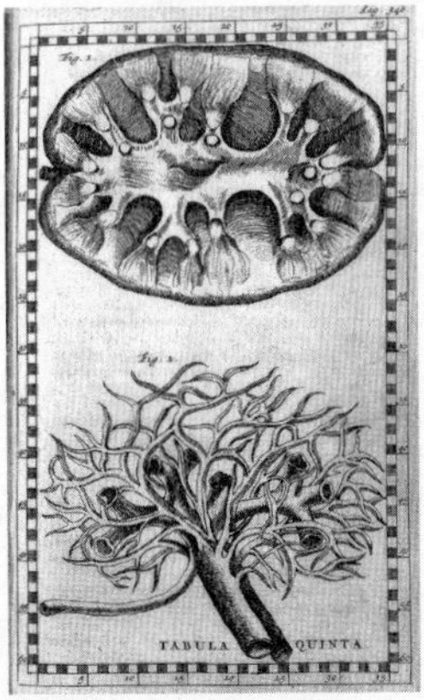

歐斯泰奇繪製的腎臟切面與血管分布圖（Wellcome Library, London [CC BY 4..0]）

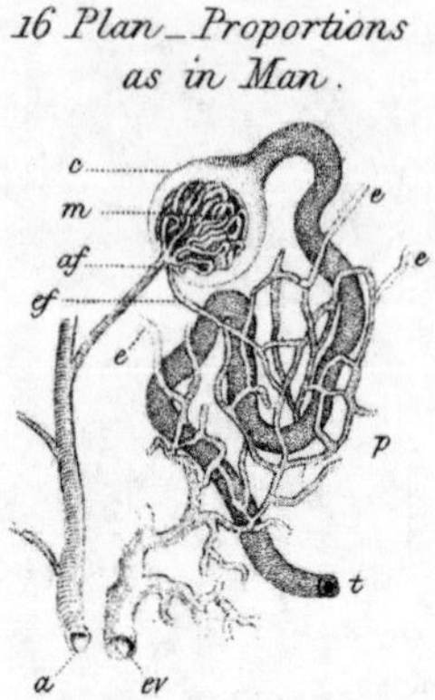

鮑曼繪製的人類腎元構造，其中a是腎動脈、af是入球微動脈；ef是出球微動脈、m是腎絲球、c是鮑氏囊、t是腎小管。

在釐清腎臟構造上留名的還有一位，是與鮑曼同時代的德意志解剖生理學家亨勒（Jakob Henle）。亨勒是繆勒的學生及助手，後來歷任蘇黎世、海德堡以及哥廷根大學的解剖學教授，被譽為組織學的祖師爺。腎小管當中有一段形如髮夾的彎管構造，一路從皮質向下延伸到髓質，又再轉個彎向上回到皮質，就稱作亨勒氏環（loop of Henle），由亨勒於一八六二年發現命名；至於其生理功能，將於後文詳述。

一個腎小球加上與之相連的腎小管，就構成一個腎臟的基本功能單位：腎元（nephron）。據估計，人類左右兩個腎臟各擁有約一百萬個腎元，同時進行著形成尿液的工作，可謂龐大的工廠。

尿液生成的機制

在鮑曼釐清腎小球與腎小管之間構造關聯的前三年（一八三九），德意志地區的解剖生理學家許旺（Theodor Schwann）及植物學家許萊登（Matthias Schleiden）提出了「細胞理論」，其大意是：所有生物都是由細胞構成、細胞是所有生物構造及功能的基本單位，以及所有細胞都是由既有的細胞分裂生成。鮑曼從自己的組織學研究也得出類似的結論，因此很快就成為堅定的細胞學說擁護者。然而這批早期的細胞學者卻落入了另一種生機論的謬誤之中，他們把生理機制的解釋都歸諸於奇妙不可解的細胞功能，而不認為細胞的運作也可以用物理及化學的機制解釋。

一如〈心血管生理簡史〉中提過的淋巴液形成機制，在十九世紀中葉分成「過濾」與「分泌」兩派，尿液的形成機制也同樣分成兩個陣營：以鮑曼及海登罕為首的一派認為尿液是由腎絲球所分泌，而尿素是由腎小管的管壁細胞分泌；以路德維希為首的另一派則認為尿液是血漿從腎小球過濾、經腎小管處理（以吸收為主，分泌為輔）後形成。

這兩派都同意尿液是在腎小球生成，來自不帶蛋白質與血球成分的血漿，但對於尿液形成的方式與數量意見相左。鮑曼與海登罕認為腎絲球就像分泌唾液的唾液腺一樣分泌尿液，分泌量就等同尿量；路德維希一派則認為尿液是以機械方式從腎絲球過濾而得，他們還比較了許多物質在尿液與血漿的濃度，得出通過腎絲球與鮑氏囊、進入腎小管的過濾液體積要比尿液大得多的結論；因此過濾液必定經過腎小管的濃縮，也就是重吸收過程，才能形成最後的尿液。

海登罕的分泌理論簡單得多，把一切都推給腎絲球細胞的神祕運作，路德維希的過濾理論則必須對血漿與尿液中各種物質的不同濃度提出解釋，難度要高得多。一九一七年，蘇格蘭生理學家庫許尼（Arthur R. Cushny）提出他的「現代觀點」，試圖綜合這兩個理論。

庫許尼畢業於蘇格蘭亞伯丁（Aberdeen）大學醫學院，曾赴德國波昂大學克羅內克（Hugo

Kronecker）與史特拉斯堡（Strasbourg）大學許密德堡（Oswald Schmiedeberg）的實驗室留學；克羅內克是路德維希的高徒，許密德堡則有「現代藥理學之父」尊稱。一八九三年，美國密西根大學的首任藥理學教授阿貝爾（John J. Abel；也是許密德堡的學生，其事蹟將於〈內分泌學簡史〉中介紹）接受新成立的約翰霍普金斯醫學院邀聘，於是推薦年方二十七歲的庫許尼繼任他的職位；庫許尼在密大待了十二年，才又返回蘇格蘭擔任愛丁堡大學的藥理學教授。

一九一七年，庫許尼應當時擔任《生理學專論》（*Monographs on Physiology*）編輯的史達靈之邀，撰寫《尿液的分泌》（*The Secretion of Urine*）專書。他在書中指出腎臟就像機器一般，一部分進行過濾膠體（colloid，蛋白質的舊名）的工作，另一部分則進行重吸收，在人一生當中持續進行，毫不止歇。庫許尼還把經由腎絲球過濾的物質分成兩大類，一類以葡萄糖、胺基酸及鈉、鉀等離子為主，可被腎小管吸收，回到血液，另一類則以尿素為代表，不被腎小管吸收，而由尿液排出體外。

庫許尼的觀點綜合許多前人的理論與發現，基本上駁斥了海登罕的分泌理論；而之前史達靈在淋巴液的形成機制上，提出了靜液壓與滲透壓這兩種作用力來解釋過濾與吸收的原理，同樣也能應用在尿液形成的解釋上。因此，庫許尼沒有使用任何人的名字來給理論命名，就稱為「現代觀點」；其中雖有許多細節有待釐清，但這項觀點已經與目前的認知相差無幾。

至於證明過濾與重吸收確實發生的證據，還要等到一九二四與一九二五年，由美國藥理學家理查茲（Alfred N. Richards）與史達靈分別在不同的實驗動物模型中得出。理查茲是賓州大學藥理學教授，後來擔任過許多重要職位，包括美國國家科學院院長及二次大戰期間美國醫學研究發展委員會主席。理查茲與同事利用玻璃毛細管拉製而成的微吸管，在解剖顯微鏡的觀察下直接插入青蛙腎臟的單一鮑氏囊腔中取樣。至於史達靈與同事則利用他實驗室出名的活體心肺分離系統（參見〈心血管生理簡史〉）控制腎臟的血流供應（包括血液組成與壓力），然後分別在正常情況以及用藥物阻斷腎小管吸收功能的情況下，測定尿液的生成量與組成。

利用這兩種不同的實驗方法，都得出腎絲球過濾液不含血球細胞與蛋白質，但富含葡萄糖、胺基酸以及各種鹽類的結果，而且濃度與血漿相當；顯然過濾作用只排除了大分子，對小分子並沒有加以篩選。由於正常尿液不含葡萄糖、胺基酸及多種鹽類（或含量甚低），因此過濾液在通過腎小管時，必定經過了主動的重吸收；這點在史達靈和同事以藥物阻斷腎小管功能的實驗中，發現不但尿液的體積大增，同時還出現大量的養分及鹽類，得到佐證。

理查茲（Wellcome Library, London [CC BY 4..0]）

利用微吸管插入鮑氏囊及腎小管的不同段落取樣，是證明尿液如何形成最直接的做法，但也是最困難的實驗方法之一。一來想要從腎臟表面看到位於腎皮質當中腎小球與腎小管的構造已是非常困難，再來想要準確插入其中之一的內腔而不傷及其他組織，更是難上加難。就算微吸管成功插入了管腔，想要收集足量的過濾液以供測定，是另一項費時費力的工作，一來必須等上好幾個小時才能收集到以微升計的液量，再來過程中稍有不慎，微吸管就可能從管腔脫出，而以失敗告終。收集到單一腎元的過濾液後，實驗室還必須具備針對血中各種物質敏銳且準確的測定法，才可能在微量的收集液中進行測定；這是另一個有待克服的問題。

因此，以微吸管穿刺單一腎元的做法雖然早在一九二四年就在理查茲的實驗室發展出來，但由於操作的困難以及成功率甚低，多年來跟進的實驗室並不多，就連理查茲也不鼓勵研究生或新進人員從事這項研究。再者，多年來他們都使用青蛙或泥螈（necturus）等兩棲類為實驗動物，理由是這些動物的腎小球位於腎臟表面，容易直接觀察；同時其腎小球與腎小管的體積也較大，容易進行穿刺；還有就是兩棲動物沒有大幅的心跳與呼吸動作，比較不容易造成微吸管脫落，而中斷液體的收集。一直要到一九四一年，理查茲實驗室的成員才首度在哺乳動物（大鼠）的腎臟中取得成功。

由於第二次世界大戰爆發，理查茲與實驗室成員都投入戰時工作（理查茲的重要貢獻是促成盤尼西林的量產，那是由英國的生理病理學家弗洛里成功分離、並帶到美國的），實驗室基本上停擺，甚至戰爭結束後也沒有再恢復微穿刺的研究。所幸在少數後繼研究者鍥而不捨的努力下，這項對解開尿液形成機制（也就是腎小管功能）不可或缺的困難技術，終於重見天日，且有大幅改進，逐漸成為腎臟生理研究室的標準操作。其中最重要的一位推手是高茲喬克（Carl W.

Gottschalk）。

高茲喬克畢業於維吉尼亞大學醫學院，一九四八到一九五二年，他獲得獎學金前往哈佛大學醫學院進修，師從生理學教授蘭迪斯（Eugene M. Landis）學習微血管穿刺技術。蘭迪斯是傳奇人物，一九二五年還在賓州大學醫學院就讀期間，就獨立進行並發表了一系列以微吸管穿刺微血管的實驗，記錄不同位置的微血管內壓力，直接證實了由史達靈提出的假說：由微血管內外靜液壓與滲透壓的差異，造成液體的過濾與吸收（參見〈心血管生理簡史〉）。當年並沒有同時授予醫學博士與哲學博士的雙學位制度，但蘭迪斯從醫學院畢業一年後就取得了哲學博士學位。他曾前往英國及丹麥留學兩年，回美國後陸續在賓州大學及維吉尼亞大學醫學院任職。一九四二年，哈佛大學生理學教授坎能屆齡退休，哈佛醫學院經過一段漫長且困難的遴選過程，終於決定聘請蘭迪斯繼任。蘭迪斯在哈佛任職凡二十四年，直到退休。

高茲喬克在蘭迪斯實驗室學會微穿刺技術後，馬上想到可將這項技術應用到腎小管上，來解決尿液如何濃縮的問題，事實上他也進行了嘗試，只不過蘭迪斯認為他的進修時間不足以進行這項困難的工作而予以制止。於是高茲喬克把這樁未完成的工作擺在心上，以待後日。一九五二年他結束進修後，前往北卡羅萊納大學醫學院擔任心臟專科醫師，靠著少量的經費補助著手建立自己的腎臟微穿刺實驗室。四年後，他發表了第一篇利用該技術從大鼠腎臟靠近腎小球的近端腎小管與腎小管周邊微血管的取樣結果，證實了之前理查茲實驗室的發現。一九五八年，他終於成功在位於髓質的亨勒氏環當中取得液體樣本，證實了腎臟逆流倍增系統（countercurrent multiplier system）的存在。那什麼又是「逆流倍增系統」呢？

腎臟逆流倍增系統

如本章開頭所述，尿液的體積與滲透度可有相當大的變化：就人類來說，一天的尿量可從半公升到二．五公升不等，尿液濃度則可稀釋至血漿的六分之一，也可濃縮至血漿的四．七倍（一般在一．六倍到二．七倍之間），由此可見腎臟的能耐於一斑。至於腎臟如何濃縮尿液，直到二十世紀中葉以前，還是困擾生理學者的問題。

當時，頂尖的腎臟生理學者認為，水分能以被動與主動兩種方式吸收：前者發生在近端腎小管，水分隨著溶質的吸收而被動移動，占吸收量的大宗（三分之二以上）；後者發生在遠端腎小管（集尿管也可能參與），主要受腦下腺後葉分泌的抗利尿激素（antidiuretic hormone）控制。至於抗利尿激素如何引起水分的主動吸收，他們並不清楚；此外，在動物界也沒有發現過主動吸收水分的機制，因此主動吸收的說法，仍然存有疑問。

水分在體內不同區間的移動，靠的是滲透作用，也就是從低滲透壓往高滲透壓的方向移動；低滲透壓溶液代表溶質的濃度低，水分的濃度高，高滲透壓溶液則反之。事實上從二十世紀初就陸續有報告指出，腎臟髓質的滲透壓要比皮質高出許多，因此集尿管當中的尿液從皮質流向髓質時，其中水分就可能順著滲透壓梯度流出管外，尿液因此得到濃縮。只不過髓質的滲透壓靠什麼作用得以增高、又如何維持，又成了新的問題。

腎絲球都位於腎臟皮質，腎小管則在皮質與髓質之間穿梭。先前提過的亨勒氏環，就是深入髓質的一段U形彎管，連接位於皮質的近端與遠端腎小管。由於亨勒氏環是鳥類與哺乳類動物特有的構造，魚類與兩棲類則無，因此，有科學家提出亨勒氏環可能具有濃縮尿液的功能（為陸生生物保存水分的必要功能）。然而，理查茲實驗室的微穿刺實驗結果發現，通過亨勒氏環進入遠端腎小管的過濾液屬於低滲透度（osmolarity，滲透度就是造成滲透壓的溶質濃度）溶液，似乎又不支持亨勒氏環具有濃縮尿液的作用。

最早提出亨勒氏環如何濃縮尿液假說的，是瑞士物理化學家庫恩（Werner Kuhn）。庫恩於蘇黎世大學取得物理化學博士學位，曾在兩位諾貝爾物理獎得主波爾（Niels Bohr）與拉塞福（Ernest Rutherford）的實驗室進修，並曾任教於多所德國大學，一九三九年起擔任瑞士巴塞爾大學的物理化學教授。庫恩在物理化學界有過許多重要貢獻，對用於化學與化工界的逆流交換系統相當熟悉，並想到生物體內可能也有類似應用。一九四二年，他根據亨勒氏環的U型構造中、下行枝與上行枝並排的方式，以及其中液體流動方向相反的特徵，提出逆流倍增的假說，也就是說通過某種交換機制，下行枝內過濾液的滲透度變得愈來愈高，而上行枝內過濾液的滲透度則變得愈來愈低；如此既能解釋腎臟髓質的高滲透度，又能說明遠端腎小管內液體的低滲透度。

庫恩的頭一篇理論性文章以德文發表在德國的生化期刊，當時正是二次世界大戰進行得如火如荼之際，因此沒有多少人注意到這篇文章。戰後，庫恩繼續這方面的研究，不單與研究生哈吉泰（Bartholome Hargitay）設計出模擬亨勒氏環的逆流交換系統，得出濃度倍增與遞減的結果，他們還與同校的生理學教授沃茲（Heinrich Wirz）合作，在腎臟當中實際驗證他的理論。沃茲將大鼠腎臟從外到內做冷凍切片，然後測定不同部位切片的滲透度，證實了從腎臟皮質表面到髓質內層有一路上升的現象。

一九五一年，沃茲與哈吉泰分別在國際生理學會與德國物理化學學會的會議中報告了他們的結果，但得到截然不同的反應：物理化學家的反應熱烈，生理學家則興趣缺缺。一來新理論與傳統說法大不相同，再來還用上太多數學公式與物理化學原理，對學生物的人來說嫌太複雜了，因此多持懷疑態度。為了取信於生理學者，接下來幾年沃茲特別學習了微穿刺技術，在倉鼠腎臟髓質的直血管（vasa recta）與遠端腎小管進行取樣並測定其滲透度。他證實了直血管裡的血液滲透度要比體循環血液的高，與先前腎髓質切片的結果相符；同時他也發現遠端腎小管內的液體屬於低張溶液，證實了先前理查茲實驗室的結果。即便如此，他和庫恩的逆流倍增理論還是沒有得到腎臟生理學界的認同；其中最重要的一位反對者，是美國紐約大學的生理學教授史密斯（Homer W. Smith）。

史密斯是腎臟生理學界的教父級人物，於約翰霍普金斯大學取得生理學博士學位，曾在哈佛大學坎能實驗室進修，並任教維吉尼亞大學醫學院，自一九二八年起任職紐大直到六二年逝世為止。他對腎臟生理學的貢獻既多且廣，其中尤以腎絲球過濾率（glomerular filtration rate）為最重要，將於下節詳述。他於一九五一年出版厚達千頁的《腎臟：健康與疾病下的構造與功能》（*The Kidney: Structure and Function in Health and Disease*）一書，是多年來腎臟生理學界的聖經。此外，他還專精比較生理、演化、哲學等學門，寫了好些非科學著作，像《肺魚與神父》（*Kamongo/The Lungfish and the Padre*）、《人與神》（*Man and His Gods*）、《從魚到哲學家》（*From Fish to Philosopher*）等，益顯其博學與深思。

史密斯沒能馬上接受逆流倍增系統，固然出於科學家的謹慎態度，要求確實的證據，但其中也不無本位主義作祟：一來庫恩是物理化學家，與腎臟生理似乎沾不上邊；再者沃茲是蕞爾小國瑞士的生理學家，可信度自然比不上美英德等大國的科學家。直到七年後，高茲喬克成功地以微穿刺法在亨勒氏環得出取樣結果，證實其中溶液屬於高滲透度時，史密斯才當眾宣布接受此一理論。

目前已知，亨勒氏環上行枝的管壁細胞具有鈉離子主動運輸系統，可將鈉離子送出細胞外，但對水分子不通透，因此造成管腔內液滲透度逐漸下降，但管外的髓質細胞間液滲透度增加。至於下行枝管壁細胞沒有鈉離子的運輸系統，但水分子可以自由通透，於是水分子順著濃度梯度從管腔流出，造成管腔內液的滲透度逐漸升高。因此，深入腎臟髓質的亨勒氏環構造，靠著下行枝與上行枝的不同性質，製造了一個滲透度往下遞增、往上遞減的髓質環境。在髓質形成髮夾狀的直血管系統也形成了同樣的濃度變化，而不至於攪亂髓質的濃度梯度。

因此，亨勒氏環並不直接負責尿液的濃縮，而是製造了濃縮尿液的髓質環境；真正進行尿液濃縮的是集尿管，同時還需要抗利尿素的存在（抗利尿素的發現可參見〈神經內分泌簡史〉）。當過濾液從遠端腎小管進入集尿管時，雖然已經有許多被吸收，但仍有相當體積，並屬於等滲透度溶液。在沒有抗利尿素的情況下，集尿管的管壁細胞對水分子的通透性很低，於是會有大量的過濾液成為尿液流失。反之，在抗利尿素的作用下，集尿管的管壁細胞對水分子的通透性大幅增高，於是造成大量的水分順著濃度梯度從管腔流入髓質細胞間液，再進入直血管，回到血液循環，完成水分的回收以及尿液的濃縮。因此，尿液的最大滲透度只會等於髓質間液的最高滲透度，而不會更高。

至於抗利尿素如何改變集尿管對水分的通透性，多年來一直沒有定論，只知道管壁細胞上有抗利尿素的受體，而且與血管平滑肌細胞上的抗利尿素受體不屬於同一種，引發的細胞內傳訊系統也不同。直到一九九二年，美國約翰霍普金斯大學的阿格雷（Peter Agre）在分離紅血球細胞膜上的Rh抗原時，意外發現了一類全新的蛋白，才解開謎題。原來這種蛋白屬於水通道（aquaporin）家族的一員，是水分子進出細胞膜的主要通道。抗利尿素在集尿管細胞的作用，就是增加細胞膜上水通道的數量（近端腎小管與亨勒氏管下行枝上頭的水通道就不受抗利尿素控制），而促使水分子順著滲透壓梯度流出管腔外，因此濃縮了尿液。之前雖然有不少人提出水分子進出細胞膜的機制，也有人發現類似的水通道蛋白，但阿格雷（包括他的團隊）是提出水通道構造、分布與生理完整報告的頭一人，他也因這項發現獲頒二〇〇三年的諾貝爾化學獎。

清除率與腎絲球過濾率

不論什麼原因，只要腎臟出了毛病，體內廢物的排泄也就產生問題，於是在體內堆積，其中尤以蛋白質的含氮代謝產物尿素為最，從而造成毒性。因此，很早就有醫生試著測定血液與尿液當中的尿素含量，做為腎臟功能的指標。一九二八年，美國洛克斐勒研究院的化學家范斯萊克（Donald D. Van Slyke）提出清除率（clearance）的說法，讓我們對腎功能有了全新的認識；後人把清除率譽為腎臟生理學裡最重要的觀念。

基本上，我們只要曉得某物質（X）在血液中的濃度（Bx）與在尿液中的濃度（Ux），以及單位時間內生成的尿液體積（V），就可以用 $Cx = Ux \times V / Bx$ 這個公式算出該物質的清除率。也就是說，單位時間內有多少體積的血液被腎臟清除了其中的X物質；換種說法：單位時間內從尿液排除X物質的量，是由多少體積的血液所供應。

這個觀念其實是借用德國生理學家費克（Adolf Fick）於一八七〇年提出、用來計算心輸出量的公式。費克是路德維希的出色弟子，先後擔任馬堡與符茲堡（Würzburg）大學生理教授；他在習醫之前學的是數學，所以擅長以數學及物理的進路來研究生理問題。以他為名的「費克原理」（Fick Principle），基本上是計算氣體在肺臟的清除率，譬如單位時間內從呼氣中排出體外的二氧化碳量，是由多少體積的血液所供應；我們只要測定每分鐘呼氣中的二氧化碳量，以及肺動脈與肺靜脈當中二氧化碳的濃度，就能計算出每分鐘有多少體積的血液（也就是心輸出量），從右心房經肺動脈送往肺臟。

最早將費克原理應用於腎臟的，其實是海登罕，但他是用這種計算來駁斥路德維希的尿液形成過濾理論，以支持自己的分泌理論。海登罕認為經由計算尿素清除率（當時還沒有這個名詞）得出的血液過濾量太大了，因此尿液不可能由過濾生成；但他忘了每個腎臟都有上百萬個腎絲球，平均下來，每個腎絲球的過濾量也就在合理的範圍。

最早提出清除率這個名詞與概念的范斯萊克出身化學家，但他任職洛克斐勒研究院（後來改名大學）附設醫院長達三十四年（之前七年任職於研究院），以自學方式吸收生理學知識，對當年仍處於萌芽期的生化學以及還不存在的臨床化學貢獻良多。今日任何一家醫院診所的化驗室輕易就能測定的體液中各種成分指標，當年都得大費周章，一一建立方法與標準值。也就是經由測定血液與尿液中各種組成成分的經驗，讓范斯萊克得出名留醫學史的清除率一詞。[1]

對臨床醫生而言，含氮廢物的清除率是腎功能的指標，但在史密斯這位生理學家手上，清除率本身成了探討各種腎功能的重要工具，包括腎絲球過濾率、腎血流量、腎小管的吸收與分泌等。[2]史密斯推論，若有某個物質可經腎絲球過濾，但不被腎小管吸收及分泌，那麼測定該物質的清除率，就等於測定了腎絲球過濾率；於是史密斯致力尋找這樣的物質。他發現臨床上用來測定腎功能的物質，如尿素、肌酐酸（creatinine）[3]、磷酸鹽等，都不符合上述要求，因為腎小管對這些物質或多或少都會分泌及吸收。唯一可能的物質是醣類（碳水化合物），因為腎小管只會主動吸收有用的醣類（如葡萄糖），但缺少分泌醣類的機制。他想，如能找到一種不被吸收的醣類，就可能符合上述要求。

---

1 范斯萊克與中華民國的關係匪淺，先是在一九二一至二二年間，他以客座教授的名義在新成立的北平協和醫學院待了幾個月，與該院的生化系教授吳憲共同發表了一篇血液中水與電解質分布的重要文章。之後中國對日抗戰期間，他擔任美國醫藥援華會（American Bureau of Medical Assistance to China）的主席，積極募款協助中國抗戰。一九六一年，他還來臺訪問過兩個月，在美國海軍第二醫學研究所（U.S. Naval Medical Research Unit 2）及國防醫學院做短期教學研究。他曾兩度獲頒中華民國勳章（一九三九年的采玉與一九四七年的景星），以表彰他在抗戰期間對中國的貢獻。

2 雖說尿液主要是由腎絲球將血漿過濾（而不是分泌），再經過腎小管對過濾液做選擇性重吸收而形成，但腎小管也會分泌某些離子（例如鉀）與溶質（例如尿素與其他代謝廢物）進入過濾液，最後出現在尿液。腎絲球的過濾，加上腎小管的吸收與分泌，就構成了腎臟的主要功能。

3 肌酐酸是肌肉細胞的代謝產物，經腎絲球過濾後，不被腎小管吸收，但有少量從腎小管分泌，因此肌酐酸的清除率要比腎絲球過濾率高。由於肌酐酸是體內天然存在物質，不像菊糖需從外引進，因此在測定腎功能上，是用來估算腎絲球過濾率的方便工具。

林可勝與范斯萊克（取材自ABMAC Foundation）

跟史密斯有同樣想法的，還有發明微穿刺法取樣的理查茲；他倆的實驗室分別在一九三四到三五年間發表了在狗以及人身上測定木糖（xylose）、菊糖（inulin）、甘露醇（mannitol）及山梨醇（sorbitol）等醣類清除率的報告，也都發現菊糖是最符合要求的醣類。雖然理查茲比史密斯還早幾個月提出報告，但真正將菊糖清除率與腎絲球過濾率在各種動物身上做完整闡述的，還是來自史密斯的實驗室；其中尤以史密斯的弟子宣能（James A. Shannon）最出名。宣能畢業於紐約大學醫學院，受完住院醫師訓練後又在史密斯的實驗室取得哲學博士學位；他後來擔任美國國家衛生院院長凡十三年（一九五五至六八），是二次大戰後美國生物醫學蓬勃發展的重要推手。

菊糖是天然存於多種植物的多醣類，屬於果糖的聚合物（fructan）。菊糖除了像澱粉一樣儲存能量外，還可經由水解來增加細胞質的滲透度，以保存細胞質水分，讓植物在嚴酷的環境下存活。[4]由於人的胃腸道不能消化吸收菊糖（大腸內的細菌可分解一些），故此必須以靜脈灌流方式注入人體，等濃度達到穩定平衡後，才開始進行取樣測定。一九三五年宣能與史密斯發表的第一篇文章中，就提到宣能率先以身試藥，接受菊糖灌流；結果無論在主觀感受與客觀監測上，都沒有發現任何不良影響，於是才在志願者身上測試。

從菊糖清除率得出腎絲球過濾率後，史密斯團隊就利用該數值為標準，與其他物質的清除率相比，而得出許多腎功能的資訊。在正常情況下，葡萄糖與其他營養物質的清除率為零，代表腎小管對這些過濾物質有百分之百的吸收，所以尿液濃度為零；如果逐漸增加血液中葡萄糖的濃度到某個程度，葡萄糖將出現在尿液中，代表其濃度超出了腎小管的最大吸收量，於是就造成了糖尿病。

宣能

至於尿素的清除率比腎絲球過濾率低，代表有部分尿素被腎小管重吸收，因此從尿液排泄出去的量要比過濾量低。尿素屬於脂溶性的小分子，可自由通透細胞膜進出細胞，所以尿素在腎小管的吸收與分泌都屬於被動過程，只是順著濃度梯度進行，不費能量，同時還帶動水分的移動。尿素屬於代謝廢物，必須排出體外，但有部分尿素在腎臟髓質滯留，也有助於增加髓質細胞間液的滲透度，幫忙濃縮尿液。

還有另一類物質的清除率要大於腎絲球過濾率，代表這些物質除了從腎絲球過濾外，還會從腎小管細胞分泌進入管腔，然後隨過濾液排出體外。史密斯推測，如果血液中某物質不但可從腎

4 滲透度與分子量無關，但與分子數成正比；所以一分子的菊糖水解成好些較小的分子，可在不改變多少分子量的情況下增加分子數，也就增加了滲透度。

絲球過濾，同時血中剩下的量還會從腎小管分泌，那麼計算該物質的清除率就相當於測定腎血漿流量（renal plasma flow）。果不其然，他們發現對胺馬尿酸（para-aminohippurate）這種物質符合上述要求，也成功地應用於臨床（對胺馬尿酸也和菊糖一樣，需要以靜脈灌流注入人體循環）。

如今生理學教科書中有關腎臟生理的知識，絕大多數是在二十世紀初的三、四十年間由一批出色的生理學家所建立，是相當了不起的成就；目前有關腎臟病變的診斷與治療，包括洗腎換腎等，也都受益於此。只不過這些人都沒有得到諾貝爾獎的青睞，可謂遺珠之憾。

6 波芒特與聖馬丁的胃、帕甫洛夫和他的狗——消化生理簡史

人餓了，就會找東西吃，這是生存的本能，至於吃進肚裡的食物如何變成糞便，從另一頭排出，多數人不甚了了，也大都不放在心上。就算有心研究人體消化與吸收食物過程的科學家，在有機與無機化學、生化學等學門有長足進展以前，也得不出太多結論。

消化系統從口腔開始，一路往下經食道、胃、小腸與大腸等管線，最後終止於肛門，再加上與之相連的唾液腺、肝臟、膽囊及胰臟等附屬分泌器官，屬於成員眾多的身體系統。由於消化系統與吃喝拉撒息息相關，也不時出現嘔吐、腹痛、下痢、便祕等毛病，故此也是最早為人所知的系統。但在體液理論掛帥的西方傳統醫學中，消化器官被歸入無靈性的器官，地位低下；像胃既冷且乾，需要位於下方的肝臟加溫，或是說胃像動物一樣，可在胸腹間移動。文藝復興時代的達

文西繪製過相當詳細的胃腸解剖圖，但他把位於橫膈下方的胃與橫膈移動造成的吸氣與呼氣扯上關係，並認為呼吸是由小腸產生的廢氣造成；這自然是大錯特錯的想法。

十六與十七世紀的科學家，對消化作用究竟是純屬研磨的機械作用還是類似發酵的化學作用有過爭議；但如前所述，當時的醫學研究者對有機化學及生物化學的瞭解太少，不可能解決這項爭議。到了十八世紀，法、英、義三地陸續都有科學家報告胃液帶有酸的成分，而且單靠酸的作用並無法完全消化食物，因此必定還有其他物質參與其中；至於胃酸的成分是鹽酸（muriatic acid，也就是氯化氫），則是在一八二四年由英國化學家普勞特（William Prout）發現的。接下來，唾液中的澱粉酶（amylase，舊名diastase）是一八三三年由法國化學家佩耶（Anselme Payen）發現的，胃蛋白酶（pepsin）則是一八三六年由提出細胞理論的德意志生理學家許旺所發現，因此消化生理學的正式開展，是進入十九世紀以後的事。其中尤以一樁意外事件的貢獻，舉足輕重。

波芒特與聖馬丁的胃

一八二二年六月六日早晨，美國密西根州北部休倫湖當中的麥肯諾島（Mackinac Island）上發生了一起霰彈獵槍走火的意外事件，整批鉛彈在近距離擊中一位加拿大籍船運工人聖馬丁（Alexis St. Martin）的左胸腹之間，打斷了他兩根肋骨，造成皮表有手掌般大的傷口，以及胃部的穿孔，導致未消化完全的早餐從穿孔中流出。

槍擊發生後，很快就有人召請駐防島上的美國陸軍軍醫波芒特（William Beaumont）前來救治。一如當時多數醫生，波芒特並未正式念過醫學院，而是學徒出身的外科醫師；他參加過一八一二年美國與英國的第二次獨立戰爭，因此擁有豐富診治槍傷病人的經驗。只不過當時的醫生除了給病人止血、清除傷口、截肢外，能做的十分有限；病人是否能存活下來，全靠身體的自癒功能。在給聖馬丁的傷口做簡單清理後（包括把突出體外的一塊肺組織以烙鐵燒除），波芒特預測病人將撐不過三十六小時；但出乎所有人的意料之外，聖馬丁不但沒有因此而死，還逐漸恢復了健康。

一開始，聖馬丁從口腔吃進胃裡的食物都會從腹部開口流出，得用灌腸方式補充營養；到了第四週胃腸道恢復活性後，他也就能夠正常進食。到了第五周，傷口開始癒合，只不過胃壁與腹壁的開口在癒合時連在了一起，造成一個直徑兩公分左右、通往外界的孔洞（醫學上稱之為瘻管〔fistula〕）。這麼一來，胃含物雖然不會進入腹腔造成腹膜發炎，但還是會從開孔溢出體外，得想辦法擋住。

波芒特

聖馬丁的復原之路甚是緩慢，直到傷後第四個月，波芒特還不斷從傷口取出殘留鉛彈，並持續進行各種修復手術。到了第十個月，聖馬丁的傷口雖已大致復原，但仍然虛弱無助。這時島上行政當局不想繼續負擔養護責任，決定經由水

波芒特繪製的聖馬丁胃瘻管（Wellcome Library, London [CC BY 4..0]）

運將聖馬丁送回加拿大魁北克故鄉，路程有二千四百公里之遠。波芒特認為以聖馬丁當時的身體狀況，將撐不過如此漫長的旅途，於是發了善心，將聖馬丁帶回自己家中就近照顧，並當作佣人使喚。

一開始，波芒特可能沒有想到可以拿聖馬丁的胃做實驗；再怎麼說，他只是個學徒出身的外科醫生，沒受過任何研究訓練。一直要到一八二五年八月，波芒特才開始觀察聖馬丁的胃液分泌情形，並用絲線綁住食物，從瘻管送入聖馬丁的胃，然後在不同時間點將食物取出，以觀察不同食物在胃部消化的情形。這一年，波芒特隨軍隊多次移防，最後落腳在紐約州的普萊茲堡（Plattsburgh），聖馬丁也一路隨行。比起密西根州，普萊茲堡不但離聖馬丁在加拿大的故鄉近得多（不到二百公里），也有水路直達；於是聖馬丁不辭而別，回到家鄉，並娶妻生子。

一八二五年，波芒特將聖馬丁的病例首度發表於《醫學紀錄》（*The Medical Recorder*）期刊[1]，引起不少關注與好評，也讓他嚐到成名的滋味。他在文章的結尾寫道：「這個病例提供了研究胃液分泌以及消化過程的絕佳機會……因此可能讓我進行一些有趣的實驗。」因此，在聖馬丁離開後，波芒特一再寫信要求聖馬丁回來再接受實驗，最後則是雇人前往聖馬丁的家鄉，把聖馬丁一家半請半押地帶到波芒特的住所。這時波芒特的軍隊駐紮地又換到威斯康辛州的杜湘草原鎮（Prairie du Chien），離聖馬丁的故鄉更遠，有三千多公里的距離。

這時已是一八二九年，離槍擊事件過了七年之久，他倆也有將近四年未見。但讓波芒特高興的是，聖馬丁胃部的瘻管仍同先前一樣，沒有閉合。於是在接下來的一年五個月時間，波芒特利用聖馬丁的胃又做了許多實驗。但到了一八三一年四月，聖馬丁的太太難忍思鄉之情，於是聖馬丁一家又再度經由水路長途跋涉，回到加拿大老家。

一八三二年，波芒特再度隨部隊回到紐約州的普萊茲堡，於是他又把聖馬丁從加拿大找了回來，並利用他和軍醫署長的關係，幫聖馬丁補了個陸軍中士的缺，每月可領十二美元的軍餉，做為實驗的補償。從一八三二年十二月到一八三三年十一月，波芒特分別在華盛頓特區與普萊斯堡兩地給聖馬丁進行了兩個系列的實驗。但這是他倆最後一次的合作，因為一八三三年底，波芒特又被調往密蘇里州的聖路易市，聖馬丁則再度逃回家鄉，沒有同行。

波芒特於一八四〇年退伍，就定居在聖路易市開業，成為當地名流。在聖路易市定居後，波芒特仍不斷寫信給聖馬丁，希望聖馬丁前來聖路易，接受進一步的實驗。他甚至還派過兒子到加

1 波芒特把這篇文章（A case of wounded stomach. *The Medical Recorder* 8:14-19, 1825）交給他的上司軍醫署署長羅維爾（Joseph Lovell）代為發表，但正式發表的文章上就只有羅維爾的名字，顯然羅維爾沒有交代清楚，或是編輯沒有留意，才造成錯誤。

拿大，當面邀請聖馬丁；終究因為距離遙遠（超過三千公里）以及條件談不攏，聖馬丁一直沒有成行。一八五三年三月，波芒特在結冰的階梯上意外摔了一跤，而於一個月後去世。

從一八二五到一八三三的八年期間，波芒特有四段連續時間（最短只有五天，最長有一年五個月，總加起來兩年）以聖馬丁的胃進行了二百三十八次的實驗。波芒特以寫作日誌的方式，將他對聖馬丁的胃所作的觀察與實驗，寫成了《胃液與消化生理的實驗與觀察》（*Experiments and Observations on the Gastric Juice and the Physiology of Digestion*）一書，於一八三三年年底出版。

波芒特這本二百八十頁的書分成兩大部分，頭一部分是對消化生理各個面向的初步觀察，第二部分則是每次實驗的詳細紀錄。雖然波芒特並沒有受過研究訓練，但他追求真理的好奇心以及鍥而不捨的毅力，彌補了他的不足。他平鋪直敘、未作歸納整理的流水帳報告方式，與專業報告相去甚遠，但留給讀者自行解讀的機會。在這本已成經典的著作結尾，波芒特列出了五十一條推論，除了少數有誤之外（譬如他說唾液沒有消化功能），其餘多是前人所未見或難以得到的觀察所得，我們可以綜合成以下幾點：

一、對胃液的性質做了準確且詳盡的描述，像胃液是清澈透明的液體，帶鹹味及酸性；可溶化食物，凝結蛋白，以及殺菌。

二、確定了前人的觀察報告：胃液帶有鹽酸，也就是氯化氫。

三、確認胃液與胃黏液屬於不同的分泌物；在沒有進食時，胃液並不會分泌，或在胃內堆積，同時分泌量與進食量相關。

四、直接觀察到精神狀態可顯著影響胃液的分泌，包括運動、天氣以及情緒在內。

五、對於前人在體外研究過的消化作用有更直接且準確的研究。

六、駁斥了許多有關胃部消化作用的不實想法，以及建立了好些重要的細節，譬如水分在胃部的快速吸收。

七、關於胃部蠕動的第一份詳細且徹底的報告。

八、建立了不同食物在胃部消化的情形，給營養學帶來最實際的資訊。

世間任何特殊成就，除了個人努力外，少不了天時地利之便。像波芒特只是一介軍醫，要是沒有碰上聖馬丁，不會成為研究消化生理的第一人；而聖馬丁雖然不幸遭遇槍擊意外，胃部終生留下傷口，但他也有幸碰到波芒特醫生，不單得以存活下來，還成為難得一見的人體實驗對象，名留醫學史冊。

當然，從現代醫學倫理的角度來看，波芒特醫生不無利用職權之便，對病人聖馬丁進行剝削利用之實；但波芒特對聖馬丁的救助之舉，放在今日也是高於一般善行標準的。至於波芒特後來以聖馬丁的胃瘻管做實驗，看來受追求真理的好奇心驅動，遠大於追名逐利之心（至少一開始是如此）。再來，近兩百年前的醫病關係，絕不可能與今日相提並論，所以我們也不應以今日的標準責備先賢。

在人身上製造瘺管直接研究消化作用的做法不單不切實際，更有違醫學倫理，所以聖馬丁的胃實在是千載難逢的機運；但在實驗動物身上進行類似的操作則屬可行，這也正是十九世紀後葉俄國生理學家帕甫洛夫（Ivan Pavlov）的成名之作。

帕甫洛夫的消化生理研究

提到帕甫洛夫的名字，很多人腦海裡都會浮現出一位大鬍子科學家的影像，以及他身旁一隻聽到鈴聲就流出口水的狗。帕甫洛夫於二十世紀初發現的制約反射現象，奠定了生理心理學（physiological psychology）的基礎，也開創了行為學派（behaviorism）的研究；然而，曉得帕甫洛夫是一九〇四年第四屆諾貝爾生理或醫學獎得主，以及他得獎的主要研究是消化生理的人，只怕就不多了。

帕甫洛夫生於十九世紀中葉的帝俄，祖先世代務農，到其父親一代，才力爭上游當上神職人員。帕甫洛夫從十一歲正式上學起，就進入神學院校就讀，準備克紹箕裘。然而在一八五五年，

帕甫洛夫

人稱「解放者沙皇」的亞歷山大二世登基，他銳意革新，廢除農奴，引進西方科技及思潮。一時間，俄國民間思潮百花齊放，取代了以往狹隘的獨裁、傳統及民族主義，情況一如民國初年的五四運動；其中受到最大影響的，自然是年輕學子。許多俄國青年不再認為繼承父業是人生唯一的道路，他們放棄家族傳統，轉而追求一項更新、更具吸引力的志業，也就是科學。

帕甫洛夫成長的時代，正是達爾文的演化學說取代了上帝、有機化學的進展去除了生命與非生命的界線、物理學家發現了能量不滅定律，以及生理學家對人體運作不斷有新發現的時代。這些新思潮的流行，使得求知慾旺盛的帕甫洛夫每天上學前就先溜進鎮上的圖書館，閱讀一些神學院禁止的書籍，包括達爾文的《物種原始論》（*On the Origin of Species*）及俄國生理學家塞契諾夫（Ivan Sechenov）的《腦的反射》（*Reflexes of the Brain*）等；後者從研究動物的反射，提出人的一切行為也純屬反射，並無自由意志可言的極端論點。帕甫洛夫對當時一本生理學教科書中有關動物內臟器官的解剖圖形，印象尤其深刻，六十年後仍然記得。年輕的帕甫洛夫心想：這麼複雜的系統究竟是如何運作的呢？

一八六九年，帕甫洛夫還差一年就可從神學院畢業，但他告訴父親，自己不會返校完成學業；反之，他準備參加來年聖彼得堡大學的入學考試。不顧父親的反對，帕甫洛夫來到了聖彼得堡，也順利進入大學就讀。當時聖彼得堡大學的師資都是一時之選，包括建立週期表的門得列夫（Dimitry Mendeleyev）、「俄國植物學之父」貝克托夫（Andrei Beketov），以及「俄國生理學之父」塞契諾夫在內。受到之前閱讀書籍的影響，帕甫洛夫決定專攻動物生理學。

不過，帕甫洛夫並無緣拜塞契諾夫為師；之前，塞契諾夫因為抗議學校沒有聘用後來獲得諾貝爾獎的梅奇尼科夫（Elya Metchnikoff；一九〇八年獲獎），憤而辭職。所幸接任的生理學教授齊恩（參見〈心血管生理簡史〉）也是一位良師，把帕甫洛夫給領進生理學的大門。齊恩曾跟從法國及德意志的知名生理學者伯納及路德維希學習，像心血管系統的感壓反射，就是由他和路德維希首先發現的；利用離體心臟進行人工灌流的裝置及實驗，也是他最早設計及執行的。

比起塞契諾夫以唯物論為根據的化約觀點，齊恩更著重實驗以驗實的科學精神，而不對心靈及自由意志等不可捉摸的問題提出臆測；以生理學研究而言，就是在活體動物身上尋求答案。齊恩本身是出色的實驗外科專家，帕甫洛夫在他的調教下也養成了一流的手術本事；據稱帕甫洛夫的左右手可在手術當中交換應用自如。

由於長時間埋首實驗室，因此帕甫洛夫多唸了一年大學，但他的學士畢業論文卻為他贏得一面金質獎章。一八七五年，他進入當時俄國最好的醫學院——聖彼得堡陸軍醫學院——就讀；齊恩同時也在該校任教，並邀請他擔任實驗室助手。可惜好景不長，由於齊恩對學生成績的嚴格要求，引起學生的抗議；起先學校站在齊恩這邊，但他猶太人的身分以及恃才傲物的個性，得罪了不少校內人士，最後學校也向學生屈服，施加壓力要齊恩暫時出國休假。齊恩因此遠走法國，終其一生也未返國恢復原職。

帕甫洛夫是齊恩的忠實擁護者，對於齊恩的遭遇氣憤不已；他不但向學校當局抗議，不出席頒獎典禮以為杯葛，也拒絕與繼任的生理學教授合作。在沒有導師的指導及照顧下，帕甫洛夫完成了醫學院教育及進一步的訓練，也發表了許多論文，但卻一直沒能找到正式的教職。長達十五年之久，帕甫洛夫靠兼課、幫人進行實驗以及依賴親人的接濟過活，其長子也因病去世。這種困頓的日子，一直要到他四十二歲那年，才終於有所改善。

帕甫洛夫與消化研究

一八九一年，俄國某位富有的皇室成員有感於法國巴斯德研究院的成功，出資成立了一所研究機構：實驗醫學研究所，並聘請帕甫洛夫擔任生理組的負責人，兼陸軍醫學院生理學教授。從空有滿腹理想而無由發揮的困境中脫身之後，帕甫洛夫終於有自己的空間得以施展他的抱負，而於十年內做出讓他獲得諾貝爾獎的貢獻。

傳統生理學研究的特色之一，是以活體動物為研究對象，因為生理學家認為，唯有在活體生物身上，才能觀察並記錄到真實的生理現象。為了方便實驗的進行，也為了避免動物承受不必要的痛苦，多數活體實驗都是在麻醉或去除前腦的動物身上進行；這類實驗大多在一天內完成，動物也隨即予以犧牲，因此又稱為「短期」（acute）實驗。

短期實驗雖然乾淨俐落，但有許多潛在缺點。且不說處於麻痺的動物是否能表現正常的生理，就連麻醉藥物及手術創傷都可能造成生理的改變；因此，短期實驗的結果經常難以保證不屬於人為誤差（artifact）。要想解決這個問題，生理學家必須進行較為「長期」（chronic）的實驗，也就是在動物身上先施以必要的手術及各種處理，等動物恢復且習慣之後，再於清醒狀態下進行觀察記錄。如此一來，就可能避免上述短期實驗的缺點。帕甫洛夫於消化生理學的貢獻，也奠基於此。

十九世紀末的消化生理學家已經知道：食物進入胃會刺激酸性的胃液分泌；然而實驗動物在麻醉失去知覺的狀態下，無法看到、聞到及嚐到食物，也就無法表現所謂食慾的影響。為了要證實在食物還沒有進到胃之前，胃液就已經開始分泌，帕甫洛夫非得使用清醒的動物進行長期實驗不可。

仗著高人一等的手術技巧，帕甫洛夫將狗的食道及胃各開了幾條瘻管，通到體外。一方面造成食物從狗口腔吞下後，就從食道瘻管排出體外，進不到胃裡；再來，胃液的分泌可經由胃瘻管流出體外，以供測定。等實驗狗從手術完全恢復後，帕甫洛夫就可在清醒的狗身上進行實驗，避開了之前短期實驗的缺失（這些實驗狗會以人工胃管餵食）。果不其然，帕甫洛夫發現：就算食物根本進不到胃裡，仍然可以刺激胃液分泌，顯然視覺、嗅覺和味覺等感官刺激可經由神經管道抵達胃，也因此證實了「食慾」對消化的影響。

接著，帕甫洛夫想要知道：不同種類的食物刺激胃液分泌的能力，是否有所不同？先前食道瘻管的做法，食物進不到胃裡，也就無法探討這個問題；於是，他又進行了更精細的胃部手術，將狗的胃切開一小部分，再縫合成一個獨立的小囊。一方面這個小囊與胃的本體分離，但仍擁有相同的神經及血管分布；再來，小囊還有一條瘻管通到體外，可供研究者收集其分泌物。如此一來，食物進到胃的本體時，不會進入分離的小囊，但小囊對食物產生的反應一如胃的本體，因此構成了絕佳的活體生理測定裝置。（將胃分成兩半、以縮小胃容積的類似做法，目前仍用於某些病態肥胖的治療。）

帕甫洛夫運用這種胃部經過改造的動物，進行了一系列嚴格控制的長期實驗。他讓實驗狗分別吃入固定重量的肉類、麵包或是牛奶，然後定時收集胃液的分泌。他發現：肉類可刺激最大量的胃液分泌，為期也最長；麵包類只有短暫刺激胃液分泌的能力，分泌量也最少；奶製品則介於兩者之間。此外，他還發現，不同的動物，因體型、食慾或是不可捉摸的個性差異，會有不同的胃液分泌量，但牠們對於不同食物的反應方式，基本上是相同的。

直到四十幾歲才擁有正式教職及獨立實驗室的帕甫洛夫，沒有浪費任何時間，在短短六、七年內，他的實驗室就完成了上述的系列實驗，並於一八九七年發表了《主要消化器官功能論文集》

（*Lectures on the Work of the Main Digestive Glands*）一書。帕甫洛夫於書中強調，該論文集的結論「消化系統是動物這種機器對環境完美適應的範例」是由數十位合作者在數百隻實驗狗身上，進行了數千回實驗所得出的。帕甫洛夫的這番自誇，是有根據的。

有人將帕甫洛夫的實驗室比喻成工廠，是因為在他實驗室工作的人數眾多，從一八九一至一九〇四的十三年間，就有上百人進出。其中原因除了帕甫洛夫本身的知名度外，主要是當時俄國的主政者認為，受過科學訓練的醫生會是更稱職的醫生，因此提供資助給任何願意進修兩年的年輕醫生。也因為如此，帕甫洛夫得以擁有許多雙幫忙的手，也使他的想法更快得以實現。

短短幾年內，帕甫洛夫的論文集就出版了德文、法文及英文版，他也成為舉世知名的生理學家。諾貝爾獎自一九〇一年成立後，帕甫洛夫每年都受到提名，而終於在一九〇四年獲獎。帕甫洛夫得獎的成就是消化生理的研究，但他在頒獎典禮所發表的演講，卻是有關制約反射的研究，那是帕甫洛夫研究生涯的新頁，也為他帶來更大的知名度，這一部分將於〈神經生理簡史〉中詳述。

布爾什維克（共產）革命與帕甫洛夫

獲得諾貝爾獎之後的十年間，帕甫洛夫的聲望及事業達到巔峰。他身兼三個實驗室的主持人，除了本國的學生及助手外，許多科學家遠從德國、法國、英國及美國來到聖彼得堡跟隨他學習，新發現也不斷湧現。他的家庭經濟寬裕，四個子女也各有所成，帕甫洛夫可以說是意氣風發、躊躇滿志。他萬萬沒有想到，一九一四年爆發的第一次世界大戰以及三年後的布爾什維克革命，即將讓他的世界產生天翻地覆的變動。

正當帕甫洛夫逐漸攀上他的事業巔峰之際，古老的帝俄卻走向衰亡之路。一如中國清朝末年，西方新思潮湧入，自由與民主的呼聲日高，對君主專制統治的不滿也日益加深。一九〇四年，日俄戰爭在中國遼東半島及附近海域爆發，一年後俄國戰敗，大幅削弱了末代沙皇尼古拉二世的威望，也造成俄國境內革命暴動不斷。沙皇雖力圖振作，進行一連串改革，包括成立國會，然而一九一四年爆發了第一次世界大戰，俄國參戰與德國交鋒，更暴露出龐大顢頇的帝俄貧窮與脆弱的一面。不但國內民不聊生，上前線作戰的士兵更是裝備短缺。四年大戰下來，共有一百五十萬俄軍陣亡，受傷及被俘的則數倍於此。

一九一七年三月，一場人民大暴動迫使沙皇遜位，由國會成立新政府。旋即，又有由列寧領導的布爾什維克黨（即後來的俄國共產黨）發動十月革命，取得政權，並於一九一八年七月將尼古拉二世一家殺害。列寧取得政權後，便與德國簽下和平條約，結束參戰，但俄國境內卻爆發長達兩年多的內戰，有高達四千萬的俄國人死於戰場、瘟疫或飢荒，並有近一百五十萬人移民他鄉，其中不乏具有專長及受過高等教育者。

對帕甫洛夫而言，這是他一生最黑暗的時刻。他雖然也批評沙皇，但他對共產黨的不滿更甚，認為後者不切實際的理想以及血腥統治，將毀掉他的祖國。在內戰期間，他眼睜睜地看著一些科學家同事因飢寒而死，至於他自己的生活也好不到哪裡去，共產黨沒收了他的諾貝爾獎獎金，年已七十歲的他還得親自撿柴及種菜，以維持存活。他的一個兒子因加入反對黨而被迫去國，另一個兒子則死於傷寒流行。他的家也一再遭到搜查，他甚至還受到短期拘捕。

列寧與帕甫洛夫

最讓帕甫洛夫難過的是，他的實驗室完全停擺，無法進行心愛的實驗。一來工作人員都上了前線，再來實驗狗也都餓死不存。失望至極的帕甫洛夫於一九二〇年寫了封信給共產黨政府，表達移民意願。他在信裡寫道：「我已沒多少年好活了，但我的腦子還管用，非常希望能完成多年來從事的制約反射工作。」但他解釋在目前的情況下，那不可能辦到，因為「我和妻子的伙食極差，主要都以品質不佳的黑麵包維生；白麵包是好些年都沒吃到了，經常好幾週、甚至好幾個月也沒有牛奶或肉類可用。這種情況使我倆逐漸消瘦，喪失體力。」

列寧讀了帕甫洛夫的信，決定俄國不能失去這麼重要的科學家，共產黨應該照顧帕甫洛夫的生活及工作所需。於是，在列寧的指示下成立了特別委員會，專門負責提供帕甫洛夫最好的生活及工作環境。結果帕甫洛夫獲得前所未有的禮遇，可以說是想要什麼就有什麼，甚至比之前在沙皇時代的待遇還更好。他的實驗室不但恢復舊觀，規模還變得更大，設備也更新，加上充沛的人力與物質支援，帕甫洛夫得以著手探討更多更複雜的問題。

雖然俄國共產黨對帕甫洛夫禮遇備至，但帕甫洛夫對共產黨的批評並不留情。例如他在一九二九年的一篇講稿中說：「我們生活在殘酷的統治之下，政府大於一切，人民則一毛不值。」史達林上臺後，對人民的管制更嚴，不但藝術、文學、電影，甚至科學也包括在內。數以百萬計的蘇聯人民因思想問題而遭逮捕，送進集中營改造；帕甫洛夫不但譴責這種恐怖行為，還運用他的影響力營救一些同事。不過，身為既得利益者，他也不免稱讚共產黨對科學的支持，尤其是一九二〇年代後葉他前往法國訪問，看到法國同行的工作環境根本無法同他的相比。

帕甫洛夫一直維持積極工作，直到一九三六年以八十六歲高齡去世為止；他後期的動物制約行為研究，將於〈神經生理簡史〉一章詳述。在他去世的前一年，他還負責主辦了第十五屆的國際生理學大會，那是他繼一九〇四年得到諾貝爾獎之後的另一個人生高峰。由於帕甫洛夫的聲望，讓許多人壓下他們對史達林統治下蘇聯的疑慮，而決定參加。那一年共有三十七國九百位生理學者與會，包括美國哈佛大學的坎能以及中國的張錫均、柳安昌在內，再加上五百位的蘇聯學者，可說是當年少見的盛會。

消化道的內分泌控制

先前於〈十九世紀的生理學〉一章中提過，美國生理學家坎能還在醫學院就讀期間（一八九七年），就利用當時新發明不久的X光機直接觀察動物胃部的蠕動現象，開啟了放射線診斷的先河。之後坎能持續研究消化運動十多年，並於一九一一年出版《消化的機械因子》一書。之後，他因發現情緒可影響胃腸道的蠕動，轉而研究自主神經對內臟功能的控制，最終得出「戰與逃」、「身體的智慧」與「恆定」等名詞與觀念，留名後世。

再來，英國生理學家史達靈與貝里斯於一九〇二年發現，胰臟的分泌除了受到迷走神經控制外，還受到由小腸內膜分泌、經血液循環送到胰臟的因子所刺激（參見〈內分泌生理簡史〉）。史達靈與貝里斯將這個因子命名為胰泌素，是最早被分離的激素之一；至於激素一詞還要再過三年，才由史達靈在演講中首度使用，同時建立了內分泌腺體的作用方式。帕甫洛夫在得知胰泌素的發現後，也重複實驗並得出同樣的結果（之前他堅稱胃腸道只受到神經的控制），他的自我解釋是：「發現事實真相的權力並非由我們獨享。」兩年後，帕甫洛夫因消化作用的神經控制獲頒諾貝爾獎；在獲獎演說中，帕甫洛夫對消化作用的內分泌控制卻隻字不提，顯然對於不是自己發現的事實仍有意無意地忽視。

一九〇六年，另一位英國生理學家埃德金斯（John Edkins）以類似的實驗發現胃壁細胞也分泌了可刺激胃液分泌的激素，他將這種激素命名為胃泌素（gastrin）。之後不久，有人發現胃壁細胞還分泌了組織胺（histamine）這種在局部作用、可刺激胃液分泌的生物胺，因此質疑埃德金斯的發現。受此打擊，埃德金斯離開了研究圈，而以教學為主。後來陸續有實驗證明，胃壁除了分泌組織胺外，確實還分泌了另一個能刺激胃液的物質。一九六四年，胃泌素的組成與結構終於由英國利物浦大學的生化學家解開，是由十七個胺基酸組成的胜肽，還給了埃德金斯一個公道，只不過他早已過世二十多年了。

從胃進入小腸的酸性食糜，刺激了小腸分泌胰泌素，後者再刺激胰臟分泌富含碳酸氫根的胰液進入小腸，以中和酸性。此外，胃糜還刺激小腸分泌其他幾種小腸激素，包括會刺激膽囊分泌膽汁的膽囊收縮素（cholecystokin），刺激胰臟分泌富含酵素胰液的胰酶泌素（pancreozymin），以及抑制胃部蠕動與分泌的腸抑胃素（enterogastrone）。膽囊收縮素由胃糜當中的脂質所刺激，胰酶泌素與腸抑胃素則由酸性、滲透度、蛋白質以及撐大的小腸壁所刺激。

膽囊收縮素的存在證據最早是一九二八年由美國生理學家艾維（Andrew Ivy）提出，但實際分離及確認結構則遲至一九六六年由瑞典生化學家穆特（Viktor Mutt）完成。穆特的研究發現，膽囊收縮素與胰酶泌素其實是同一種物質，因此胰酶泌素的名稱就不再受到使用。此外，穆特的實驗室還純化並決定了胰泌素的構造，以及超過五十種以上的腸道胜肽，包括小腸血管活性肽（vasoactive intestinal peptide）、神經肽Y（neuropeptide Y）、YY肽（peptide YY）及甘丙胺肽（galanin）

等在內，可說是開啟了腸道內分泌的全新領域。

至於腸抑胃素是有「中國生理學之父」稱號的林可勝所命名（參見〈中國生理學發展史〉），只不過已遭大多數人遺忘。原因之一，是腸抑胃素的真實身分一直沒能確認；雖然穆特的實驗室確實分離純化出一種胃抑肽（gastric inhibitory peptide），符合腸抑胃素的標準，但後續實驗發現，胰泌素與膽囊收縮素除了刺激胰液與膽汁分泌外，同時也扮演了腸抑胃素的角色：抑制胃的分泌及蠕動。因此，腸抑胃素代表的是小腸回饋控制胃的因子，其真實身分可能不只一個。

胃潰瘍的成因

自古以來，胃炎、胃潰瘍與胃癌就是人類社會常見病症，奪去許多人的性命。自從胃酸被發現後，制酸劑就成為常用的胃藥。再後來，能刺激胃酸分泌的乙醯膽鹼、胃泌素與組織胺等因子相繼被發現，也就有各種針對這些因子作用的藥物出現。其中最成功的是一九七〇年代初，由英國藥理學家布萊克（James Black）帶領的團隊發展出來的第二型組織胺受體（H_2）拮抗劑：希美替定（cimetidine；商品名泰胃美〔Tagamet〕），布萊克也因為這項發現（加上他之前發展成功的抗高血壓藥物：貝他受體阻斷劑）獲頒一九八八年的諾貝爾生醫獎。

抗組織胺藥物發明後，胃潰瘍已不再是致命的病症，但那還只是降低胃酸分泌的治標方式，並非針對胃潰瘍的成因。一九八二年，任職西澳大利亞皇家伯斯醫院的病理醫師華倫（J. Robin Warren）從急性胃炎患者的胃部檢體中，發現一種從來沒見過也沒有人報告過的小型彎曲桿菌；同時，他在一半以上的胃炎患者檢體中，都看到了這種細菌。

當時任職同一所醫院的年輕住院醫師馬歇爾（Barry J. Marshall），正在尋找研究題目，於是華倫便告訴馬歇爾他的意外發現，並建議合作找出這種細菌究竟扮演什麼樣的角色。由於馬歇爾並沒有什麼臨床研究的經驗，所以不認為在胃裡發現細菌是什麼不可能的事。在短短十二週內，他以胃鏡檢查了一百八十四位病人，並進行取樣；結果發現不單是胃炎患者裡帶有這種細菌的比率相當高，同時胃潰瘍患者的胃裡，百分之百也都有這種細菌的蹤跡。

接下來，馬歇爾試著在培養皿裡培養這種細菌；他按傳統做法，將病人胃裡取得的細菌接種在培養皿上，培養四十八小時，只不過他都看不到有細菌生長。在反覆嘗試的第三十五次培養時，因為碰上復活節放假，他把培養皿多擺了五天，結果這些細菌從休眠中復甦，而開始大長特長。這段插曲，與當年弗萊明發現具有殺菌作用的青黴菌，有異曲同工之妙。

有了穩定的細菌來源後，馬歇爾便於一九八四年夏天進行了出名的自體實驗：他將含有大量這種細菌的液體吞入胃裡。果不其然，一週後，他就出現消化不良的症狀，伴隨有嘔吐及腹痛；他的呼氣中帶有一股腐臭，胃鏡檢查也發現胃的內膜紅腫發炎。

於是馬歇爾開始服用抗生素，在服藥後二十四小時不到，他的症狀就完全消除了。有必要一提的是，在進行這項實驗的前十天，馬歇爾曾先讓同事以胃鏡檢查他的胃，確定他原本並沒有遭受細菌感染，同時胃也沒有病變，以確定服用細菌的效果。

事實上，在華倫之前不乏病理學家在顯微鏡下看到過胃部的細菌，但他們不是視而不見，就是予以忽視，因為當時的教條是：一、沒有細菌能在胃部的強酸環境下存活；二、胃炎及胃潰瘍是食物、個性及壓力等因素引起的胃酸過多造成的，與細菌無關。只有像馬歇爾這種初生之犢，還沒有受到教條的束縛，才會願意嘗試不同的可能性。因此，馬歇爾可說是「機會眷顧有備心靈」的反面教材。

馬歇爾及華倫的胃潰瘍細菌理論，一開始的時候受到強大的阻力；馬歇爾最早在胃腸學會的會議上提出報告，幾乎是被嘲笑著下臺。但他倆堅持自己的理論，一再提出新的證據；終究，愈來愈多的胃腸科醫師在他們的病人胃部檢體當中，發現同樣的細菌。更重要的是，以抗生素治療這種病人，也都收到成效；於是這些人從完全不相信，逐漸轉變成新理論的信徒。

華倫及馬歇爾於一九八三年起，陸續發表多篇報告，過了整整十年，美國國家衛生院終於做出建議：帶有幽門螺旋桿菌感染的胃潰瘍患者，應接受抗生素治療。一九九七年，美國疾病防治中心更發動全國性的教育宣傳，提醒醫療工作者及一般民眾，細菌感染與胃潰瘍之間的關聯。二〇〇五年，華倫及馬歇爾更獲得醫學研究的最高榮譽：諾貝爾生醫獎。

或許有人以為，幽門螺旋桿菌的發現似乎簡單了些，當不起諾貝爾獎的榮耀；但這項發現一方面承襲了胰島素、盤尼西林、可體松、鏈黴素等具有臨床應用價值的諾貝爾得獎傳統，另一方面則開展了新的觀念：人體與發炎有關的疾病，可能都有未知的病原菌參與。

後面這一點，除了胃潰瘍外，像動脈粥狀硬化（atherosclerosis）、風濕性關節炎（rheumatoid arthritis）、多發性硬化（multiple sclerosis）等成因尚未確知的疾病，目前都有人朝這個方向著手研究；如果發現屬實，則離治療之道也就不遠。從這兩方面來看，華倫及馬歇爾的得獎，也算實至名歸了。

消化功能、胃腸道運動與分泌，以及它們的神經內分泌控制，在二十世紀初就已經研究得差不多了，接下來的工作多是細節的補白，像是胃酸的分泌機制、消化酵素的作用，以及各種營養物質的吸收等；許多都需要生化學家的參與，不純粹是生理學者的專長。

再來，從消化生理衍生而出的營養學研究，也逐漸變成一門獨立的學問，不再由生理學家專屬。營養學裡計算各種食物所含的熱量、各種營養物的每日需求量，以至於各種食譜的設計，就不全是科學，而有主觀及經驗的成分在。像目前有許多做法互斥的減肥理論，都宣稱具有科學基礎，那自然是不可能的。唯有回歸真正的消化與代謝生理，才可能得出健康與有效的維持身材之道。

7 從科學怪人到人工智慧——神經生理簡史

由腦和脊髓所組成的神經系統，很早就為世人所知，但其構造與功能也困擾世人達數千年之久。造成這種現象的理由很簡單：我們打開腦殼，只看到一團質地像豆腐（或果凍）、形狀似花椰菜的大腦；翻開大腦腹面，還看得到許多線狀突起，從腦殼底部的小孔穿出；如果再把腦切開來，裡頭有一些顏色、質地及形狀不同的區域，也有幾個空腔。除此之外，就看不出太多名堂了。

解剖學的研究一向領先於生理學，神經系統也不例外，因為解剖構造是死的，在屍體當中也能研究，而生理現象是活的，必須使用活體生物，因此受到許多限制。在顯微鏡發明之前，神經解剖也與一般大體解剖無異，只局限於肉眼可見的表面構造。再來，由於神經細胞的構造與連結複雜，如果沒有適當的染色方法，就算在顯微鏡的放大下，也難以窺其堂奧。本章首先要介紹的，就是從傳統的神經解剖到十九世紀末顯微神經解剖出現的重大突破。

神經系統的運作細節，好比訊息的產生與傳導，在物理與化學的知識有長足進步，以及電生理與電化學的測定儀器有充分發展之前，進展有限；因為訊息在神經細胞上的傳導使用電、在神經細胞之間的傳遞使用化學物質（神經遞質），而且無論神經電性強度還是神經遞質濃度都極其微小，難以用傳統的方法偵測。在顯微神經解剖之後，將接著介紹神經電生理研究以及神經化學研究的進展過程，隨後則是將感覺與運動神經連結起來（反射弧的建立）的整合性神經生理研究。

神經生理研究的最終目標，是解開人類意識與行為的奧祕，也就是傳統心理學研究的範疇。隨著方法學與科技的進步，生理學家對於行為與意識的根本，像是學習與記憶的功能，逐漸有所掌握及瞭解，關於這部分的進展，將於最後一節介紹。

神經解剖學研究

隨著人體解剖在西方文藝復興後的逐漸解禁，神經解剖也一併得以發展。早期的解剖學名家，如之前提過的達文西、維薩流斯、歐斯泰奇等人，都留有腦部解剖的圖譜。還有一位值得一提的義大利解剖學家維洛里歐（Costanzo Varolio）是最早提出從腹面進行腦部解剖的人，並描述了多對腦神經以及橋腦（pons）的構造，橋腦的拉丁文名稱也掛了他的大名（*pons Varolii*）。事實上，人體好些構造的名稱，都帶有原始發現人的名字，而且大多是十九世紀以前的解剖學家，神經系統也不例外。在此，我們以幾個帶有人名的神經構造為例，簡單介紹神經解剖的發展。

頭一位是以發現威氏環（Circle of Willis）而留名後世的英國醫生威利斯（Thomas Willis）。威利斯從求學、行醫到擔任教職，都在牛津大學度過，是道地的牛津人。他原本主修神學，後來才改習醫，因此他熟習拉丁文（他的醫學寫作多以拉丁文為之），比起當時同行，也較少受到傳統醫學教育（以蓋倫醫學為主）的桎梏，得以全新眼光來看腦部的構造。他在一批出色的學生（包括〈心血管生理簡史〉中提過的樓爾）以及好友的協助下，進行了許多腦部的解剖，並於一六六四年出版《大腦解剖》（*Cerebri Anatome*）一書，威氏環即出自該書。書中許多精美的插圖，是由他的朋友、另一位多才多藝的英國科學家（從天文學、氣象學、物理學到解剖學不等）及著名建築師任恩（Christopher Wren）所繪。

所謂威氏環，指的是供應腦部血流的左右頸動脈（carotid artery）與椎動脈（vertebral artery），在抵達大腦底部進入腦組織之前，會互相連結形成一個環狀；腦下腺與下視丘底部就正好位於環中央。這種安排方式使得供應腦部的血管可互通有無，不至於因為一條血管阻塞而造成太大影響。

除了威氏環外，威利斯還描述了許多腦部構造，並予以命名

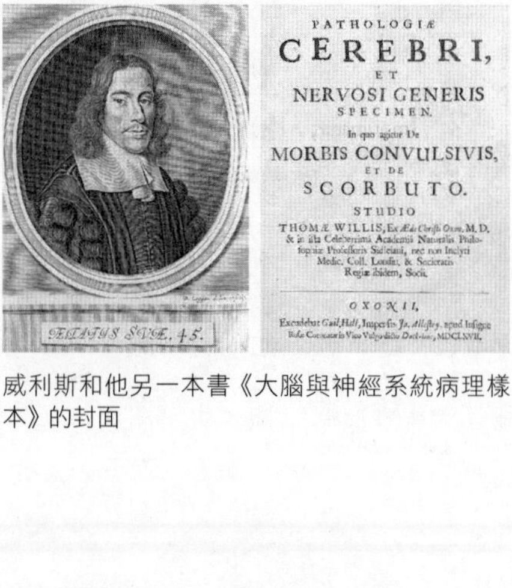

威利斯和他另一本書《大腦與神經系統病理樣本》的封面

（用的都是拉丁文），其中沿用至今的有紋狀體（corpus striatum）、帶狀核（claustrum）、內囊（internal capsule）、視丘（optic thalamus）、前連合（anterior commissure）及小腦腳（cerebellar peduncle）等十來個。他的命名方式都是根據構造的形狀、質地、色澤與位置而定，與功能無關。此外，威利斯還把從蓋倫開始、使用上千年的七對腦神經（其中少了嗅神經、滑車神經、外旋神經與副神經，其餘則多有合併）給重新整理，編號命名，變成九對；其中前六對與目前使用的一致，第七對結合了顏面神經與前庭耳蝸神經，第八對則把舌咽神經、迷走神經與副神經併在一起。副神經是威利斯所發現並命名的，但他誤以為這條神經附屬於迷走神經，故此取名為「副」；雖然這個名稱並不正確，但也沿用至今。解剖學家使用威利斯的腦神經命名系統超過一百多年，直到一七七八年德意志解剖學家索默靈（Samuel Sömmerring）在博士論文中把威利斯合併的幾對腦神經獨立開來，才變成目前通用的十二對腦神經命名系統。[1]

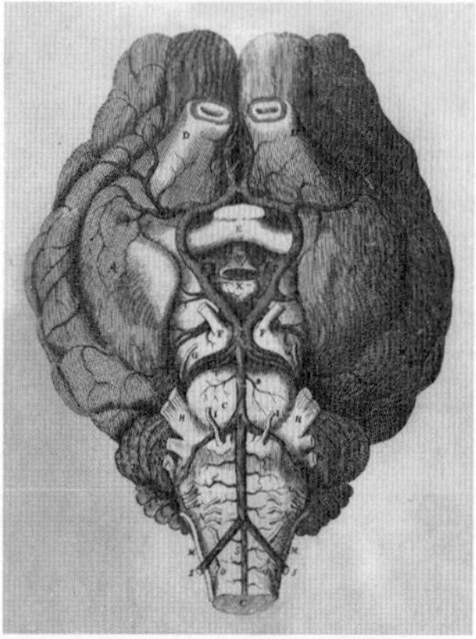
威利斯《大腦解剖》書中的威氏環圖

威利斯對神經解剖學的貢獻，可說是少有人及，尤其是他使用的人腦標本都未經固定（福馬林固定液的使用還要再等上兩百多年），甚至還可能因死亡過久而腐敗，更顯得他的成就不凡。但人不可能脫離他所生活的時代，也是不爭的事實；對活在十七世紀的威利斯來說，基督宗教信仰與科學研究是不可分割的：所有對大自然（包括人體）的研究，都是為了彰顯造物主的大能。威利斯之所以進行腦部的解剖，乃是為了尋找靈魂的所在。

人有獨立於身體之外的靈魂（soul）、並在人死後繼續存在，是所有人類族群都有的想法。由於靈魂看不見、摸不著，只存在於人類的想像當中，因此靈魂與心靈（mind）或精神（spirit）也經常相提並論，合而為一。至於靈魂存在的位置，也有過不少爭議，腦與心臟是最常出現的選項，一度還有人相信胃是心靈的主宰。

由於靈魂似乎是流動不固定的，因此蓋倫認為它存身於腦室當中流動的液體，也就是腦脊髓液；哈維則認為靈魂存在流動的血液當中。主張心物二元論的法國哲學家及科學家笛卡兒甚至說靈魂存在於人腦當中的松果腺（pineal gland），因為松果腺是腦中唯一不成對的構造。[2]至於威利斯認為靈魂有三種型式：頭一種是「活力靈」（vital soul），存在於血液當中（同哈維的想法一致）；第二種稱作「感性靈」（sensitive soul），由流經大腦與小腦血液當中的活力靈產生；第三種稱為「不朽靈」（immortal soul）或「理性靈」（rational soul），負責高階思考、意志與判斷，並推動前兩種

---

1 雖然兩百多年來腦神經的序號並無變動，但其名稱卻迭有變化，如第八對從使用多年的「聽神經」改成「前庭耳蝸神經」。

2 在此笛卡兒犯了兩個錯誤，第一他漏掉了腦中另一個不成對的構造：腦下腺；再來，他以為只有人類才有松果腺，其實不然，多數脊椎動物都有。至於動物有沒有靈魂，是另一個爭議已久的問題；甚至女人是否有靈魂，也有過爭辯。

靈魂的運作。他認為人與動物都擁有前兩種靈魂，負責感覺與運動等基本生物功能，以及簡單推理，但只有人擁有第三種靈魂，而與動物有別。威利斯從人腦與動物腦的比較中得出，人大腦皮質的皺褶多且深，因此認為是理性腦的所在，這點是至今仍屬正確的創見。

另外還有幾個腦部構造，像希氏裂（Sylvian fissure）、蒙氏孔（foramen of Monro）、馬氏孔（foramen of Magendie）與陸氏孔（foramen of Luschka）等，都以發現人為名。希氏裂是分隔顳葉與上方的額葉及頂葉的橫向腦溝，由荷蘭萊頓大學的解剖教授希維爾斯（Franciscus Sylvius）最早提出描述，如今這個構造稱為側腦溝（lateral sulcus）。其餘三個孔狀構造，都位於腦室系統：蒙氏孔是連接側腦室與第三腦室之間的開孔，左右各一，以蘇格蘭愛丁堡大學的解剖學教授蒙羅二世（Alexander Monro "Secundus"）為名[3]，如今稱為室間孔（interventricular foramen）；馬氏孔以法國生理學家馬江地為名，陸氏孔則以德意志解剖學家陸許卡（Hubert Luschka）為名，兩者都位於腦幹的第四腦室，連接腦室與蛛網膜下腔（subarachnoid space）；馬氏孔目前稱為正中孔（median aperture），陸氏孔則稱為外側孔（lateral aperture），左右各一。[4]

從以上敘述可知，腦部的大體解剖在進入十九世紀前，就已經被研究得差不多了；接下來則輪到較細微的顯微解剖，也就是在光學顯微鏡下觀察經過固定、切片及染色的生物組織。事實上，自十七世紀後半葉虎克與雷文霍克發明以顯微鏡觀察生物構造以來，其進展並不如我們想像中快速。一來是早期的顯微鏡多屬手工製作，難以普及，再來因為鏡頭製作得不完美，反而製造出許多像差（optical aberration），包括影像及色彩的扭曲；還有就是組織的固定、切片與染色等技術的研發緩慢，一直要到進入十九世紀後，才有德意志的儀器製造商（好比目前仍執龍頭地位的蔡司牌顯微鏡）改進顯微鏡製造並予以量產，以及解剖學家建立起組織學（histology）這門學問，把組織固定、切片及染色的方法系統化。

組織學於十九世紀的發展，導致細胞理論的建立（參見〈泌尿生理簡史〉），只不過神經細胞的結構複雜，除了細胞核所在的細胞本體外，其細胞質還向外伸出許多突起；有的突起不但細長，還與其他神經細胞或肌肉產生連結。由於受染色法及顯微鏡放大倍率所限，因此十九世紀後半葉德意志的重要解剖學家柯立克（Albert von Kölliker）與葛拉赫（Joseph von Gerlach）都認為神經細胞的末梢與其他的神經細胞融合成一體，形成巨大的網絡，這就是神經連結的網狀理論（reticular theory）。

3 蒙羅一家三代，包括他的父親（一世）與兒子（三世）都是愛丁堡大學的解剖學教授，前後長達一百二十六年（一七一九至一八四六）。一八二五年，達爾文前往愛丁堡大學習醫，即受教於蒙羅三世；但他在晚年的自傳中說，蒙羅的教學沉悶不堪，讓他對解剖學提不起興趣，也沒有參加實地動手解剖，日後讓他感到後悔。

4 腦脊髓液來自血液，主要是從位於兩個側腦室的脈絡叢（choroid plexus，由微血管組成）生成，通過室間孔流入第三腦室，再經由大腦導水管（cerebral aqueduct）進入第四腦室，往下進入脊髓的中心管（central canal）或經由正中孔與外側孔進入蛛網膜下腔，回到硬腦膜靜脈腔，完成循環。大腦導水管舊名希氏導水管（Sylvian aqueduct），以另一位法國解剖學家希維爾斯（Jacobus Sylvius）為名，但經常與發現希氏裂的希維爾斯混淆。

高爾基與卡厚爾

一八七三年，義大利醫生高爾基（Camillo Golgi）發表了一種以重鉻酸鉀及鋨酸固定、硝酸銀浸潤神經組織的新染色法，可隨機將約百分之三的神經細胞完全染成黑色，其餘則融入黃色透明的背景，全不可見。經由這種後來稱為高氏染色法（Golgi stain）染出的神經細胞纖毫畢露，可讓人在顯微鏡下看到完整的神經細胞構造，包括從細胞本體分出許多較短的樹狀分枝，以及一條較長的線狀延伸；前者由發現心臟希氏束的希斯命名為樹突（dendrite），後者則由柯立克取名為軸突（axon），這些都是遲至一八九〇年代的事。

高爾基利用他發明的染色法觀察了小腦、嗅球、大腦皮質、胼胝體以及脊髓等神經組織，除了神經細胞外，他也觀察到神經膠細胞（glial cell）的存在。此外，他還有許多以他為名的發現，像細胞當中負責運輸的高爾基體（Golgi apparatus）與位於骨骼肌腱上偵測張力的高爾基肌腱器（Golgi tendon organ）等，可說是最為今人所知的十九世紀解剖學家。

高爾基

然而，高爾基終其一生都是堅定的網狀理論擁護者，不免給他的成就打了點折扣。至於真正將高氏染色法發揚光大以及建立神經細胞理論的，是與高爾基同時代的西班牙醫生卡厚爾（Santiago Ramon y Cajal）。[5]

卡厚爾與高爾基有許多相似點，他們的父親都是醫生，自己也念了醫學院，但兩人都未長期行醫，轉而投身基礎研究。一開始他倆的研究成果都以本國文字發表在本國期刊（卡厚爾為了不受許多期刊對附圖數量的限制，甚至還自己發行期刊），並沒有受到位於當時研究重鎮的德國與法國科學家注意。但他們兩人的相似點也到此為止，尤其是在神經細胞如何連結的觀念上，更是南轅北轍。

卡厚爾從小多才多藝，對繪畫、棋藝、運動，以及當時新興的攝影都有涉獵，曾經一心想當畫家，但被父親阻止。他父親早早就帶著他解剖屍體，也讓他對醫學開始產生興趣。一八七三年，他在家鄉沙拉哥薩（Zaragoza）完成醫學教育，其中並沒有包括組織學的訓練（當時的西班牙在學術研究上算落後地區），他是在醫學院畢業後到馬德里參加醫學博士資格考時，才首度接觸到顯微鏡，也一頭栽了進去，成為一生職志所在。

卡厚爾先是在家鄉的醫學院任教，之後逐漸嶄露頭角，先後任職於西班牙瓦倫西亞（Valencia）、巴塞隆納，以及馬德里大學，可謂步步高升。一開始他並不曉得有高氏染色法存在，直到一八八七年（高氏染色法發表後十四年）才頭一回在一位西班牙同行處見到以高氏染色法製作的神經組織標本。他馬上就認識到這種新染色法的優點，於是積極開始他的研究，得出超越前人的結果。

5 拉蒙是他父親的姓，卡厚爾則是他母親的，全稱應該是拉蒙卡厚爾；但他自己在許多著作上也只用卡厚爾一個姓氏，因此沿用。

高氏染色法在發表多年後沒有得到普遍應用，主要是因為方法沒有標準化以及結果難以預期，很多人在嘗試過幾次後沒有得出理想結果，也就放棄。再來則是德國解剖學家的門戶之見，不輕易接受他國研究人員的成果；至於卡厚爾就完全沒有這種包袱，他有系統地嘗試高氏染色法並改進其不足之處。例如他會根據動物種類、動物年齡，以及神經組織的不同，而使用不同的固定時間；他發明了二次硝酸銀浸潤法，得出前所未見的良好結果；他發現神經髓鞘會干擾染色，因此選用神經髓鞘化不完全的鳥類以及未成年哺乳動物的腦組織進行實驗；他還發現使用較厚的切片，染色結果更好；這些都是讓卡厚爾突出前人（包括高爾基在內）的因素。

不只如此，卡厚爾的過人毅力以及繪圖天分也給他的成功帶來莫大的助益[6]；他在一八八七及一八八八短短兩年內，就發表了十四篇論文。雖然他主動將論文寄給當時歐陸知名的解剖學家，但讓他失望的是，幾乎沒有什麼人注意到他的研究成果，這一點與他在學術界沒有知名度以及論文以西班牙文發表有關。於是卡厚爾又多做了兩件事：請人把論文譯成法文，以及出國參加學術會議。

一八八九年十月，卡厚爾帶著精心挑選的組織標本以及一具蔡司牌顯微鏡，自費前往柏林參加德國解剖學會的年會。一開始，並沒有什麼人注意到這位不會說德語的不知名西班牙教

卡厚爾（ZEISS Microscopy [CC BY-SA 2.0]）

授以及他展示的標本，但在少數看過他顯微鏡下驚人標本的人口耳相傳下，開始有更多同行前來，其中包括德國的解剖學大老柯立克在內。柯立克在看過卡厚爾製作的神經標本後大為折服，對卡厚爾說：「我發現了你，我要讓全德國都曉得你的發現。」

當時已高齡七十二歲的柯立克做了幾件特別的事。首先他重複了卡厚爾的標本製作法，證實卡厚爾的結果無誤；然後他公開宣布放棄網狀理論，支持卡厚爾的神經細胞理論；他甚至開始學習西班牙文，親自將卡厚爾的論文翻譯成德文。像柯立克這種胸襟開放、提攜後進的學人，從古至今難得見著幾位。因此在重量級人物柯立克的加持下，卡厚爾的發現迅速為學界所知，他也成了當時解剖學界的知名人士。

卡厚爾的成功，除了他改善高氏染色法、得出精美的標本，藉此對神經系統做有系統的研究，以及得到貴人相助外，更重要的是他對神經細胞以及神經系統的幾項洞見。首先，卡厚爾認為神經細胞與體內其他細胞一樣，都是獨立的個體，彼此並沒有連成一體；也就是說，他主張神經細胞理論，反對網狀理論。[7]再來，他認為神經細胞具有兩極化構造：細胞本體與粗短的樹突屬於

6 當時還沒有發明顯微鏡照相技術，解剖學家必須將顯微鏡下的景觀一筆一筆如實畫出，才有可能把成果發表。不擅繪畫的研究者常要仰賴不見得懂解剖的畫家，其準確度與效率都要大打折扣。反之，卡厚爾毋須假手他人，自行就能繪出精美的顯微圖；同時他擅長繪製組合圖，也就是把相鄰切片的觀察所得都畫在同一張圖當中，不單使畫面變得更完整，還節省了印刷時的製圖費用。

7 神經細胞又稱為神經元（neuron），因此神經細胞理論又稱為神經元理論。神經元這個名詞是十九世紀德國著名解剖學

接收端，細長的軸突則是輸出端，同時神經訊息是從細胞本體往軸突末梢做單向的傳遞；這也是與前人不同的說法。他還提出，樹突表面的細小突起（他稱之為樹突脊〔dendritic spine〕）可增加與軸突末梢接觸的面積，並可隨學習與經驗而變化。最後，他從胚胎神經組織的切片中發現，成長中的神經軸突會從細胞本體不斷向外伸長，往目標前進，卡厚爾稱之為生長錐（growth cone）。

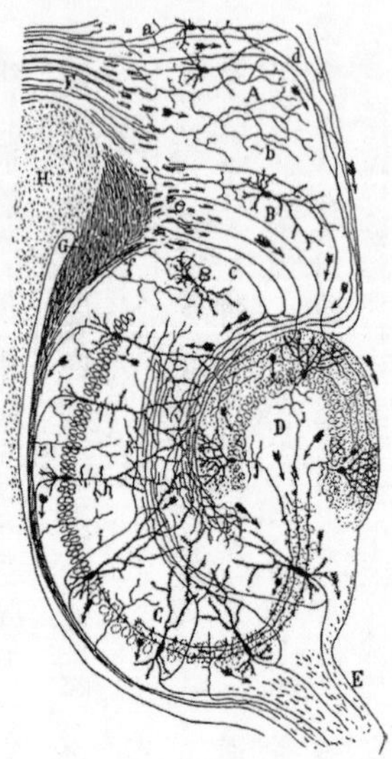

卡厚爾繪製的齧齒類海馬神經網絡圖

卡厚爾的這些洞見在當年受限於技術，都難以實際求證。像是神經末梢與下一個神經之間的連結方式究竟是帶有間隙還是融成一體，超過了光學顯微鏡的解析極限，還要再等上幾十年電子顯微鏡的發明並應用在生物組織後，才得到確切證明。了不起的是，卡厚爾根據組織切片的靜態資料得出的推論大部分都得到證實，如今已成為神經科學的基本知識；這份成就，實非一般人所能企及，卡厚爾也因此有「現代神經科學之父」的稱號。

一九〇六年的諾貝爾生理或醫學獎頒給高爾基與卡厚爾兩人，可謂實至名歸；在瑞典舉行的頒獎典禮上，他倆才第一次見面[8]，但卻不是愉快的經驗。當時離高氏染色法的發明已超過三十年，之後高爾基也沒有持續神經組織的研究，但他在發表得獎演說時，卻無視卡厚爾以及其他人的研究成果，仍堅持他的神經網狀理論，並攻擊神經細胞理論，讓卡厚爾十分難過，這算是諾貝爾獎歷史上出名的公案之一。

神經解剖學後來的發展，從純粹的形態學逐漸與功能相關的研究結合，與神經生理、神經化學及神經病理都息息相關，將於以下章節述及。

神經電生理

如本章開頭所言，神經系統的運作難以單純從形態構造就看得清楚，像蓋倫就認為神經纖維是中空構造，可以傳送由血液攜帶的生命之氣抵達腦部後轉換形成的靈氣（pneuma或spirit）；同時蓋倫也知道神經可以傳送感覺訊息以及發出動作指令，只不過究竟以何種形式傳遞，一直要到十八世紀義大利波隆納的醫生嘎爾凡尼發現以電流刺激股神經，可造成青蛙小腿肌收縮後，才建立了神經的電性傳遞理論；生物電的存在，也被視為生命的象徵。十九世紀初瑪莉雪萊（Mary W.

家沃戴爾（Wilhelm von Waldeyer）根據卡厚爾的發現所創（沃戴爾還創了染色體〔chromosome〕一字），有邀功之嫌；對此舉動，卡厚爾不無微詞。

8 事實上，一八八九年卡厚爾在參加德國解剖學會年會後，曾借道義大利高爾基所在的城市帕維亞（Pavia）返國，可惜高爾基到羅馬國會開會去了，沒有見著，否則他倆可能成為朋友，不至於有後來的針鋒相對。

Shelley）寫的小說《科學怪人》（*Frankenstein*），根據的就是嘎爾凡尼的實驗：一具七拼八湊的死屍，在閃電的激發下取得生命的火花，也開始了悲慘的一生。

人類很早就知道靜電的存在，但一直要到十七世紀後葉，才有人利用快速轉動的硫磺球與布摩擦，產生出大量靜電荷。到了十八世紀初，更有人發明將摩擦產生的靜電以金屬線傳遞的做法。一七四五年，荷蘭萊頓大學的科學家穆宣布洛克（Pieter van Musschenbroek）發明了貯存電荷的方法，就是將正負離子分別儲存在玻璃瓶內外的金屬，再經由連線產生短暫的放電；時人稱這種裝置為萊頓瓶（Leyden jar），也就是最原始的電容器。一七五〇年，美國開國先賢富蘭克林（Benjamin Franklin）出名的風箏實驗，進一步證明閃電是由大氣中的靜電造成，與摩擦生出的靜電並無不同。

萊頓瓶的發明造成一股風尚，讓許多人以接受輕微電擊為樂，同時也帶來了包括醫療在內的應用。由於電擊人體可引起四肢抖動、呼吸加速與心跳加速等反應，因此有醫生宣稱可治療癱瘓、神經痛、耳聾以及風濕等病症。一七五二年，知名的瑞士裔德意志解剖生理學家霍勒（Albrecht von Haller）根據電刺激的反應，將身體組織分成感受性（sensibility）與激動性（irritability）兩大類；認為前者屬於神經的特性，受到刺激會引起疼痛感，後者則是肌肉的特性，受到刺激會引起收縮。

至於肌肉收縮的機制，早在西元前三世紀亞歷山卓派的希臘醫生就已提出：肌肉接收了從神經傳來的靈氣導致擴張鼓起，造成收縮。如前所述，西元二世紀的蓋倫從切斷神經與脊髓的實驗，早已證實神經控制著肌肉的收縮。接收神經傳入的靈氣導致肌肉收縮的說法，到十七世紀的笛卡兒也還照章全收；稍微不同的是，有人認為從神經傳入肌肉的是液體，而不是什麼不可捉摸的靈氣。一直要到十七世紀後葉，陸續有人指出，肌肉在收縮時體積並沒有增加，因此充氣或注液而讓肌肉膨脹、導致收縮的說法站不住腳；於是開始有人從肌肉的構造著手，提出不同的說法，像是肌肉內部的格狀空間在收縮時變小，從而導致收縮。由於肌細胞內部構造的複雜，一直要到二十世紀中葉，電子顯微鏡的發明應用以及生化技術的發展成熟後，肌肉收縮是由肌纖維滑動造成的理論才得以出現。[9]

雖然霍勒提出肌肉具有激動性的說法並沒有錯，但一來他無從解釋收縮的機制，再來他不認為神經的刺激對肌肉收縮是必要的；也就是說，霍勒不相信神經攜帶了可刺激肌肉收縮的靈氣或液體，新發現的電性更不在他考慮之列。由於霍勒的影響力，他的理論在十八世紀中後葉有許多的支持者，對神經帶有電性的說法也提出諸多質疑。至於嘎爾凡尼的貢獻，就是以一系列的實驗，不但證明了神經電性的存在，同時還能刺激肌肉收縮，因此，嘎爾凡尼有「電生理學之父」

9 不論是骨骼肌、心肌或平滑肌的細胞，內部都帶有大量由收縮蛋白組成的肌纖維絲，並作規則排列。收縮蛋白主要有肌原蛋白（myosin，又稱粗絲）與肌動蛋白（actin，又稱細絲）兩種，彼此以平行方式交錯排列，兩者之間並能形成橫橋（cross-bridge）相連。當橫橋移動時，就造成粗絲（一端固定、一端游離）順著細絲滑動，也就引起肌細胞的縮短；這就是肌肉收縮的肌纖維滑動理論（sliding filament theory）。

的稱號。

從一七八〇年起長達十餘年時間，嘎爾凡尼利用青蛙小腿腓腸肌（gastrocnemius）以及相連股神經（crural nerve）的體外製備，陸續進行了三大類的電刺激神經肌肉實驗；這種神經肌肉製備也成為後續兩百多年來，生理學實驗裡最常用的動物製備法。[10]頭一類實驗，是利用萊頓瓶貯存的靜電做為刺激源；第二類實驗，是利用大氣中的天然電源（閃電）進行刺激；第三類實驗，則是利用金屬弧（metallic arc）連接神經與肌肉。無論是採用哪種方式，他都發現能造成肌肉的收縮，顯示神經確實能傳導電性；而第三類的實驗，進一步顯示神經本身就帶有電性，那也是最早顯示生物電存在的證據。

之前許多有關嘎爾凡尼實驗的描述，都

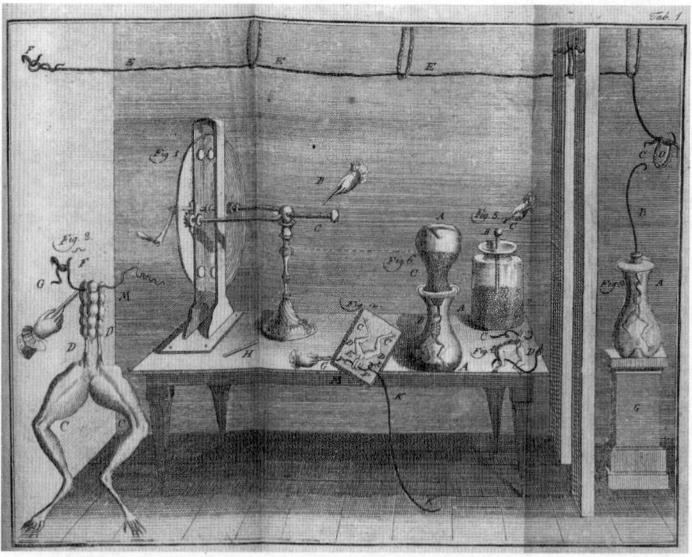

嘎爾凡尼的電生理實驗裝置

說他是在無意間以金屬碰觸神經才看到肌肉的收縮，其實並不正確，因為無論組織的製備以及實驗器材的設置，都是嘎爾凡尼精心準備下的結果。其餘如收縮強度隨電性的增強而增加、到一定強度後就不再增加、肌肉疲勞的產生，以及休息後的恢復收縮等現象，也都是由嘎爾凡尼最早觀察得出，並成為多年來生理學實驗課的主要內容。

另一個造成誤解的因素，是同時代的另一位義大利物理學家伏特（Alessandro Volta）公開反對嘎爾凡尼的生物電理論。伏特因發明電池而知名於世，他不但比嘎爾凡尼年輕八歲，又多活了二十一年，因此影響深遠，嘎爾凡尼的貢獻被他遮掩了許多年。當然伏特也非無的放矢，當時細胞理論尚未建立（神經細胞理論還要更晚），細胞膜的存在與性質都屬未知，時人無從解釋為什麼電性僅局限在神經或肌肉、而不會傳遍全身組織（體液可以導電）。嘎爾凡尼的生物電理論還要再過一百五十年，經過義、德、英、美許多科學家的努力，才得到全面的解釋。

在嘎爾凡尼之後還有過義大利的科學家也發現神經與肌肉組織之間可產生電流，但因為受到伏特的影響，卻提出其他的解釋；直到一八四〇年，比薩大學的馬圖齊（Carlo Matteucci）才發表了生物電存在的直接證據。馬圖齊發現，將一條青蛙股肌從中切斷，然後把肌肉表面與斷面以金

10 這是在二十世紀末，動物實驗逐漸被電腦模擬程式取代前的情況。之前的生理學實驗課，無論肌肉收縮還是神經傳導實驗，用的都是這項製備。一九七〇年代中，作者在臺大動物系就讀及任教時，有大半學期的生理學實驗都使用這種製備。

屬弧相接，其間可產生電流；如果把更多條肌肉以這種方式相連，電流強度還可加乘。這種由組織表面與內部接觸所形成的電流，稱為「受傷電流」(injury current)，顯示組織表面與其內部帶有電位差。

杜布瓦雷蒙

接下來，電生理的研究重鎮移到了德意志地區。柏林大學的繆勒讀了馬圖齊的論文後，鼓勵學生杜布瓦雷蒙繼續這方面的研究（繆勒及其學生可參見〈十九世紀的生理學〉一章）。杜布瓦雷蒙以更精確的儀器證實了大部分馬圖齊的發現，他還發現當神經與肌肉受到刺激時，其表面電壓會有改變（若於此時與組織斷面接觸，產生的受傷電流較低），他稱之為「負變化」(negative variation/oscillation)，算是膜電位去極化（動作電位，見下述）現象的最早展示證據。

接著在一八五〇年，繆勒的另一位出色弟子赫姆霍茲利用刺激股神經不同位置的間距，以及腓腸肌開始收縮的時間差異，估算出生物電在神經上頭的傳導速度。之前繆勒曾經推測神經的電性傳導速度應該像電子移動的速度一樣快，人類可能永遠測量不到；但令大家吃驚的是，赫姆霍茲算出的速度只有每秒幾十公尺，而不是幾百公里。赫姆霍茲改進記錄方式之後又重複實驗，也得出相近結果。雖然這樣的發現讓當時的科學家再度懷疑生物電的本質，但那卻是劃時代的發現：之前神經當中神祕不可捉摸的「靈氣」，終於可以由物理方法實際測量。

再下來的發現，是由另一位德意志生理學家伯恩斯坦（Julius Bernstein）所成就。伯恩斯坦畢業於布雷斯勞大學醫學院，師從著名的生理學家海登罕（參見〈心血管生理簡史〉與〈泌尿生理簡史〉兩章）；之後他前往柏林大學，跟隨杜布瓦雷蒙取得生理學博士學位；最後再到海德堡大學赫姆霍茲的實驗室，從事博士後研究，可說是名師出高徒。自一八七三年起，伯恩斯坦擔任德國哈勒－威登堡（Halle-Wittenburg）的馬丁路德大學生理學系主任，直到三十八年後退休。

伯恩斯坦是頭一位記錄到完整神經放電的人，「動作電位」（action potential）一詞即由他所創；此外，他還提出神經電性的細胞膜理論（membrane theory），奠定了現代電生理學的基礎。但在進一步介紹伯恩斯坦的貢獻之前，我們有必要先回顧一下電生理學的儀器發展史。

自萊頓瓶與伏特電池發明後，生理學家利用電流刺激神經或肌肉組織變得更容易；同時機械式開關的發明，讓實驗者不但能控制刺激的時間長短，甚至可做連續性定時刺激。由於生物電的幅度極其微小，單位以毫伏（mV，等於千分之一V）計算，在二十世紀初真空管放大器發明之前，科學家先是利用金屬薄片製作的箔靜電計（foil electrometer）來偵測微量電流的存在，但難以定量。接著他們使用絕緣銅線製作的線圈來增強微弱電流產生的磁場，造成線圈當中的磁針轉動，然後根據轉動幅度，讀出電流的強度，這就是電流計（galvanometer，以嘎爾凡尼為名）的製作原理。由杜布瓦雷蒙製作的電流計，使用了超大線圈（用了將近五千公尺長的銅線繞了約二萬四千轉），因此得以偵測微弱的生物電。

至於伯恩斯坦對記錄儀器的貢獻，是在一八六八年發明了「差動切流器」（differential theotome）這項精巧的裝置；那是利用轉輪做為控制電刺激器與電流計的開關，可以一前一後對神經做刺激與記錄。然後他再改變轉輪旋轉速度來增減刺激與記錄的間隔時間，單位以十分之一毫秒（ms）計算，由此得出刺激後不同時間出現的電流變化。最後，他以時間為橫軸，電流變化為縱軸，完整呈現刺激後微秒時間內神經表面的電流變化（負變化），因此得出第一個動作電位變化的圖形。

伯恩斯坦的精巧實驗，一舉證實了他兩位老師先前的發現：神經表面的負變化與生物電的傳導，其實是一回事；他還更精確地測定了負變化出現的時間短暫，不超過一微秒，同時在股神經上的平均傳導速度為每秒二十九公尺，與赫姆霍茲估算的結果一致。他還發現，肌肉表面出現的負變化在肌肉開始收縮前就已結束，因此只能是收縮的因，而不是果。

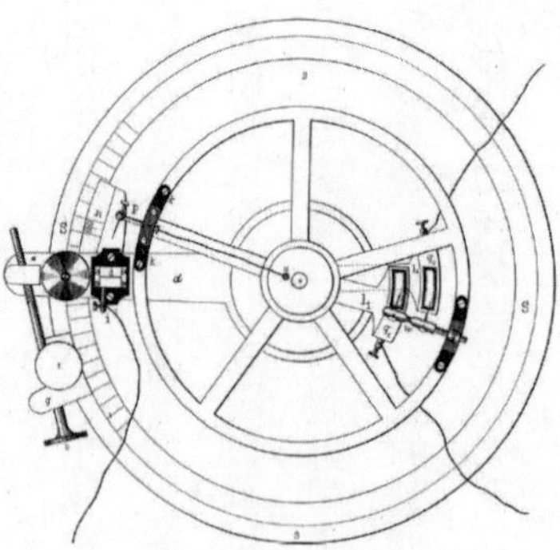

伯恩斯坦發明的差動切流器

十九世紀末，物理與化學的大幅進展，也給生理學帶來助益。一八八九年，知名的德國物理學家能斯特（Walter Nernst，因熱力學第三定律獲頒一九二〇年諾貝爾化學獎）提出公式，可計算以人造膜相隔的兩種溶液間，由離子濃度差異造成的滲透壓，以及電荷數不同造成的電位差之間的關係。當滲透壓與電位差大小相等、方向相反時，就達到電化學平衡，並在膜的兩側形成平衡電

能斯特

位。能斯特公式大概是生理學教科書中最為初學者所畏懼的公式，但也是瞭解細胞膜電位不可或缺的公式。

一九〇二年，伯恩斯坦根據能斯特公式提出了細胞膜理論，其重點如下：一、活細胞由一層細胞膜包圍細胞質（含電解質溶液）組成，這層細胞膜對離子具有選擇性通透；二、在靜止狀態下，膜內外有電位差存在，那也是受傷電流的成因；三、當細胞興奮時，細胞膜對離子的通透性變大，導致膜電位降低，也就出現負變化（現代的名詞是「去極化」）；四、負責膜電位的主要陽離子是鉀。一百多年後的今天，伯恩斯坦的理論大體上都還是正確的，那可是相當了不起的成就。

再接下來，是動作電位特性的探討，研究舞臺則移到了英國及美國。早在一八七一年，美國生理學家包第齊在德國進修期間，就發現了心肌收縮的全或無特性（參見〈十九世紀的生理學〉一章），但骨骼肌卻表現出加乘、而非全或無的特性。一九〇二年，英國生理學家高區（Francis Gotch）提出假說：一條骨骼肌之所以表現加乘反應，是因為參與收縮的肌細胞數隨刺激增強而增加所致。[11]一九〇五年，劍橋大學生理學家路卡斯（Keith Lucas）將青蛙背部表皮的肌肉分離到

11 現今已知，心肌細胞之間具有間盤構造（intercalated disk），允許電流直接通過，使得整個心房或心室的心肌細胞可同步收縮。此外，一條骨骼肌當中的眾多肌細胞會分屬不同的運動單位（motor unit），各由不同的運動神經元所控制。屬於

只有二十條或更少的肌細胞，然後逐漸增加電刺激強度，成功顯示骨骼肌收縮也具有全或無的特性。

阿德里安

至於神經細胞動作電位的全或無特性，是由路卡斯的學生阿德里安（Edgar Adrian）於一九二六年完成的，那也是頭一回有人進行單一神經的記錄。阿德里安發現一旦刺激超過某個強度，引發動作電位生成後，之後再增加刺激強度，也不會改變動作電位的大小，只會增加動作電位的出現頻率；也就是說，神經訊息的編碼方式，靠的是改變動作電位的頻率，而不是幅度。阿德里安由於這項發現獲頒一九三二年的諾貝爾生醫獎，但路卡斯卻早在第一次大戰期間空難身亡，享年僅三十七歲。

由路卡斯演講稿結集而成的《神經脈衝的傳導》（*The Conduction of the Nervous Impulse*）一書，在他過世後一年出版（一九一七），由阿德里安擔任編輯。路卡斯在書中提出神經脈衝有兩種形式，其一會隨傳遞距離變大而減少，終至消失，另一則大小不變，一路傳送到神經末端；前一種目前稱作階梯電位（graded potential），受細胞膜的物理性質影響，後一種就是動作電位，屬於主動現象。用點燃的火藥線比喻動作電位傳遞的這個著名類比就是路卡斯提出的。他說，當神經細胞受到刺激產生動作電位後，就會引發下一段神經產生新的動作電位，其能量由該段神經的細胞膜提供，可保證大小不變，就好比點燃火藥線的一頭，由燃燒產生的熱量會依序點燃下一段的火藥線，一路燒到盡頭。兩者不同的是，燒過的火藥線不能再用，而神經細胞在短暫的休息後，就可繼續產生並傳遞動作電位。

再接下來，開始有美國的科學家加入舞臺。聖路易市華盛頓大學的厄蘭格（Joseph Erlanger）與蓋塞（Herbert S. Gasser）兩位生理學家採用了新式的真空管放大器以及由陰極射線管（cathode ray tube）製作而成的示波器（oscilloscope），得以在神經纖維外圍記錄到更清晰完整的電位變化。他倆於一九二七年發現從神經外圍記錄到的電位變化，是其中許多條神經纖維分別放電產生的複合電位，而非單一神經的動作電位。同時他們還發現，動作電位在神經纖維的傳導速度與纖維直徑成正比；也就是說在愈粗的神經上頭，傳導速度愈快。厄蘭格與蓋塞因為這項發現，獲頒一九四四年的諾貝爾生醫獎。

雖然電生理學家從神經外圍可以記錄到單一細胞的動作電位，但對於神經與肌肉細胞如何產生電性的問題，仍然摸不著頭緒。由於脊椎動物的神經細胞難以直接研究（體積太小，而且深藏腦殼與脊椎當中，分離不易），因此早期的電生理學家多採用無脊椎動物的神經系統為研究材料。他們會在暑期前往各地的海洋實驗站，利用新鮮的水生動植物標本進行研究，包括海膽卵、海藻，以及出名的烏賊巨軸突等；前兩種細胞用來測定細胞膜的電阻和電容等物理特性，後者則可

同一運動單位的肌細胞會同步收縮與放鬆，不同運動單位的則否；加乘現象則是因為參與收縮的運動單位增加、而不是因為個別肌細胞的收縮強度增加所造成。

用於記錄細胞內的電性變化（細胞內記錄）。

最早使用烏賊巨軸突進行細胞內電位記錄的科學家有兩位，其中之一是美國哥倫比亞大學的寇爾（Kenneth Cole），另一位是英國劍橋大學的霍奇金（Alan Hodgkin）。一九三九年，霍吉金與合作夥伴赫胥黎（Andrew Huxley）發表了頭一個以細胞內記錄得出的動作電位結果，其中清楚顯示興奮前的靜止細胞膜電位在四十五毫伏左右（內負外正），出現動作電位時的內外膜電位差不但降到零，同時還出現過頭現象（overshoot），達四十毫伏左右（內正外負）。這點與伯恩斯坦的理論稍有不符，顯示在動作電位生成時，細胞膜的通透性會選擇性改變，而非一視同仁地增加；同時除了鉀離子外，還有其他離子的參與。

當時正是二次世界大戰爆發之際，基礎科學研究大多讓位給戰備軍需相關研究，細胞膜電位研究自然也遭到擱置，直到戰後才重新啟動。一九四七年，霍奇金與倫敦大學學院的生理學家卡茲（Bernard Katz）在改變細胞外鈉離子濃度的情況下，重複了烏賊巨軸突的細胞內記錄實驗，結果顯示：細胞外的鈉離子是生成動作電位最重要的離子。

於是霍奇金與赫胥黎提出修正後的細胞膜理論，其重點如下：靜止時的細胞膜對鉀離子的通透性高，所以膜電位接近鉀離子的電化學平衡電位，內負外正；當動作電位發生時，細胞膜對鈉離子的通透性增加，於是膜電位轉而接近鈉離子的電化學平衡電位，內正外負。然而要直接證明這個理論不是件容易的事（由人為改變細胞外離子濃度造成的結果，只能算間接證明），直到寇爾與霍奇金分別發明了一項新的儀器及操作，才使其變得可能；這套實驗技術，就是「電位箝制」（voltage clamp）。

電位箝制技術是在記錄細胞膜產生動作電位的同時，利用回饋線路注入電荷，讓膜電位維持在靜止膜電位不變；然後根據注入電荷的價位以及數量，就可得出流入及流出細胞的電荷價位與數量。一九五二年，霍奇金與赫胥黎發表了一系列五篇論文，證實了在動作電位發生時，先有正離子的向內流動，隨後又有正離子的向外流動。同時，經由改變細胞內外離子濃度以及利用兩種分別能阻斷鈉離子與鉀離子進出細胞膜的藥物，確定了先流入細胞內的是鈉離子，後流出細胞外的是鉀離子。至此，困擾生理學家兩百多年的生物電奧祕終於得以解開，霍奇金與赫胥黎也因此項貢獻獲頒一九六三年的諾貝爾生醫獎。

無論是最早使用烏賊巨軸突、首度記錄細胞內膜電位，或是研發電位箝制技術，寇爾都扮演了重要角色。他與霍奇金之間經常交換心得，甚至在互訪期間短期合作；但不幸的是，由於技術失誤，他最早報告的動作電位幅度高達一百六十八毫伏，同時還出現「改變細胞外離子濃度對靜止膜電位與動作電位沒有顯著影響」的錯誤敘述。再來，寇爾在大戰期間參與了核彈研發的曼哈頓計畫，借調芝加哥大學，戰後就留在芝大；但過了不久，他又跳槽美國海軍醫學研究所，最後落腳於美國國家衛生院神經疾病與失明研究所。雖然他持續細胞膜電位的研究，但因上述原因，讓霍奇金與赫胥黎搶得先機，十分可惜。

雖然霍奇金與赫胥黎建立了至今仍然適用的細胞膜電位理論，但他們對於離子如何通過細胞膜以及細胞膜的通透性如何改變一節，並沒有直接的證據，只提出假說認為細胞膜上具有可讓離子通過、可開可關的孔道（pore）；這種孔道後來正名為離子通道（ion channel）。一九七〇到八〇年代，德國普朗克研究院的尼爾（Erwin Neher）與沙克曼（Bert Sakmann）發明了一種新的記錄法稱為膜片箝制技術（patch clamp technique），可在一小片細胞膜上記錄到由單一離子通道開關所造成的電流，間接證明了離子通道的存在與功能。尼爾與沙克曼也由於此項貢獻獲頒一九九一年的諾貝爾生醫獎。

至於離子通道的真正面目，還要等到生化學家與分子生物學家的進一步努力，才得到解答。基本上，離子通道由穿膜蛋白構成，通常包括許多的次單位蛋白，一起形成可允許帶電離子通過的中空管道。離子通道的種類與數量甚為龐大，可多達百種以上，負責的基因更超過五百個，可見其重要性。離子通道可按照能通透的離子來分類，好比鈉離子通道、鉀離子通道、鈣離子通道等，也可以用控制開關的方式分類，好比電位閘控型通道（voltage-gated channel）或配體閘控型通道（ligand-gated channel）等，前者隨電位變化開關，後者則由配體（通常是神經遞質）控制。許多天然毒素與藥物就是靠著影響離子通道的開關而產生作用，造成神經或肌肉的功能失常。

最早得到純化分離的離子通道是尼古丁型膽鹼受體（nAChR；參見〈內分泌生理簡史〉），屬於配體閘控型鈉離子通道，也就是說與配體（在此是乙醯膽鹼，其發現經過將於下節介紹）結合的受體與離子通道是合而為一的。可惜這項發現沒有得到諾貝爾獎的青睞，一直要到二〇〇三年的諾貝爾化學獎，才頒給了純化某個鉀離子通道、並利用X射線結晶學定出其三維空間結構的美國生物物理學家麥金農（Roderick MacKinnon），那是因為麥金農是頭一位解開離子通道如何具有選擇性通透能力的科學家。

神經化學

由上一節的介紹可知，從十八世紀後葉到二十世紀後葉的兩百年間，神經細胞的電性傳導理論經過許多世代以及不同地區科學家的努力，逐漸成為主流。然而在二十世紀初期，逐漸有人提出神經細胞除了利用電位變化進行快速傳導外，還會在神經末梢分泌化學物質，將訊息從上一個細胞傳給下一個細胞；這就是神經細胞的化學傳導理論。雖說電傳導與化學傳導這兩個理論可相輔相成、並不衝突，但許多電生理學家一開始卻不接受這個新理論，迭有爭執，後來才一步步從部分（周邊神經系統）到全面（中樞神經系統）接受，前後長達六十多年，以下就是這段歷史以及參與人物的簡介。

生物使用化學物質做為傳遞訊號的工具，具有古老的演化歷史，因為這對生物的存活關係重大，無論是神經系統使用的神經遞質（neurotransmitter）、內分泌系統使用的激素（hormone），還是免疫細胞使用的細胞素（cytokine）等，都有相通、甚至重複之處。因此，神經遞質與激素的發現史，也多有重疊。一九〇四年，在腎上腺素發現後不久（參見〈內分泌生理簡史〉），英國年輕生理學家艾略特（Thomas R. Elliott）就發表一系列文章，指出注射腎上腺素與刺激交感神經所造成的作用極為類似，於是他提出推論：腎上腺素可能參與了交感神經（sympathetic nerve）的訊息傳遞。

交感神經屬於自主神經的兩大分支之一，另一支則是副交感神經（parasympathetic nerve）。自主神經系統的構造從古希臘時代的解剖學家開始就有所記載，但比起由意識支配的感覺與運動系統，其解剖與功能要複雜得多，一直要到十九世紀，在德、法、英等地的解剖與生理學家陸續努力下，才建立起今日我們所熟知的自主神經系統：包括從胸椎與腰椎發出的交感神經，以及從腦幹與薦椎所發出的副交感神經。同時，交感與副交感神經從腦與脊髓發出後，並不直接控制內臟器官，中間還要經過一道轉接手續，而形成神經節（ganglion，也就是周邊神經細胞的聚集點）的構造；因此，自主神經有所謂的節前（pre-）與節後（post-ganglionic）神經元之分。

將自主神經系統的結構與功能集大成的，是十九世紀末英國劍橋大學的兩位生理學家：蓋斯克爾（Walter H. Gaskell）及蘭利（John N. Langley；艾略特則是蘭利的學生）。[12]雖然蓋斯克爾及蘭利將自主神經系統的構造及功能研究得相當清楚，但其中還有一塊重大的空隙，也就是神經與神經、神經與肌肉，以及神經與腺體之間的聯繫，究竟是如何完成的。當時多數人接受的觀念，是說神經與神經之間具有實質的連結，電流可直接從上一個神經元傳向下一個。然而，也就在十九世紀末，有愈來愈多解剖、生理與藥理的證據顯示：神經與神經之間具有微小的間隙，電流無法直接穿越，而有賴化學物質的參與。

雖然蘭利自己是最早提出神經細胞上具有「接受物質」、可對化學物質反應的人（參見〈內分泌生理簡史〉），但在不曉得這些化學物質是什麼東西之前，他並不支持艾略特的大膽假設，說腎上腺素就是交感神經所分泌的物質。後來以發現副交感神經的神經遞質（乙醯膽鹼）而獲頒一九三六年諾貝爾獎的戴爾（Henry Dale），當時也不贊同艾略特的說法，理由是他自己的實驗顯示腎上腺素類物質有不只一種作用。因此，艾略特被迫放棄了他的假說，同時也放棄了研究生涯，成為臨床醫生。

一九二一年，美國知名生理學家坎能在研究動物的壓力反應時，使用了切除腎上腺以及心臟上所有神經末梢的動物，發現刺激該動物的交感神經，仍可引起心跳加速，顯示交感神經確實可分泌類似腎上腺素的物質，經由血流輸送而影響心跳。坎能將該物質稱為交感神經素（sympathin）。在後續的研究中，坎能也同戴爾一樣，發現交感神經素的作用不只一種，興奮及抑制都有。

雖然艾略特與坎能的觀察及推論都算正確，但他們有所不知，腎上腺髓質除了分泌腎上腺素

12 交感與副交感這兩個名詞，就是由蘭利所創。Sympathetic與「同情」（sympathy）的字源相同，意思是「對他人的痛苦感同身受」；中文譯為交感（交互感應），相當貼切。

外，還分泌少量的正腎上腺素（noradrenaline/norepinephrine）；而交感神經末梢分泌的神經遞質，以正腎上腺素為主。正腎上腺素是腎上腺素的前驅物，只比腎上腺素少了一個甲基，兩者的作用雖然近似，但對於不同的受體亞型具有不同的親和力，也就造成稍微不同的作用。由於艾略特及坎能使用的腎上腺素是動物腎上腺的純化產品（美國派德藥廠製造），都參雜了正腎上腺素，最高可達三六％，因此造成了混淆的實驗結果，這些細節是當年完全想像不到的。一直要到一九四六年，才由瑞典的馮歐勒（Ulf von Euler）確認：交感神經分泌的是正腎上腺素，馮歐勒因此得到一九七〇年的諾貝爾生醫獎。

雖說戴爾當初並不支持艾略特的假說，但他卻是神經化學傳導理論的奠基者之一。戴爾出身清寒，一路成績優異，靠獎學金進入劍橋大學三一學院就讀（是其家族史上頭一位）；由於經濟壓力，戴爾必須兼職家教以維持生計。戴爾在劍橋待了六年（一八九四至一九〇〇），同時師事蘭利及蓋斯克爾兩位個性截然不同的生理學者（當時佛斯特仍當家，也教過戴爾，但早已不親自動手實驗）。之後他進入倫敦聖巴托羅繆醫院（St Bartholomew's Hospital）接受取得醫學士學位所需的兩年臨床訓練。

從學風自由開放的劍橋生理系來到階級分明的倫敦醫院臨床系統，戴爾自然並不適應，但他還是熬過了那兩年，表現顯然不錯，得到留院當住院醫師的機會。幸運的是，戴爾申請到一份當時尚屬稀罕的獎學金，可讓他不用從事臨床工作，而走基礎研究（他後來也有些後悔放棄臨床）。

戴爾選擇到倫敦大學學院生理系史達靈的實驗室工作；當時，史達靈與同事兼連襟貝里斯才發現胰泌素的存在後不久（參見〈內分泌生理簡史〉），於是讓戴爾進行胰臟組織的顯微研究。

戴爾在史達靈的實驗室待了兩年，並沒有留下什麼出色的成果，但他在那裡結識了前來倫敦大學學院短期進修的德國馬堡大學藥理學家婁威（Otto Loewi），並結成終生好友；同時他也得到前往德國短期進修的機會。他先到馬堡拜訪婁威，然後在婁威相伴下來到法蘭克福知名細菌學家埃利希（Paul Ehrlich）[13]的實驗室待了四個月。雖然戴爾在那裡沒有得出什麼研究成果，但他終身感念埃利希帶給他的影響；二次世界大戰後，他還促成埃利希著作全集的英文版三大冊在英國發行，並為之作序。

兩年獎學金期滿後，史達靈只有一個講師的空缺給戴爾，年薪一五〇英鎊，比之前的獎學金還少；在沒有選擇的情況下，戴爾也只好接受。就在這時，英國勃洛斯惠康藥廠（Burroughs Wellcome & Co.）的創辦人惠康（Henry Wellcome）[14]找上門來，邀請戴爾擔任該公司研究部門生理

13 埃利希是十九世紀末與巴斯德、柯霍等人齊名的細菌及免疫學者，成就非凡，像白喉疫苗、梅毒與癌症的化學療法等，最早都是由他發明建立的，因此獲頒一九〇八年諾貝爾生醫獎。他是「魔術子彈」（magic bullet）一詞的發明人，用來描述可對準病原菌作用的藥物；此外，他也是最早提出受體觀念的人（參見〈內分泌生理簡史〉）。

14 勃洛斯（Silas Burroughs）與惠康（Henry Wellcome）兩位都是在英國創業的美國藥學家。勃洛斯先是代理美國惠氏（Wyeth）藥廠在英國的業務，一八八〇年，他邀請惠康成立了勃洛斯惠康藥廠，自行生產專利錠劑藥片（tabloid），得到巨大成功。勃洛斯因肺炎早逝，公司留給惠康一人管理；惠康成立了好些實驗室，除了研發藥物外，也鼓勵基礎研

兼藥理研究室的負責人，薪水幾乎是戴爾講師薪水的兩倍半（四百英鎊；兩年後，戴爾升任研究部門主管，薪水又增加了一倍半，達一千英鎊，比當時的教授薪水還高）。由於年近三十的戴爾苦於收入不足以養家，而遲未向相戀多年的表妹提親，如今有這個大好機會，自是欣然接受；只不過他的老師與學術界同行大都反對他離開學術界、到藥廠工作，認為他將出賣學術良心，自毀前程。

戴爾在勃洛斯惠康藥廠待了十年（一九〇四至一九一四），以實際研究成果破除了眾人的疑慮，而他之前的師友也不吝給予戴爾應得的榮耀，提名他當選為皇家學院院士（Fellow of Royal Society）。一九一四年，英國成立國家醫學研究院（National Institute for Medical Research），戴爾被選聘為生化與藥理實驗室主任；過了幾年，他更獲聘為該院首任院長。戴爾在該職位一直做到一九四二年退休。

一直寄人籬下的戴爾在獨立自主後，展現過人的研究長才；惠康藥廠除了提供他充分的試驗材料外，還有充沛的人力支援，包括分析藥物成分的化學家在內，是為一般學院機構所不及。戴爾主要研究的材料是麥角（ergot）當中的生物鹼（alkaloids）；麥角是一種黴菌，生長在各種麥類植物上。食入受麥角感染的穀物，會造成麥角症（ergotism），包括出現神經（痙攣、痲痺、瘋狂）與血管（血管收縮、組織壞死）病變。戴爾從麥角中分離出組織胺、擬交感神經作用劑（sympathomimetic，由戴爾命名）還有乙醯膽鹼等活性物質，並進行了完整的藥理實驗。[15]

此外，戴爾還率先分離出腦下腺後葉分泌的一種會刺激子宮收縮、可用於助產的物質，也就是催產素（oxytocin）。由於當時從動植物分離純化的天然物用於臨床並沒有標準化，經常因劑量不足而無效，或劑量過高造成傷害（例如催產素造成子宮收縮過激而破裂、胰島素造成低血糖昏迷）等情事，戴爾是最早將天然藥物（包括激素）的劑量標準化的人士之一，更促成了國際標準單位的建立，功勞甚偉。

真正讓戴爾暴得大名的，是他在一九一四年從麥角中分離出微量的乙醯膽鹼，並發現其作用擬似迷走神經（vagomimetic）的性質。迷走神經是從腦幹發出的第十對腦神經，從頸部往下行、遊走於胸腹腔各臟器間（故此得名），是最重要的副交感神經分支；但生性謹慎的戴爾並沒有馬上宣稱乙醯膽鹼就是副交感神經使用的化學傳遞物。一九二〇年，已轉往奧地利格拉茨大學（University of Graz）任教的婁威以簡單的離體蛙心實驗（他自稱是在睡夢中得出實驗的步驟），證明了刺激迷走神經之所以會造成心跳變慢，是由於釋放了某種化學物質，婁威稱之為迷走神經物質（德文為 Vagusstoff）。一九二九年，戴爾終於從生物組織中分離出乙醯膽鹼，間接證實乙醯膽

究。一九二四年，他成立了惠康基金會，是全球贊助生物醫學研究最大的私人基金會之一；在二十世紀末最重要、花費經費最多的人類基因組計畫中，惠康基金會的贊助厥功甚偉。

15 從麥角生物鹼當中提煉及衍生的產品，除了上述一些之外，還有溴隱亭（bromocriptine）這個多巴胺的致效劑，以及麥角酸二乙基醯胺（lysergic acid diethylamide, LSD）這個俗稱「迷幻藥」的精神作用藥物。

婁威（Wellcome Library, London [CC BY 4..0]）

鹼就是迷走神經物質，也就是副交感神經使用的神經遞質。由於這項發現，他與婁威共同獲頒一九三六年的諾貝爾生醫獎。

一九三八年，德國納粹入侵奧地利，猶太裔的婁威不但失去教職，甚至短暫入獄，最後在被迫交出諾貝爾獎金的條件下離開奧地利，逃難到英國。戴爾及時伸出援手，招待婁威一家住在自己家裡，後來則安排婁威前往美國紐約大學任職，度過豐富且愉快的晚年。戴爾與婁威的友誼，也成為諾貝爾科學獎項歷史上少見的一段佳話。

雖然戴爾與婁威的研究得到諾貝爾獎的肯定，但還是有許多神經生理學家認為神經的化學傳遞速度太慢，最多只用於控制臟器的自主神經系統，而不可能用於神經肌肉會合處與中樞神經系統。因此他們認為，由動作電位引發的電流必定能從上一個神經元直接通過連接點（突觸），進入下一個神經元。在一九三〇與四〇年間最出名的神經電性傳導理論支持者，是一九六三年與霍奇金和赫胥黎同獲諾貝爾生醫獎的埃寇爾斯（John Eccles）。

埃寇爾斯是澳洲人，一九二五年從墨爾本大學醫學院畢業後，前往英國牛津大學師從薛靈頓（Charles Sherrington；一九三二年諾貝爾生醫獎得主，將於下節介紹）取得博士學位。他於一九三七年回到澳洲，直到一九六六年退休後才前往美國擔任訪問教授。他在英國進修期間就結識戴爾，經常在開會時與戴爾展開激烈但具建設性的爭論，卻無損他們的友誼；埃寇爾斯回到澳洲後，仍與戴爾維持書信往來，並交換研究論文。

神經的電性與化學傳導理論之爭，一方面有傳統神經生理學家對新興藥理／生化學家的心結在內；再來就是受限於當時的實驗技術，不容易得出一翻兩瞪眼的結果，因此存在爭議的空間。對神經化學傳導理論支持者來說，要證明神經遞質的存在，必須滿足的標準條件很多，並不容易辦到[16]，尤其是在難以直接觸及的中樞神經系統。至於神經電性傳導理論也有幾個難解的致命傷，像是神經訊息的單方向傳遞（從突觸前神經元到突觸後神經元）、突觸延遲（每通過一個突觸要花〇．五毫秒左右），以及抑制性中間神經元的存在（可改變電性傳導的相

16 證明神經遞質存在的標準，包括：一、必須在神經元當中生成；二、必須在突觸前神經元釋放，其數量足以引起突觸後神經元反應；三、存在分解移除的機制；四、存在受體以及拮抗劑與致效劑。

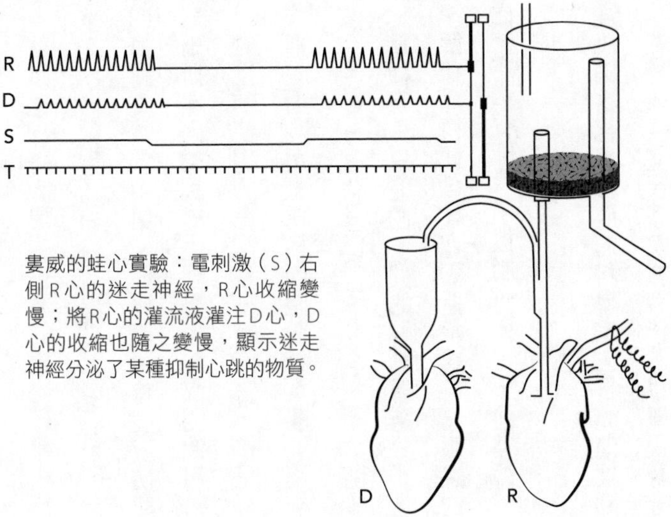

婁威的蛙心實驗：電刺激（S）右側R心的迷走神經，R心收縮變慢；將R心的灌流液灌注D心，D心的收縮也隨之變慢，顯示迷走神經分泌了某種抑制心跳的物質。

位，從興奮變成抑制）等，都難以用電性傳導解釋。對於抑制性神經元，埃寇爾斯提出了渦電流（eddy current）的牽強解釋，但也難以證明。

一九四九年，就讀芝加哥大學生理系的中國留學生凌寧（Gilbert Ning Ling）[17]與指導教授傑洛德（R. W. Gerard）聯名發表一系列四篇論文，其中第一篇報導了首度成功使用玻璃微電極進行細胞內膜電位記錄。很快地，包括埃寇爾斯在內的神經生理學家就都開始用這種新技術來記錄脊椎動物神經與肌肉細胞的膜電位；相對於之前使用的烏賊巨軸突而言，這是真正的細胞內紀錄（intracellular recording）。一九五一年，埃寇爾斯利用微電極同時記錄突觸前與突觸後神經元細胞膜電位，發現除了興奮性突觸後電位（excitatory postsynaptic potential）外，還有抑制性突觸後電位（inhibitory postsynaptic potential）存在。這種現象只能由不同的神經傳遞分子造成突觸後神經元對不同離子的通透性發生改變，才能合理解釋。自此，埃寇爾斯承認自己假說的錯誤，開始接受神經的化學傳導理論。他針對抑制性突觸後電位的離子機制研究，讓他獲得了一九六三年的諾貝爾獎。

埃寇爾斯（John Curtin School of Medical Research, Australian National University [CC BY 3.0]）

另外一位用實驗證明乙醯膽鹼以神經遞質身分在神經肌肉會合處釋放的科學家，是先前提到與霍奇金合作過的卡茲。卡茲是俄裔猶太人，一九三五年在德國受完醫學院教育後，以難民身分來到英國，受教於著名生理學家希爾（A. V. Hill；一九二二年諾貝爾生醫獎得主），取得博士學位。畢業後，他接受埃寇爾斯邀請，前往澳洲工作了六年；當時正是二次世界大戰期間，他還加入了澳洲皇家空軍單擔任雷達員。戰後，希爾邀請卡茲回到英國倫敦大學學院擔任他的副手；幾年後，卡茲接替希爾成為生物物理系主任，直到一九七二年退休。

一九五〇年代初，卡茲在記錄肌肉細胞終板電位（endplate potential；終板是神經肌肉會合處的肌肉端細胞膜特化構造）時發現，即便在神經與肌肉都靜止的情況下，終板電位也有微小的去極化（miniature EPSP）存在，其大小呈倍數關係變化；也就是說，神經元是以打包方式將神經遞質於突觸釋放，包數愈多，產生的反應也愈大。此外，卡茲還發現，神經遞質的釋放需要有鈣離子存在。卡茲的這些發現得到當時剛應用在生物材料的電子顯微鏡佐證（包括突觸的首度現形），因此建立了目前公認的神經化學傳導模型：神經遞質包裹在突觸前神經末梢的微小囊泡當中，當有動作電位傳抵末梢，將造成細胞內鈣離子增加，促使囊泡與細胞膜癒合，以胞吐方式將神經遞質釋放到突觸間隙當中。

與卡茲同獲一九七〇年諾貝爾生醫獎的還有兩位，其中之一是先前提過、發現交感神經分泌

---

17 凌寧生於南京，長於北京，畢業於抗戰期間遷校重慶的國立中央大學生物系。一九四六年，獲庚子賠款獎學金赴美芝加哥大學深造，取得博士學位後，留在美國學術界工作，以至退休。他著作等身，但因提出一些與主流不同的爭議想法，以至於他真正的成就未受到更多的承認。

正腎上腺素的瑞典生理學家馮歐勒，另一位是解開正腎上腺素於交感神經節細胞當中儲存、釋放與代謝細節的美國藥理學家艾克索羅（Julius Axelrod）。[18] 因此，到了二十世紀中葉，大多數科學家已經接受周邊神經使用化學物質進行訊息傳遞的說法，但中樞神經是否也是如此，則未有共識。主要還是因為中樞神經系統難以接近，以至於能夠符合所有中樞神經遞質標準的化學物質，並不容易找到，就連建立神經化學傳遞理論的戴爾，也不敢驟下結論。

其實，像乙醯膽鹼、正腎上腺素、血清張力素、組織胺等在周邊神經扮演神經遞質的化學物質，都存在於腦與脊髓當中，尤其是在腦幹與下視丘等部位，數量尤其豐富；同時，以微量注射法將這些物質注入實驗動物的腦室或腦中特定部位，都能引起各種生理與行為的改變。甚至之前被認為只是正腎上腺素前驅物的多巴胺，也發現存在於腦中特定部位，並在運動與報償系統中扮演重要角色；例如帕金森氏症就是由於腦中多巴胺神經元退化所引起，許多引起快感的毒品則是經由增加腦中多巴胺而產生作用。二〇〇〇年的諾貝爾生醫獎得主之一、瑞典藥理學家卡爾森（Arvid Carlsson），就是因為證實了多巴胺在中樞神經的作用而得獎。

雖然多重證據都指向中樞神經元也使用化學物質進行訊息傳遞，就跟周邊神經元一樣，但最早讓人在顯微鏡下看到中樞神經末梢帶有正腎上腺素的人，是瑞典隆德大學（Lund University）組織學系的佛爾克（Bengt Falck）與助手托普（Alf Torp）。一九六一年，他倆利用生物胺與甲醛（formaldehyde）接觸結合後會轉變成螢光化合物的性質，發展出了一種處理方法，就是讓冷凍乾燥的腦組織切片接觸聚甲醛結晶加熱後所產生的蒸氣，從而直接在螢光顯微鏡下觀察到神經細胞當中由正腎上腺素發出的螢光；之後，這種方法也成功應用在多巴胺與血清張力素這兩種生物胺在腦組織切片的定位。這種方法一向被稱作佛爾克－希勒普法（Falck-Hillarp method），其中的希勒普（Nils-Åke Hillarp）是佛爾克的老師。

希勒普、卡爾森與佛爾克三人都畢業於隆德大學醫學院，並留校任教。最年長的希勒普是組織學系的副教授，卡爾森與佛爾克是他的學生輩；卡爾森後來當上藥理學系的教授，佛爾克則是組織學系的教授。一九五九年，卡爾森轉往哥德堡大學（Goteborg University）擔任藥理學系主任，邀請希勒普一同前往，於是希勒普以借調方式在哥德堡大學工作了三年。一九六二年，希勒普又轉往卡洛琳斯卡學院擔任組織學教授，但他不幸於一九六五年因黑色素瘤過世，享年不滿四十九歲。

由於希勒普英年早逝，使得佛爾克－希勒普法的優先權出現爭議；卡爾森一路強調他與希勒普的合作關係，而刻意貶低佛爾克的貢獻。將近四十年後，卡爾森終於因多巴胺的工作獲頒二〇〇〇年諾貝爾生醫獎；他在得獎演說中幾乎完全不提佛爾克的貢獻，因此引起佛爾克的不滿，

18 艾克索羅是科普著作《天才的學徒》（*Apprentice to Genius*；天下文化，潘震澤、朱業修譯，一九九八）一書的主角之一，有興趣的讀者可參閱該書。

發文抗議[19]，給諾貝爾獎又增添了一樁爭議公案。

希勒普在卡洛琳斯卡學院雖然只待了短短三年不到，卻收了十位醫學生到他的實驗室工作。希勒普給他們安排了不同的論文研究題目，基本上都是利用佛爾克－希勒普法來探討腦中的生物胺；這些學生在希勒普過世後成立了生物胺小組（The Amine Group），相互扶持。他們的成就非凡，在不到十年內完整建立了腦中生物胺的詳細分布，以及在各種生理、藥理與病理情況下的變化，卡洛琳斯卡學院也因此成為化學神經解剖學的重鎮。

雖然佛爾克－希勒普法自一九八〇年代起，逐漸由使用螢光抗體的組織免疫化學法給取代，但這項被視為自高爾基－卡厚爾以來最重要的神經組織學進展，仍在科學史上享有一席之地，替中樞神經的化學傳導理論放上最後一塊基石，神經藥理學也因此開展，為許多神經與精神疾病的成因與治療奠定基礎，影響至今不衰。

整合神經生理學

任何介紹神經生理學源起的文章或專書，都不會忘了提及這個學門的祖師爺：薛靈頓。薛靈頓被譽為自哈維以來最重要的英國生理學家，他於一九〇六年出版的專書《神經系統的整合作用》（*The Integrative Action of the Nervous System*）也與哈維的經典著作《論動物心臟與血液之運動》

相提並論。我們不禁要問：薛靈頓究竟何德何能可以享此盛名？

我們翻開今日的生理學教科書，裡頭可能已經看不到薛靈頓的名字，但會有突觸（synapse）、膝跳反射（knee jerk）、神經交互投射（reciprocal innervation）、大腦運動區（motor area）、本體感（propioception）、傷害覺（nociception）、去大腦強直（decerebrate rigidity），以及最後共同通路（final common pathway）等名詞與觀念，這些都是薛靈頓的貢獻。如果刪除這些內容，那麼教科書裡面「體姿與動作控制」一章也就所剩無幾了。

薛靈頓同戴爾、帕甫洛夫一樣，屬於大器晚成型的研究者。他與多數人不同，一八七五年高中畢業後就直接進入倫敦的聖托馬斯醫院習醫，四年後才進入劍橋大學就讀。在大學就讀期間，他進入佛斯特的生理學實驗室學習，接受蘭利與蓋斯克爾的直接指導。他取得學士學位後又回到醫院，接受未完成的臨床訓練。期間，他獲得一份生理學研究獎學金，在佛斯特的推薦下，前往德國波昂大學弗律格（Eduard Pflüger）與斯特拉斯堡大學戈爾茲（Friedrich Goltz）兩位生理學家的實驗室遊學。此外，他還分別前往西班牙與義大利參與當地霍亂爆發的調查，之後並在柏林大學知名病理學家維蕭與細菌學家柯霍的實驗室待了將近一年，結識許多著名的德國生理學家，包括赫姆霍茲、杜布瓦雷蒙等人在內。

19 佛爾克的抗議，可見以下網頁：http://falck-hillarp.se/the-beginning-of-the-true-story/

薛靈頓

回到英國後，薛靈頓在醫院工作了幾年，一八九一年，才終於在倫敦大學的布朗生理與病理研究所取得正式的職位，開展他的研究工作，這時他已經三十四歲了。薛靈頓之所以踏入神經生理的研究，是源自一項爭議：一八八一年在倫敦召開的國際醫學大會中，德國生理學家戈爾茲根據破壞狗大腦皮質的實驗，得出大腦皮質沒有功能分區的結論，這與英國神經學家費里爾（David Ferrier）刺激動物運動皮質可引起身體特定部位肌肉收縮的結果相左，因此大會特別成立調查委員會進行仲裁，薛靈頓也自動請纓，參與調查研究。一八八四年，他與蘭利聯名發表的調查結果報告，是他發表的第一篇論文。

由於這項經驗，薛靈頓認為當時研究大腦皮質的技術還不夠成熟，因此他轉而研究脊髓。他利用簡單的生理與解剖學研究技術（刺激與破壞），有系統地定出脊髓神經的分布區域，像是最早的感覺神經皮節圖（dermatome map）就是薛靈頓建立的。他最重要的發現之一，是骨骼肌上頭的神經元不全是由脊髓腹根發出的運動神經元，而有三分之一甚至更多屬於傳入背根的感覺神經元，這是之前的解剖與生理學家所忽略的。

薛靈頓還發現，反射動作除了由單純的感覺輸入與運動輸出形成的反射弧外，還有更複雜的交互投射：輸入神經會越過脊髓中線，通往控制身體另一半的對側，引起相反的作用，像是一腳擡起，另一腳則伸直，一手縮回，另一手則往前伸，以維持身體平衡。因此，薛靈頓提出了神經整合作用的觀念，也成為他傳世著作的書名。

薛靈頓在「去大腦」（decerebrate）的動物發現四肢出現強直現象，顯示以四足行走的動物具有對抗重力、維持站立的脊髓反射（去大腦後特別明顯）；至於以雙足直立的人身上也會表現出去大腦強直，顯示人類與其四足祖先的演化關聯。從造成強直的抗重力伸肌（extensor）的持續收縮，薛靈頓發現了維持肌肉長度的伸張反射（stretch reflex），也就是位於肌肉的肌梭與肌腱傳達了肌肉長度與張力的訊息，可以讓我們隨時知道肢體的位置與承受的力量；當肌肉被拉長時（包括地球表面隨時都存在的重力對身體造成的拉力），位於肌梭的感覺神經末梢會受到興奮，把訊息傳回脊髓，興奮運動神經元，造成肌肉收縮。敲擊膝蓋骨下方韌帶引起小腿前彈的膝跳反射，是最出名的伸張反射。

一八九五年，薛靈頓接受新成立的利物浦大學生理系聘請，前往擔任教授兼主任；他在利物浦大學待了十八年，那是他研究成果最豐碩的時期。除了一九〇四年應邀赴美國耶魯大學提供系列講座，並於兩年後將講稿結集成《神經系統的整合作用》一書外，他還分別為佛斯特及薛佛編著的兩本生理學教科書撰寫神經系統的章節，奠定了他在神經生理學的權威學者地位。一九一三年，牛津大學生理學講座教授出缺，遴選委員認定薛靈頓為唯一人選，而不考慮其他人；他在這個職位一直做到一九三五年才以七十八歲高齡退休。

除了研究出色外，薛靈頓還是詩人、作家及出色的老師，並有「神經生理學的哲學家」之稱。

他出版過詩集與多本非科學寫作，他指導過的學生及研究員裡有三位獲得了諾貝爾獎，除了先前提過的埃寇爾斯外，還有分離、純化及量產盤尼西林的弗洛里（Howard Florey；一九四五年得獎）與研究視網膜電生理的葛蘭尼特（Ragnar Granit；一九六七年得獎）。此外著名的美國神經外科醫師庫興（Harvey Cushing）與加拿大神經外科醫師潘菲德（Wilder Penfield）也都曾師從薛靈頓學習。

對於教學之道，薛靈頓曾經說過：「經過數百年來的牛津大學經驗，我們大概知道怎麼樣教給學生現有的知識；但面對科學研究的大幅增長，我們已不能墨守成規，而必須學習如何教會學生面對未知的問題。這可能還需要再過幾百年才辦得到，但我們不能、也不願逃避這項挑戰。」這可是所有大學教師都必須面對的挑戰。

腦部高階功能的研究：行為與意識

雖然薛靈頓幾乎以一人之力，建立了我們對神經系統運作方式的認識，但他（包括他的學生埃寇爾斯）卻不願意對意識的運作有過多的猜測，而寧願相信有個獨立的心靈存在。在我們對腦中神經連結與運作有更多瞭解之前，這其實是科學家「知之為知之、不知為不知」的實事求是態度，尤其是以化約研究法為主的神經生理學家。

行為與意識的研究，起初屬於心理學的範疇；心理與生理的分野，可說是心物二元論的最佳例證之一。由於心靈意識的不可捉摸，所以早先的心理學研究，都以觀察及內省為主，與思辯論證為主的哲學差別不大，而與屬於實驗科學的生理學有相當差距。隨著研究方法與工具的進步，如今的實驗心理學早已歸入神經科學的大纛之下；神經科學家也終於可以在活體動物與人腦中，一窺其運作情況，並著手建立所有神經連結的圖譜。雖然這麼做離真正解開意識的奧祕還有一段距離，但神經科學家的共識是：意識是腦部整體功能的呈現，沒有腦中諸多神經細胞的協同運作，也就沒有意識可言。這一層認識，就是從DNA研究改行研究腦部運作的諾貝爾獎得主克里克（Francis Crick）所提出的「驚異假說」。[20]

至於意識的基本組成，離不開大腦學習與記憶的功能；最早對學習的行為機制建立起實驗方法的，是俄國消化生理學家帕甫洛夫（參見〈消化生理簡史〉）。話說帕甫洛夫在他的實驗狗身上發現了消化作用有神經系統參與控制，包括狗只要看到食物、甚至還沒有吃入口中，就會刺激唾液與胃液的分泌。由於狗的唾液腺分泌十分敏感，也比胃液容易收集，因此帕甫洛夫利用唾液分泌的有無及數量多寡，當作「食慾」的指標。尤有甚者，他還發現當狗看到固定餵食的工作人員走近時，也會分泌唾液。顯然，狗從經驗中學會，看到某人就等於看到食物一般。

帕甫洛夫將食物造成的唾液分泌，稱為「非制約反射」（unconditioned reflex，或譯「非條件反

20 這也是克里克於一九九四年出版的科普著作書名：*The Astonishing Hypothesis*。序言開宗明義，點出全書要旨：「人的心靈活動全部是由神經細胞、膠細胞，以及由其組成的原子、離子與分子所引起，並產生影響。」

射」），因為這種反射可說是天生的，不需要學習；反之，他將其他與食物產生關聯的人事物所引起的唾液分泌，稱作「制約（條件）反射」（conditioned reflex），因為這種反應需要與非制約反射進行多次配對，才會產生（食物這種天然刺激稱作「非制約刺激」，與之配對的人事物則稱作「制約刺激」）。如果原來給狗餵食的人員一連幾天出現時都沒有帶來食物，那麼狗的這項制約反射行為就會逐漸消弱（extinction）。

經由測定唾液分泌這種簡單的生理反應，帕甫洛夫得以針對心靈意識的黑箱作業進行探討。他發現，狗不但可對具有特定物理性質的物件產生制約反射，牠們甚至還可以分辨不同的頻率、色澤以及形狀。例如他可以訓練狗對每分鐘跳六十下的節拍器反應，但對跳四十下的同一個節拍器則不反應。

由於狗的制約反射很容易受到其他的外來刺激干擾，為此帕甫洛夫還設計了全新的建築，不單牆壁厚實，外圍有壕溝環繞，實驗室並有防震設計。位於其中的實驗狗，除了接受引起制約反射的刺激外，其他所有聲光刺激一律加以隔絕，甚至人員的進出都盡量避免，餵食及實驗進行都由特別設計的機器代勞，包括唾液的收集在內。這種實驗室有個特別的名稱，叫做「寂靜之塔」（Tower of Silence）。

事實上，帕甫洛夫所發現的，是一種記憶與學習的生理表現，離心靈意識的瞭解還有相當距離，但對於二十世紀初方才萌芽的神經科學而言，卻是了不起的突破。科學家終於有了客觀的方法，可以研究心靈的運作。對於長期受到宗教信仰箝制的社會而言，試圖以物質的原理來解釋心靈的運作，可是對上帝的大膽僭越；為此，帕甫洛夫還與信仰虔誠的妻子起過爭執。

除了發現實驗狗可以學會不同的制約反射外，帕甫洛夫還發現不同的狗會出現不同的反應：有的狗只要重複幾次就可以建立反射，有的則一試再試，仍然失敗。帕甫洛夫甚至把這樣的實驗結果推廣到人類身上；他認為與德國及英國人相比，俄國人的神經系統就不夠平衡，可能因此導致俄國社會的不夠進步。他在晚年還進行了改進人類神經系統的研究計畫，可想而知，那是太過單純而一廂情願的想法。

從發現制約反射後，帕甫洛夫的研究大多數都與動物的思想及情緒有關，他稱之為「高等神經活動的生理學研究」，也就是腦生理學。一九二七年，他將有關制約反射的研究結集出版，書名《制約反射：大腦皮質活性的研究》（*Conditioned Reflexes: An Investigation of the Physiological Activity of the Cerebral Cortex*），該書迅速被譯成多國文字，制約反射也因此成為帕甫洛夫最出名的研究成果，甚至超過他之前獲得諾貝爾獎的消化生理研究。

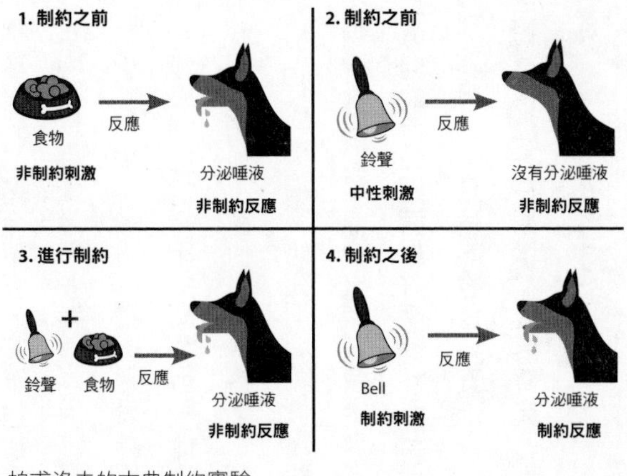

帕甫洛夫的古典制約實驗

百餘年來，制約反射的實驗模式已成為研究學習與記憶的標準模式，迄今不衰，甚至包括情緒反應在內，但其機制卻花了更長時間才逐漸揭開。由於神經元的難以再生一向「惡名昭彰」（從腦中風與脊髓受傷的病人可見一斑），因此卡厚爾早在一八九四年就提出學習的基礎不在於神經元的增生，而在於強化現有的神經連結。一九四九年，加拿大心理學家赫伯（Donald Hebb）提出假說，說相鄰兩神經元之間的連結，可因持續興奮而加強；至於如何加強，赫伯則沒有答案。

一九六〇年代後葉，挪威神經科學家勒莫（Terje Lømo）在進行博士論文研究期間，發現腦中海馬的神經細胞連結可因連續快速刺激而反應增強，並可持續一段時間。他把這個現象定名為「長期增益效應」（long-term potentiation）。長期增益效應連同反方向的「長期減損效應」（long-term depression），是目前公認學習與記憶的基本機制，也給赫伯的理論提供了直接的證據。五十多年來，從活體動物到離體腦薄片、從細胞外電生理記錄到分子生物學技術，長期增益效應研究已走了相當長遠的路，建立了神經可塑性（neuroplasticity）的生理基礎。

神經可塑性指的是神經的連結並非固定不變，而可表現出用進廢退式的變化；這是學習與經驗的基礎，更是復健醫學的根據。一九六〇年代初，美國心理學家羅森懷格（Mark Rosenzweig）發現，飼養在豐富環境裡的老鼠（空間較大，有同伴相陪、旋轉輪可運動、有玩具可玩，以及擺設經常更動等），其腦部重量、厚度、神經傳遞物質數量、神經之間的連結，以及神經突起分支等，都有增加；同時這些動物在學習跑迷宮的測試上，表現也較好。顯然，腦部的發育並非全由先天遺傳決定，後天環境的刺激也扮演重要的角色。這種神經可塑性的例證多不勝數，而且不限於成長發育期，給「活到老學到老」的傳統智慧提供了科學的證據。

一九六〇年代中，美國神經科學家肯德爾（Eric Kandel）不顧許多同行的勸阻，決定以軟體動物海蛞蝓（Aplysia，又名海兔〔sea hare〕）做為研究學習與記憶的動物模型。他的理由是海蛞蝓的神經系統相對簡單，只有兩萬個神經元（哺乳動物腦中有上千億個），大多集中於九個神經節；同時其神經元的直徑高達一毫米（mm），是哺乳動物神經元的五十倍大，肉眼可見，方便做細胞內記錄。最後，海蛞蝓有幾個簡單的反射（縮鰓與縮排水管）可用來研究學習與記憶的各個面向，包括習慣化（habituation）、去習慣化（dishabituation）、致敏化（sensitization）、古典制約（classical conditioning）以及操作制約（operant conditioning）等。

肯德爾與同事發現，神經突觸連結在學習過程中會有強度的改變，因此產生習慣化或致敏化。進一步研究發現，突觸連結強度的改變有許多層面，從突觸連結的面積、神經遞質的釋放量，到突觸後受體的數量與突觸後神經細胞內的訊息轉換不等。因此，就算只有單一突觸產生變化，就可以改變突觸傳遞的強度；卡厚爾的先知卓見，再次得到證實。

此外，肯德爾與同事還利用刺激海蛞蝓身上的不同部位（制約刺激），與引起反射的刺激（非制約刺激）配對，形成帕甫洛夫式的古典制約反射，進而探討其分子機制；因此，純粹由行為學研究所建立的心理學觀念，終於可以用細胞與分子的機制解釋。肯德爾因為此項貢獻，獲頒二

○○○年的諾貝爾生醫獎。[21]

二十世紀末神經科學還有一項重大發現，就是神經細胞不像之前所認定的那麼死板，成年後就只有死亡一條路，無法再生；科學家發現少數腦區（如海馬、嗅球）仍存在神經幹細胞，能夠不斷形成新的神經元。事實上，早在一九六○年代就有人提出報告：成年哺乳動物腦中仍可發現新生的神經元，之後還有更多的研究支持神經元新生理論。只不過任何古老教條都有許多支持者，撼動不易；一直要等到一九九八年才有瑞典與美國的神經科學家合作，提出人腦也有神經元新生的證據，才把「成年神經元無法再生」的教條送入墳墓。

結語

人腦被稱為人體最後一塊未知領域，其構造與功能困擾了幾千年來無數智者，直到十九世紀末才開始讓人一窺堂奧。迄今百餘年來，神經系統歷經顯微解剖、電生理、神經化學、神經藥理、分子生物，以及計算機科學等許多學門的聯合進擊，已不再如是神祕。隨著電腦儲存與計算功能逐漸強大，甚至有許多人預測再過二、三十年，人工智慧將超越人腦，並取得獨立性。到時機器將與人類並存於世，不是取代人類就是與人合而為一；這些人替這個情況取了一個名字，叫「奇異點」（singularity），說是「人類歷史織錦出現斷裂的一刻」。包括英國天文物理學家霍金在內的許多人也都發言警告，說人工智慧（artificial intelligence）的發展將危及人類的生存。

人工智慧是否終將取得自覺與自我改進的能力，進而對人類造成威脅，非作者所能置喙；但奇異點的提倡者還有一項預測，說是可將人的思想與記憶掃描成可存入電腦記憶體的數位檔案。這樣一來，就算人的肉體會因老病而腐朽，但人的心靈可保永生。這種想法十分吸引人，在科幻小說與電影中也數見不鮮；但只要是懂得一點人腦如何組成及運作的生物學家，大概都不會認為那是可以辦到的事。因為神經系統的運作靠的是神經元的活性及其連結，一來其組合方式無窮且瞬息萬變，再來其資訊傳遞方式與電腦處理器以0與1的數位運作方式截然不同，無從讓人掃描記錄起。

不論如何，神經生理以至於整體神經科學研究的重點，是對於人腦的運作有更深入的瞭解，這也是人類對於「人之所以為人」這個終極問題的追求。雖然目前我們對神經系統的基本運作已有相當認識，但離完全解開大腦高階功能的奧祕仍有一段距離。「人腦完全瞭解人腦」的弔詭問題是否能夠解決，且讓我們拭目以待。

---

21 與肯德爾同時獲獎的，還有先前提過發現腦中多巴胺功能的卡爾森，與另一位美國神經科學家葛林戈德（Paul Greengard）；葛林戈德的貢獻，是闡釋了神經訊息傳遞的細胞內機制。

8 從腎上腺素到G蛋白耦合受體——內分泌生理簡史

由許多稱為腺體（gland）的獨立器官所組成的內分泌系統，大概是人體諸多系統當中最晚為人所知的。[1]內分泌腺屬於無管腺（ductless gland），與唾液腺、胃腺、胰腺以及汗腺、淚腺等具有管道通向消化道或體外的外分泌腺不同。由於沒有特定的分泌管線，內分泌腺直接將分泌物排入細胞外液，再進入血液，循環全身。十九世紀法國生理學家伯納最早提出內分泌（internal secretion）一詞，但他並不清楚腺體的分泌物是什麼，又如何作用，因此把肝臟分泌葡萄糖也視為內分泌；一直要到十九、二十世紀之交，內分泌腺的神秘面紗才由英國的生理學家揭開。

在眾多內分泌腺體當中，性腺（主要是男性的睪丸）大概是最早為人所知的腺體，去勢也是人類最早會動的手術之一，做為刑罰（宮刑）或製造後宮僕役（太監）。其餘如腦下腺、松果腺及甲狀腺等，在西元二世紀羅馬醫生蓋倫的著作中已有描述；腎上腺則由十六世紀的義大利解剖學家歐斯泰奇所報告；至於肉眼不可見的胰島腺，則要等到十九世紀後半葉才由德國病理學家蘭格罕（Paul Langerhans）在顯微鏡下發現。

進入二十世紀以後，研究人員陸續發現體內其他系統的許多組織器官也具有內分泌的功能，好比胃腸道、大腦、腎臟、心臟、肝臟等；因此，內分泌是許多組織細胞都具有的功能，不再由腺體器官所獨享。雖然如此，傳統的內分泌系統仍然是體內兩大控制系統之一（神經系統是另一個），調節生長、代謝、體液平衡、生殖等功能。

雖然我們對腺體及其分泌物的瞭解，是相當晚近的事，但因腺體失常（通常是出現增生或壞死）而引發的疾病，卻早為人知，像巨人症、侏儒症、甲狀腺腫、黏液水腫（myxedema）、糖尿病等都是自古即有的病症，只不過病因未知。一直要到十九世紀，病理生理學家才逐漸將兩者連在一起；譬如一八三五年愛爾蘭醫生格雷夫（Robert J. Graves）發現以他為名的格雷夫氏症（Graves' disease）是甲狀腺的功能過高；一八五五年英國醫生愛迪生（Thomas Addison）發現的愛迪生氏症（Addison's disease，又名青銅症）是腎上腺出了毛病；一八八九年德國醫生敏考斯基（Oskar Minkowski）則發現胰臟和糖尿病的關聯。

至於最早進行實驗顯示內分泌腺體功能的人，要算十九世紀德意志地區哥廷根大學的動物生理學教授柏托德（Arnold A. Berthold）。柏托德曉得將未成年公雞去勢是行之有年的做法，由此製造的閹雞不單肉質鮮美，同時還消除了公雞的主要性徵，像突出的雞冠、肉垂與鮮豔的毛羽，啼叫與攻擊行為，以及生殖能力（精子生成低落）；因此，公雞的睪丸極可能是造成公雞與母雞外型、行為與生殖能力的主要原因。柏托德不單將一批未成年公雞去勢，造成閹雞，同時他還將切下的睪丸做自體或異體移植，發現都能恢復閹雞的性徵與生殖能力。由於移植的睪丸恢復了血液循環而不是神經供應，所以柏托德推論：睪丸必定分泌了某種物質進入循環，造成雄性性徵與生殖能力。[2]

柏托德的實驗在十九世紀後葉引發了一陣「回春療法」（rejuvenated therapy）的風潮，那是由當時在大西洋兩岸名氣響亮的生理學家布朗塞加爾（Charles-Edouard Brown-Séquard）提倡的[3]；布朗塞加爾拿自己做實驗，將動物睪丸的萃取物注入皮下，宣稱可以恢復老年人的青春活力。這種補充式療法可算是激素療法的濫觴，至今仍然不衰；且不說這種做法的副作用可能大於好處，布

1 免疫系統是另一個，其性質與內分泌系統類似，都是利用體液與循環系統運作；但免疫學已成獨立學門，故此不列入本書討論範圍。

2 然而柏托德卻沒有進一步推論，血液中可能也攜帶了某種可刺激睪丸的因子。性腺刺激素的存在，將於〈生殖生理簡史〉一章詳述。

3 布朗塞加爾生於英屬模里西斯（Mauritius），父親是美籍船長，母親是法國人。父親在他出生前就因海難去世，與母親相依為命。他的童年與求學過程相當坎坷，母親也在他念醫學院時去世；他在蹉跎多年後，終於取得巴黎大學醫學博士學位。之後三十年間，他曾多次往返大西洋兩岸，前後在美國、英國及法國等地八所大學或醫院任職，直到一八七八年他接替伯納在法蘭西學院的實驗醫學講座一職，才算安定下來。他的研究成果豐富，在神經、心血管以及內分泌學都留下建樹。

朗塞加爾的萃取物裡有多少活性物質更值得懷疑。

腎上腺素的發現

頭一個被分離純化的內分泌腺分泌物，是由腎上腺分泌的腎上腺素。腎上腺這個腺體名副其實，位於腎臟的上方，左右各一。如前所述，最早報告腎上腺功能失常會造成病人嚴重耗弱的，是英國醫生愛迪生，他於一八五五年發表的著作裡清楚描述了這種病人的症狀，並與腎上腺的缺失連在一起。前面提到的布朗塞加爾也於一八五六年提出報告，指出切除了腎上腺的實驗動物會耗弱至死。然而，他倆都沒有認識到，幾年前（一八五二年）瑞士裔的德意志解剖生理學家柯立克（參見〈神經生理簡史〉）已然指出：腎上腺分成皮質與髓質兩個部分，皮質類似一般的腺體，髓質則接近神經組織，兩者各有不同的發生來源，也各有不同的分泌物。至於哪一部分是維生所必須，則要到一九二〇年代才獲得確認：不可或缺的是皮質，而非髓質。

奧立佛與薛佛

一八九四年某日，英國鄉下開業醫生奧立佛（George Oliver）前往拜訪倫敦大學學院的生理學教授薛佛（參見第二章〈十九世紀的生理學〉），希望薛佛能幫忙測試他從動物腎上腺所萃取的物質。根據奧立佛在自己兒子身上的測試，這種萃取物會造成血管收縮。當日，薛佛正在狗身上進行血壓測定實驗，他雖然不相信奧立佛的宣稱，但拗不過奧立佛的堅持，於是在實驗結束後，從靜脈注射了一劑奧立佛帶來的腎上腺萃取液到實驗狗體內。結果讓薛佛大吃一驚，狗的血壓直線上升，造成血壓計的水銀柱幾乎到達頂點。經過重複驗證之後，他倆的正式報告於一八九五年發表在《生理學雜誌》；這是以實驗顯示激素生理作用的第一次正式報告（雖然當時「激素」一詞尚未問世），在內分泌學研究史上，意義非凡。

阿貝爾與腎上腺素的分離

奧立佛及薛佛的報告中還指出，造成血壓上升的原因是微動脈收縮引起週邊阻力增加；同時，造成血管收縮的活性物質來自腎上腺髓質，而非皮質。這篇論文發表後，馬上就有許多實驗室著手腎上腺活性物質的純化工作，其中尤以美國約翰霍普金斯大學藥理學教授阿貝爾（參見〈泌尿生理簡史〉）的動作最快。從一八九七年起兩年內，阿貝爾一連發表了三篇論文，詳細報告了分離的步驟，以及終產物的化學組成（並非結構式）；因此，在許多記載裡，阿貝爾是第一位分離出腎上腺素（也是第一種激素）的人。

阿貝爾是十九世紀末、二十世紀初美國知名的生理、藥理及生化學家，他曾經在密西根大學及約翰霍普金斯大學跟隨當時美國一流的生理學家學習，然後在歐陸各重要實驗室留學達七年之久，並取得醫學博士學位以及生理化學的訓練。一八九一年，他回到母校密西根大學出任全美第一位藥理學教授。兩年後，約翰霍普金斯大學成立醫學院，阿貝爾又被羅致前往主持藥理學系。他是美國兩份重要期刊《生物化學雜誌》（*Journal of Biological Chemistry*，一九〇五年創刊）及《藥理及實驗治療雜誌》（*Journal of Pharmacology and Experimental Therapeutics*，一九〇九年創刊）的創始人，其歷史地位可見一斑。

高峰讓吉與腎上腺素的分離

阿貝爾雖然是最早提出腎上腺素分離報告的人，但他的結果並不完全正確（多了一個苯環），甚至其分離物也不具有生物活性（或活性極低）；因此，這份榮耀還得讓給日裔美籍的生化學家高峰讓吉（Jokichi Takamine）。

高峰出生於日本高岡市，他成長的年代，適逢日本被迫開放門戶，進入明治維新時期，因此他從小就接受了西方的科學及語文教育，大學時更棄醫學而主修化學。一八七九年，他接受日本政府選派，赴英國進修了四年，專攻肥料製造。一八八四年，他又代表日本政府前往美國參加博覽會，認識了後來的美籍妻子，而於一八九〇年起定居美國。

高峰曾任職日本專利及商標局，因此曉得專利的重要性。他將東方人發酵釀酒用的麴菌

（*Aspergillus oryzae*）引進美國，並從麴菌中提煉出澱粉酶以申請專利，是美國第一個微生物產品的專利。他授權派德藥廠（Parke, Davis and Co.）以「高峰氏澱粉酶」（Taka-diastase）的商品名販售。這種澱粉酶除了用於釀造業外，還打著幫助消化的名義，成為流行一時的口服消化藥。

以澱粉酶的專利站穩腳步後，高峰在紐約市建立了自己的實驗室，著手分離其他具有潛力的藥物。一八九七年，他讀到阿貝爾分離腎上腺素的報告，覺得升血壓的藥物前景可期，於是也投入分離的工作。他從日本請了一位年輕的化學家上中啟三（Keizo Uenaka）協助工作，而於一九〇〇年得出純化的結晶。高峰於該年十一月先行遞出了專利申請（美國第一個激素產品的專利），然後才於次年發表正式報告。

高峰讓吉

事實顯示，高峰此舉極為明智，因為除了高峰外，任職派德藥廠的阿德利許（Thomas B. Aldrich）也於一九〇一年提出了純化腎上腺素的報告（他在報告中承認高峰比他先得出結果）。阿德利許原本是阿貝爾的下屬，一八九八年才轉往派德藥廠任職；顯然他熟悉阿貝爾的做法，曉得其中還有問題，而加以改進。只不過高峰搶先申請了專利，派德藥廠也只好繼續與高峰合作，以Adrenalin為商品名推出腎上腺素製品販售，成為當時醫生隨身所提藥箱裡的必備藥物。

高峰以日裔身分，在二十世紀初排外的美國以專利致富，非常不容易。他極富生意頭腦，在美國及日本成立過好幾家化學及製藥公司，都相當成功，可謂現代生物科技的先驅；不過，目前除了日本的三共株式會社（Sankyo Co., Ltd.）外，其餘都已不存在。高峰晚年致力慈善事業及促進美日交流，像美國華府波多馬克河畔每年春天盛開的櫻花，就是高峰連同當時的東京市長於一九〇九年共同捐贈的。

胰泌素的發現：激素命名

雖然腎上腺素是頭一個被分離的激素，但激素一詞及其作用原理還要多等幾年才由另一位英國生理學家史達靈提出。史達靈的部分成就已於〈心血管生理簡史〉一章介紹過，他是十九世紀末、二十世紀初英國最傑出的生理學家之一。他既不是牛津劍橋等名校的畢業生，也未曾受教於夏培、佛斯特、薛佛等英國生理學名師，而是倫敦蓋伊醫院（Guy's Hospital）附設醫學院的畢業生。這些醫學院類似國內的七年制醫學院，招收高中畢業生，像史達靈入學時年方十六歲，二十二歲就以最優等成績畢業。蓋伊醫學院以臨床為主，並不鼓勵基礎研究，史達靈可說是自學成功的學者。他在念醫學院期間，受到一些良師益友的影響，曾利用長假前往德國海德堡大學生理學教授屈內（Wilhelm F. Kühne）的實驗室學習；屈內以發現胰蛋白酶（trypsin）及命名酵素（enzyme）一詞而知名於世。因此，史達靈很早就醉心研究，不準備走臨床開業。

史達靈從一八八九年起在蓋伊醫院擔任生理學講師，是蓋伊醫學院極少數的基礎醫學專任教師之一。他在極為拮据的條件下進行研究工作，並與任職倫敦大學學院的貝里斯結成好友，合作進行研究，完成了淋巴液生成機制的實驗，以「史達靈力」名留後世（參見〈心血管生理簡史〉）。一八九三年，貝里斯還娶了史達靈的妹妹為妻，二人成為連襟。

接著，他倆轉向研究消化道生理，先是探討了消化道的蠕動，接著則是胰臟分泌液的控制。一八九九年，倫敦大學學院的生理學教授薛佛決定接受愛丁堡大學的聘約，擔任該校的生理學教授；經過一番明裡暗地的競爭後，史達靈終於如願以償，接任薛佛留下的職位。他在倫敦大學學院任職凡二十八年，直到一九二七年去世為止。

一九〇二年，史達靈與貝里斯著手研究胰臟分泌至小腸（十二指腸）的消化液控制機制。之前俄國的生理學家帕甫洛夫認為，胰液的分泌完全是由迷走神經控制：當酸性食糜從胃進入十二指腸，刺激了位於腸壁的迷走神經末梢，就由迷走神經的傳入路徑將訊息傳入中樞，再經由迷走神經的傳出路經前往胰臟，刺激了胰液分泌。然而史達靈與貝里斯事先以手術仔細切除實驗動物（狗）小腸以及胰臟上頭所有的神經纖維，再將酸性溶液注入十二指腸，發現仍可刺激胰液的分泌；因此他們認為：除了神經以外，胰臟應該還受到其他的機制控制。

接下來，史達靈與貝里斯進行了一項實驗，建立了百年來內分泌學家用以發現新腺體及新激素的標準做法：他們刮下實驗狗十二指腸的內膜，加入酸性溶液磨碎及過濾後，再把過濾液注入

貝里斯（Wellcome Library, London [CC BY 4..0]）

另一隻實驗狗的靜脈。結果在幾秒鐘內，實驗狗的胰臟就出現了分泌。顯然，小腸內膜含有某種物質，能刺激胰液的分泌。貝里斯及史達靈將這個未知物質定名為「胰泌素」（secretin），並嘗試簡單的定性及純化工作，但限於當時蛋白質化學技術不夠成熟，他們並未能將其純化，構造就更不用說了。一直要到一九六二年，才有人定出胰泌素的結構（參見〈消化生理簡史〉），是一條含有二十七個胺基酸的胜肽（短鏈蛋白質的稱呼）。因此，從發現第一個激素，到確認其構造，正好一甲子時光。[4]

一九〇五年六月二十日到二十九日，史達靈應邀在英國皇家醫學會地位最崇高的克魯恩講座（Croonian Lecture）給了一系列四場演講[5]，講題為〈身體功能的化學相關〉（On the chemical correlation of the functions of the body）。在第一講當中，史達靈首次提出了「激素」（hormone）這個名詞（取其希臘字源的「興奮、激發」之義，音譯則是「荷爾蒙」）[6]，來形容「由某個器官製造，利用血液循環輸送，而作用於另一個器官的化學信使。」他還說：「生物體持續出現的生理需求，必然決定了這種物質的不斷生成以及在全身的循環。」這個定義，至今仍然適用。

胰島素的發現

在腎上腺素與胰泌素之後，接下來發現的是更出名的胰島素。糖尿病是歷史悠久的人類疾病，問題出在身體不能利用最重要的能源——葡萄糖，以致有大量的葡萄糖堆積在血液，造成血管病變及病菌滋生；同時過多的葡萄糖從尿液流失，帶走大量水分，造成病人又飢又渴。就算吃喝不斷，患者仍然不斷消瘦（蛋白質及脂肪都分解用來製造更多的葡萄糖），增加飲食只會使情況變得更糟，因此中醫稱此疾為「消渴症」。在長期「飢餓」下，身體組織開始利用酮體；大量由脂肪及胺基酸生成的酮體帶有酸性，而造成患者酸中毒。

在胰島素發現以前，常用的糖尿病控制方法就是禁食。在每日不到一千大卡的熱量、不含什麼碳水化合物的嚴格飲食下，原本已經消瘦不堪的糖尿病患者更是骨瘦如材，形同餓莩。這些人

---

4 美國科學作家萊特曼（Alan Lightman）於二〇〇五年出版的《發現》（*The Discoveries*）一書中，選刊並評論了二十二篇二十世紀最重要的科學發現論文；史達靈與貝利斯一九〇二年發表在《生理學期刊》的胰泌素文章是其中之一，與愛因斯坦、克里克、華生等人的文章並列。

5 這是紀念十七世紀英國皇家學會及皇家醫學會創始人之一克魯恩（William Croone）醫師所成立的兩個講座之一，分別自一七三八及一七四九年起，每年各遴選一位講者。近代英國重要的生理學者都曾受邀給過演講，其中也包括好幾位歐陸與美國的學者，例如柯立克、赫姆霍茲、維蕭、卡厚爾、坎能及摩根（Thomas Morgan）等人。史達靈於一九〇四與〇五兩年，先後擔任這兩個講座的演講者，可謂殊榮。

6 關於hormone一詞的來源有段軼事，記載於李約瑟（Joseph Needham）一九三六年出版的《秩序與生命》（*Order and Life*）一書。由於事發時李約瑟還在幼年，顯然是從他的老師哈地（William Hardy）處聽聞。據李約瑟書中記載，哈地有回邀請史達靈前往劍橋，用餐時他們談到史達靈的新發現：胰泌素，決定應該給這種經血液傳遞的傳訊分子取個通用的名字。於是他們徵詢劍橋同事、古典文學家維西（W. T. Vesey）的意見，維西提供給史達靈的就是hormone這個字。

的體重可低至二十來公斤，成天躺在床上，連擡個頭的力氣也無。他們就算不死於酸中毒造成的昏迷，遲早也是餓死。這些坐以待斃的悲慘情狀，絕非現代人所能想像。

自一八八九年敏柯斯基發現胰臟和糖尿病的關聯之後，就不斷有人嘗試分離胰臟的神祕內分泌物質，也陸續有報導指出胰臟的萃取物具有降血糖的作用，但不是效果不夠好，就是副作用大，都沒有得到同行的認可。直到一九二一年才由加拿大外科醫生班廷（Frederick Banting）與一位剛出校門的助理貝斯特（Charles Best）在多倫多大學生理學教授麥克勞德（John Macleod）的實驗室取得成功：他們從狗的胰臟得出的萃取液不但可以降低糖尿病狗的高血糖，同時還改善了糖尿病的其他症狀。在接下來的一年內，多倫多大學的團隊發展出初步純化胰臟萃取物的方法，並進行臨床試驗。他們將其中的有效物質定名為胰島素（insulin）。

班廷是一九一七年多倫多大學醫學院的畢業生。他就學期間，適逢第一次世界大戰爆發，最後一年幾乎沒上什麼課，整年只記了五頁筆記（他後來自承所受醫學教育並不完整），就被徵召入伍成為陸軍醫官，並上法國前線參與了坎伯拉之役（Battle of Cambrai，這是坦克首次在戰場上成功使用），因傷光榮退役。由於無法在大醫院找到工作，班廷被迫到距離多倫多一百八十公里遠的小城倫敦開業。

由於診所的生意甚是清淡，於是班廷在當地西安大略大學的醫學院找到兼課的工作；他對糖尿病的知識，也就是從備課時得來。一九二〇年十月，他讀到一篇病理報告，其中描述胰管遭結石阻塞的病人，其胰臟中分泌消化酵素的外分泌腺組織有萎縮的情況，但胰島細胞卻存活良好。於是，班廷想到可以將狗的胰管以手術結紮，模擬結石阻塞的情況；等消化腺萎縮後，或許可以分離出胰島中未知的降血糖物質。

終其一生，班廷都認為他靈光一現的想法是導致成功之源，經由他的鼓吹及二手報導的傳播，這個說法也就流傳下來。但實情是：胰管的結紮是完全沒有必要的。因為胰臟所分泌的消化酵素在進入消化道之前都處於非活化的狀態，並不會將胰島素分解；再者，在低溫下將胰臟絞碎並以酒精萃取，都可去除消化酵素的作用（這一點並非我們的事後之明，當年就有人指出）。因此弔詭的是，班廷的成功，肇因於他對於研究的無知。

麥克勞德是蘇格蘭人，在英國、德國及美國各地都有過完整的研究資歷，專長在碳水化合物代謝生理；當時他還擔任美國生理學會的理事長，可見其學術地位於一斑。麥克勞德是稱職的研究者，熟悉醫學文獻，更擅長於整合現有的生理學知識，他也是多產的作者。當毫無研究經驗的班廷帶著不成熟的想法前來找他幫忙時，他直覺的反應是之前已經有許多人試過且失敗了，憑什麼班廷這個無名小卒會成功？或許他認為班廷的想法至少之前沒有人做過，不妨一試；或許他想班廷好歹是個外科醫生，給狗動手術大概沒有問題；再

班廷（右）、貝斯特以及他們的實驗狗

者，麥克勞德每逢暑假都要回蘇格蘭老家休假，實驗室多個人做事，未嘗不好。於是他答應讓班廷一試，並讓大學剛畢業的助理貝斯特幫忙；歷史因此創造。

一九二一年五月中旬，班廷給第一隻狗動胰臟手術；之前他可能從未動過類似手術，因此麥克勞德也在一旁協助。麥克勞德於六月中旬才離開多倫多，傳言中說他根本未參與實驗並不正確。由於技術問題，加上天氣炎熱及動物房條件不佳，動物的死亡率甚高：十九隻裡就死了十四隻（當時也還沒抗生素可用）。存活下來的五隻胰管結紮狗裡，只有兩隻的胰臟有萎縮現象，其餘因結紮不牢而效果不彰；但他們還是進行了萃取及注射的工作，也觀察到降低血糖的結果。

以純研究的角度來看，班廷及貝斯特的成果實在粗糙得可以，他們最早發表的兩篇論文裡也有許多錯誤。要不是麥克勞德加入許多生理指標的實驗結果，以及邀請生化學者柯利普（James Collip）加入研究，改進萃取及純化的方法，班廷及貝斯特的初步成果是難以取信於人的。

為瞭解決量產與雜質的問題，他們與美國的禮來藥廠（Eli Lilly and Co.）合作，從屠宰場取得的動物胰臟中，成功分離出足以提供全球糖尿病患使用的胰島素。在不到兩年的時間內，胰島素已在世界各地的醫院使用，取得空前的成效。一九二三年十月，瑞典的卡洛琳研究院決定將該年的諾貝爾生理及醫學獎頒給班廷及麥克勞德兩人。班廷得知消息後，馬上宣布將自己的獎金與貝斯特平分；稍晚，麥克勞德也宣布將獎金與柯利普共享。

所謂「成功有許多父親，失敗就只是孤兒」，有關胰島素的發現者，一開始就爭議不斷，就連先前許多被人遺忘的研究者，也有人聲援。終其一生，班廷都認為麥克勞德搶了他及貝斯特的成果，惡言相向。一九二八年，麥克勞德終於離開多倫多，回到蘇格蘭亞伯丁大學任教，並於七年後因病去逝，享年僅五十九歲。

由於班廷是第一位得到諾貝爾獎的加拿大人，因此獲得加拿大政府異常優渥的待遇，不但在多倫多大學享有研究教授的終身職，同時還有個以他及貝斯特為名的研究所。在科學研究上，班廷的成就有限，但他的個性與一生卻饒富戲劇性。班廷於二次大戰中，擔任戰時醫藥研究的主席，常駐英國。一九四一年，他於返英途中因飛機失事而喪生，享年僅五十。

至於胰島素的另外兩位共同發現者，貝斯特及柯利普，雖然沒有得到諾貝爾獎的肯定，但他們後來的發展卻更形出色，也安享天年。看來「諾貝爾獎是研究者墳墓」的說法，不是沒有幾分道理。

根據一般的記載，都說當年幫忙班廷進行實驗的貝斯特是一位醫學生，那並不正確。當時貝斯特剛從多倫多大學生理系取得學士學位，並獲錄取進入研究所就讀。他是在一九二二年取得碩士學位後，才進入醫學院就讀，而於一九二五年以第一名的成績畢業。

頂著「胰島素共同發現人」的頭銜，貝斯特接受了當時英國著名的生理學者戴爾（參見〈神經生理簡史〉一章介紹）的建議，前往戴爾的實驗室接受完整的研究訓練，並取得博士學位。一九二八年，麥克勞德離開多倫多大學後，貝斯特便順理成章地接替他的位置，成為當時最年輕、最有潛力的生理學者。貝斯特也不負眾望，在胰島素的作用及抗凝血劑的發展上，有過重要貢獻。他所編著的生理學教科書《貝泰二氏臨床醫學生理基礎》（*Best and Taylor's Physiological Basis of Medical Practice*）曾流行一時，甚至在他過世後，還持續再版多年。

至於最後加入工作的柯利普是加拿大亞伯達（Alberta）大學生化系的教授，當時正在多倫多大學進行為期一年的休假進修。他對於剛起步的內分泌學有極大的興趣，因此密切注意班廷及貝斯特的胰臟萃取工作。當班廷在純化胰島素上碰到瓶頸時，便邀請柯利普加入幫忙。雖然後來柯利普客氣地說，他只不過做了任何一個生化學家都會做的事，但只要曉得蛋白質化學之複雜，以及九十多年前可用方法之貧瘠的人，都能瞭解其工作的困難度。柯利普後來在許多內分泌激素的分離工作上，都有過重要貢獻。他還擔任過麥吉爾大學的生化系主任，以及西安大略大學的醫學院院長，成就非凡。

胰島素的發現雖然拯救了數以百萬計糖尿病患者的生命，但那還只是治標，並非治本，缺少胰島素的患者終生都得仰賴胰島素的注射，隨時注意血糖的控制，避免出現併發症。更麻煩的是，糖尿病還不只一種，有更多所謂第二型（成年型）的糖尿病患者，體內並不缺少胰島素，而是由於過胖、少動，及飲食過度，導致身體組織對胰島素反應下降，無法有效利用過多的能源才發病。尤其現今中年以上的國人，年輕時大都相當苗條，體內脂肪細胞數目有限（成年後數目不再增加），而近些年吃得太好，導致每個脂肪細胞都滿載，無法吸收更多吃入的能量，也就容易出現糖尿病的症狀。對這種為數更多的患者來說，補充胰島素就沒什麼大用，運動、減重、注意飲食才是良方。

胰島素發現迄今雖然已有九十多年的歷史，但胰島素可算是最難瞭解的激素之一，其作用之多樣，機制之複雜，至今仍未全盤解開。當年班廷等人分離的胰島素只是粗製品，真正的純化及結構決定，要到一九五五年才由英國的生化學家桑格（Frederick Sanger）完成，桑格也因此獲頒一九五八年的諾貝爾化學獎。

因胰島素研究而間接獲獎者還有一位，就是一九七七年的生理醫學獎得主雅婁（Rosalyn Yalow）。雅婁和同事伯森（Solomon Berson）發現長期注射胰島素的糖尿病患血中含有某種球蛋白，能與胰島素產生結合；經分析後，發現該球蛋白是針對胰島素的抗體。由於人體本身就有胰島素，因此對胰島素產生抗體是不可思議的事，因此，他們最早（一九五五年）報導此發現的論文也遭到《臨床研究期刊》（*Journal of Clinical Investigation*）退稿。雅婁一直保留當年的退稿信，過了二十二年得到諾貝爾獎後，她取出這封信發表在《科學》期刊上；由於信上有當時期刊主編的簽名，還引起其後人去信抗議。

上述問題出在當年給病人注射的胰島素，都來自屠宰場的動物胰臟。雖然動物的胰島素在人體也有作用，但其胺基酸組成仍有少數的差異；免疫細胞就針對這點差異，產生了特別的抗體。目前以基因工程製備的人類胰島素，已無此問題。雅婁及伯森利用這種抗原抗體的專一性反應，加上放射性元素做為追蹤劑，發展出「放射免疫測定法」(radioimmunoassay)，能測定血中的微量激素及任何能產生抗體的物質，徹底改變了內分泌學的面貌。

內分泌學與諾貝爾獎

由於內分泌學是進入二十世紀後才開展的新興學門，也由於內分泌學與有機化學、生化學、細胞學、分子生物學等學門的關係密切，因此諾貝爾生理或醫學獎以及化學獎曾多次頒給與內分泌研究有關的學者，從諾貝爾獎得主的工作，也可略窺內分泌學的進展。

最早獲獎的內分泌研究，是一九〇九年的生醫獎頒給以切除甲狀腺手術聞名於世的瑞士醫生柯赫爾（Emil Kocher）；柯赫爾的無菌手術操作使得切除甲狀腺的死亡率從七五％降至一％以下。嚴格說來，除了與內分泌腺體有關外，柯赫爾對內分泌生理的貢獻有限。

早期得獎的內分泌學者，多數進行的是激素分離與純化的工作，譬如先前提過的胰島素（一九二三年獲獎），還有一九三九年的化學獎頒給分離純化性腺激素的德國生化學家布特南特（Adolf Butenandt）與克羅埃西亞化學家魯奇卡（Lavoslav Ružička）；一九五〇年的化學獎頒給分離腎上腺皮質素的美國化學家肯德爾（Edward Kendall）、瑞士化學家賴希史坦（Tadeus Reichstein）與美國醫生亨奇（Philip Hench）；一九五五年的化學獎頒給分離、定序及合成腦下腺後葉激素的美國生化學家杜維尼奧（Vincent du Vigneaud）；一九五八年的化學獎頒給人工合成胰島素的桑格；一九七七年的生醫獎頒給分離、純化及定序下視丘激素的紀勒門（Roger Guillemin）與薛利（Andrew Schally）。但分離純化許多腦下腺前葉激素，並定出其蛋白質結構的華裔化學家李卓皓（Choh Hao Li；參見〈生殖生理簡史〉），以及〈消化生理簡史〉中提過、純化並定序數十種腸道胜肽（包括胰泌素與膽囊收縮素）的穆特，卻成了遺珠之憾。

一九四七年的諾貝爾生醫獎頒給了美國生化學家柯里夫婦（Carl and Gerty Cori）以及阿根廷生理學家胡賽（Bernardo Houssay）。柯里夫婦的得獎成果是釐清了肝醣的代謝機制，並沒有直接研究內分泌激素，但他們後續的研究則使用了腎上腺素與升糖激素（glucagon）等激素來研究醣類代謝，他們的學生蘇瑟蘭（Earl Sutherland）就由這項研究發現了激素作用的機制，獲頒一九七一年的諾貝爾生醫獎。

至於胡賽則是因為發現腦下腺前葉分泌的激素在醣類代謝中扮演一角而得獎，算是以研究內分泌生理獲獎的第一人，也是南美洲唯一的諾貝爾生醫獎得主（不算移民他國者）。胡賽發現，切除腦下腺前葉有助於改善糖尿病的症狀，因此得出腦下腺前葉激素具有升血糖作用的結論。由於胡賽並無純化的腦下腺激素可用，因此他也無從得知是哪個腦下腺激素有此作用（目前已知是生長激素）；再來，腦下腺前葉分泌至少六種激素，切除該腺體將造成甲狀腺、腎上腺與性腺都出現問題，絕對不是可行的臨床療法（一如切除睪丸來治療攝護腺癌或切除卵巢來治療乳癌，都不是治本之道，害處多於好處）。因此，以今日的標準而言，胡賽的獲獎成就相當薄弱。可能的原因是當時阿根廷處於軍事強人裴隆（Juan Domingo Perón）的專政之下，胡賽因言論賈禍而遭國立大學解聘，被迫成立私人研究所，所以諾貝爾獎委員會此舉不無聲援之意。

激素的作用方式

雖然激素經由血液循環可周遊全身，但每種激素只會作用於特定的標的器官，而不會任意到處作用；造成這種專一性的源頭，是細胞表面或內部具有可與激素結合的特定蛋白質，這種蛋白質稱為受體（receptor）。受體的觀念來自二十世紀初英國生理學家蘭利，用來解釋藥物的作用，他使用的名詞是接受性物質（receptive substance）。[7]

一開始，由於受體只是一種概念性物質，看不見也摸不著，因此遭到許多懷疑與批評；像與蘭利同時代的另一位英國生理學大老戴爾就說：「受體只是另一種形式的推論性說法。」甚至到一九七〇年代初，最早以實驗顯示有兩種腎上腺素受體（α受體及β受體）的美國藥理學家阿爾奎斯特（Raymond Ahlquist）也說：「受體的說法只不過是用來解釋組織對藥物反應的抽象概念罷了。」

雖然受體蛋白的實際分離與純化，以及結構的決定與基因的選殖，是進入一九七〇年代以後的事，但受體的概念卻對藥理學研究有莫大的助益，不論是致效劑（agonist）與拮抗劑（antagonist）的作用，以及藥物動力學（pharmacokinetics）與藥效學（pharmacodynamics）的研究，前提都離不開藥物與受體的結合，內分泌激素的作用也不例外。

內分泌學家很早就知道，蛋白質類激素與固醇類激素的作用位置不同，一在細胞表面，一在細胞內部。那是因為蛋白質（包括小型胜肽）不只分子量大，同時還不具脂溶性，不能輕易通過細胞膜進入細胞；因此，蛋白類激素必須先與細胞表面的受體結合，才能產生作用。反之，固醇類激素不單分子小，且具脂溶性，輕易就能進入細胞內；因此，固醇類激素的受體位於細胞質、甚至細胞核內。

前面提到的一九七一年諾貝爾獎得主蘇瑟蘭，就是發現了蛋白類激素作用於細胞表面受體後，會先在細胞內生成一種叫做cAMP的小分子（是腺苷三磷酸〔adenosine triphosphate〕的衍生物），然後再由cAMP活化細胞內酵素，產生作用。因此，激素屬於原始的第一信使，cAMP則稱為第二信使（second messenger）。

後續的研究進一步發現，激素與受體結合、到活化生成cAMP的酵素（腺苷酸環化酶）之間，需要有鳥苷三磷酸（guanosine triphosphate），以及與鳥苷三磷酸結合的一組蛋白參與；這組蛋白

7 與蘭利同時代的德國醫生埃爾利希（Paul Ehrlich）從細菌毒素的作用方式，提出體細胞表面帶有能與毒素結合的支鏈假說（side-chain theory），是另一位公認最早提出受體觀念的科學家。

統稱為G蛋白。G蛋白扮演中間人的角色，具有不同形式，可以興奮也可以抑制腺苷酸環化酶的活性，造成cAMP的增加或減少。兩位美國生化學者，吉爾曼（Alfred Gilman）與羅德貝爾（Martin Rodbell），就因G蛋白的研究獲頒一九八四年的諾貝爾生醫獎。

最早為科學家分離純化的受體，是尼古丁型乙醯膽鹼受體（nicotinic acetylcholine receptor），由法國生理學者項玖（Jean-Pierre Changeux）於一九七〇年利用臺大藥理學科李鎮源與張傳炯所分離的蛇毒蛋白，[8]從電鰻的發電器官分離出來，只不過這項成就並沒有得到諾貝爾獎的肯定。一直要到二〇一二年，諾貝爾化學獎才頒給了分離純化腎上腺素受體蛋白與基因的美國生化學家列夫柯維茲（Robert Lefkowitz）與柯比爾卡（Brian Kobilka）。腎上腺素受體屬於G蛋白耦合受體（G protein-coupled receptor）的家族成員之一，G蛋白耦合受體則是成員數目最多、被研究得最透徹的受體家族。

事實上早在二〇〇四年，諾貝爾生醫獎就已經頒給了G蛋白耦合受體的基因分離與純化研究，只不過那批G蛋白耦合受體屬於嗅覺受體，而非神經遞質或激素的受體，獲獎人是兩位美國分子生物學家艾克塞爾（Richard Axel）與芭珂（Linda Buck）。人類的嗅覺受體多達四百種左右，整個哺乳類當中則有上千種，是G蛋白耦合受體家族的最大宗成員。此外，視網膜上負責感光的受體：視紫質（rhodopsin），也屬於G蛋白耦合受體的成員，由此可見G蛋白耦合受體家族的龐大與功能的多樣化。

內分泌學建立至今，不過百年出頭，從內分泌器官的確認，到激素的分離鑑定與分泌控制，再到基因的選殖，早已成為一門極其龐大且複雜的學門，與神經科學分庭抗禮。尤其是現代人常見的「三高」疾病：高血壓、高血糖與高血脂，都與內分泌激素的調控有關。因此，在可見的未來，內分泌學與神經科學一樣，都將是生物醫學研究人員持續關注、且不斷有新發現的學門。

8 李與張二人分離的雨傘節蛇毒（α-bungarotoxin）是強力的尼古丁型乙醯膽鹼受體拮抗劑（因此產生毒性），可做為釣餌，將膽鹼受體分離出來。

9 追獵下視丘激素——神經內分泌生理簡史

世間學問的演變，經常會歷經「見山是山、見水是水」，然後「見山不是山、見水不是水」，最後再回到「見山還是山、見水還是水」的過程；神經內分泌生理的發展史，就是最好的寫照。

從前兩章的介紹，我們知道神經系統與內分泌系統是體內的兩大控制系統，其構造與作用方式各不相同；前者屬於有管線系統，使用電化學的傳導與作用，後者屬於無管線系統，藉由分泌激素進入循環系統而影響全身。然而近一百年來的研究發現，這兩個系統的差異並不如表面看來那麼大，兩者之間不單互動頻繁、相互影響，同時，腺體細胞可能會放電，神經細胞也可能具有內分泌的功能。因此，神經與內分泌系統可能合而為一，成為單一的神經內分泌系統；神經內分泌學也成為二十世紀新興的學門之一。

從後見之明來看，體內的兩個控制系統之間如果各行其是，就好比行政部門之間沒有聯繫協調、造成施政混亂一樣，會引起生理的失調，因此兩者之間的互動是必然且必要之事。至於這兩個系統之間如何互動，就是神經內分泌學的發展歷程了。

薛勒夫婦與神經分泌

一九二八年，一位年輕的德國學者薛勒（Ernst Scharrer）發表了他的博士論文，其中描述在一種硬骨魚腦部的下視丘切片中，發現類似內分泌腺體的細胞，同時這種神經細胞與腦下腺的關係密切。薛勒稱這種現象為「神經分泌」(neurosecretion)。

科學上許多新發現，都經過遭人懷疑、不被相信的階段，神經分泌的觀念亦然。薛勒發表神經分泌的年代，不要說內分泌系統尚未全盤建立，就連神經系統的化學傳導理論也都還處於萌芽階段，未能完全說服相信「神經以電性傳導」的人士。薛勒遭到當時許多學界大老的駁斥，因此，他得提供更多更堅實的證據，才可能取信於人。

談到薛勒（the Scharrers），神經內分泌界的同行都知道指的不只一人，而是薛勒和他的夫人波塔（Berta Scharrer）。波塔是當年極少數進入高等學府就讀，並立志從事學術研究的女性。他倆在慕尼黑大學求學時代就結識，並同時拜在費立區門下（Karl von Frisch；一九七三年諾貝爾生醫獎得主，以研究蜜蜂行為而得獎）。波塔雖然也取得了博士學位，但學術界一直有條不成文的規矩，就是夫妻不得在同一單位任職（英文叫 nepotism）；因此長達二十年之久，波塔隨著薛勒轉換過四、五個工作單位，一直都在沒有頭銜、沒有薪水的條件下進行研究。這一點，大概是新一代的女性完全想像不到的。

打從一開始，薛勒夫婦就以神經分泌為共同研究主題，但也做了區分：薛勒繼續以脊椎動物為實驗對象，波塔則以無脊椎動物為主。這樣的安排不但可以維持共同的主題及興趣，彼此可互相支援，同時兩人也有各自的研究成果，各領一片天地，不至於讓人說是「妻以夫貴」，或是「夫以妻貴」。

薛勒夫婦於一九三三年起，在德國法蘭克福大學開始他們的學術生涯，然而沒有好久，就碰上德國納粹黨掌權，並通過公務人員任用法，禁止任何猶太裔在公家機構任職，也包括公立大學在內，使得學術界籠罩著一片肅殺之氣。薛勒夫婦並非猶太裔人士，但他們卻無法忍受自由的學術風氣受到政治的汙染，於是想辦法離開德國。

由於薛勒同時有哲學博士及醫學博士學位，是積極備戰的德國政府所器重的人才，要得到出國許可並不容易。所幸薛勒申請到美國洛克斐勒基金會的獎學金，打著出國進修一年的名目，與波塔兩人隨身帶了兩只皮箱，一人按規定結匯了美金四元，而於一九三七年來到美國，開始了他們的新生活。

下視丘與腦下腺後葉

一般通俗的介紹，會說腦下腺是主腺，因為它控制了包括甲狀腺、腎上腺以及性腺在內的周邊內分泌腺體，也控制了生長及泌乳等生理功能。其實，腦下腺受到位於上方的腦部控制，是腦中一塊稱作下視丘區域的奴隸，而非真正當家作主的人。同時，腦下腺還分成前、後兩葉：前葉才是真正的腺體，後葉只是腦組織的延伸而已。前文所述，薛勒發現的神經分泌，與腦下腺後葉的關係密切。

自十九世紀末起，就有英國的生理學者開始研究腦下腺後葉萃取物的功能，其中包括發現腎上腺素功能的薛佛、赫靈（Percy Herring）、戴爾，以及發現胰泌素的史達靈和他最後一位助手維爾尼（Ernest Verney）等。他們發現，腦下腺後葉萃取物具有升血壓、抗利尿、促進子宮收縮，以及造成乳汁射出等功能。腦下腺後葉如發生病變，患者會出現尿崩症，其症狀包括排出大量稀釋尿液及極度口渴等。同時，臨床上也使用腦下腺後葉的萃取物，做為引發及協助孕婦生產之需。

腦下腺後葉激素屬於最早一批被研究者發現、功能確認，以及純化合成的內分泌激素。上述最後一項工作，是由美國康乃爾大學醫學院的生化學家杜維尼奥於一九五三年完成的，他也因此貢獻獲頒一九五五年的諾貝爾化學獎。腦下腺後葉激素一共有兩種，一是具有升血壓、抗利尿作用的血管加壓素（vasopressin，又名抗利尿激素〔antidiuretic hormone〕），另一是促進子宮及乳腺平滑肌收縮的催產素（oxytocin）。這兩種激素屬於胜肽類（由胺基酸組成），存在於腦下腺後葉稱作赫靈體（Herring's bodies，以發現人赫靈為名）的分泌小囊中。只不過它們究竟來自何處，卻因為薛勒的報告而引起爭執。

早在十九世紀末，就有解剖學家發現，腦下腺後葉的組成以膠細胞（glial cell）為主（這是神經組織的輔助細胞，提供支持、營養、防禦等功能），不是腺體細胞，也不是神經細胞。同時，近代最偉大的神經組織學家，西班牙的卡厚爾發現，腦下腺後葉有許多來自下視丘神經元的神經軸突末梢。薛勒在硬骨魚腦中發現的分泌性神經元，似乎就是通往腦下腺後葉的神經元。

為了證明神經分泌是普遍的現象，而非特例，薛勒從魚類、爬蟲類、鳥類，一路研究到哺乳類；其夫人波塔則從海蛞蝓、圓蟲、果蠅等無脊椎動物著手，最後則固定以蟑螂為材料。這種比較解剖學的研究路數，在當年以形態學為主的研究中，是相當有力的工具，因為他們在所有研究過的動物神經組織中，都發現了類似的分泌現象，可見那是常態，而非特例。波塔更因此項研究，成為昆蟲神經內分泌系統的專家，開展了一個新的領域。

話說薛勒夫婦因不齒納粹政權的作為，而於一九三七年逃離德國，來到美國；十年內他們轉換了四個工作場所，從芝加哥大學到紐約洛克斐勒醫學研究所，再到克里夫蘭的西儲大學，最後落腳在丹佛的科羅拉多大學，才算穩定下來。但受制於夫妻不得在同單位任職的不成文規矩，波塔一直是在沒有正式頭銜、也不支薪的條件下默默研究。一九五五年，紐約市愛因斯坦醫學院成立，邀請薛勒前往擔任解剖學系主任，同時也打破慣例，聘請波塔為正教授。在取得博士學位二十五年以及發表許多論文之後，波塔終於得到學界的承認。

不過，薛勒的神經分泌理論還要得到另一位同行巴格曼（Wolfgang Bargmann）的協助，才更為世人所接受。巴格曼是薛勒在德國法蘭克福大學工作時就結識的朋友，他也看過薛勒的組織切片，印象深刻。之後，薛勒遠走美國，巴格曼則留在德國，兩人更因二次大戰爆發而失去聯絡。戰後，巴格曼在滿目瘡痍的德國基爾（Kiel）大學重新起步，主持該校的解剖學系；他收到第一封來自國外的信件，就是薛勒的。薛勒向巴格曼報告了神經分泌的研究進展，以及未解的難題：下視丘分泌性神經細胞與腦下腺後葉神經末梢的關聯。

於是，巴格曼將原本用來給胰臟內分泌細胞染色的方法，用在狗腦的切片上，結果清楚顯示：位於下視丘視上核及室旁核[1]的巨大神經細胞，發出連續不間斷的神經軸突，直接通往腦下腺後葉。腦下腺後葉激素來源的謎題，終於得到解答。一九五一年，巴格曼與薛勒在《美國科學家》（*American Scientist*）雜誌共同發表了一篇文章：〈腦下腺後葉激素的源頭所在〉（The site of origin of the hormones of the posterior pituitary），自此，「神經分泌」的現象也得到學界承認。

下視丘與腦下腺前葉

談到腦下腺，不能不提其拉丁字源*pituita*，其實是「痰液」之意。那是因為腦下腺位於大腦下方，以漏斗形小柄與下視丘相接，好似接受大腦的排泄物一般。早在西元二世紀，蓋倫就提出這種說法；他還認為腦下腺的分泌物可通過分隔顱腔及鼻腔的篩骨，以鼻涕的形式排出。這種說法雖然不實，卻支配了西方傳統醫學達一千五百年之久，直到十七世紀才遭到推翻：篩骨上的小孔，是嗅神經的出入口，與腦下腺分泌無關。有趣的是，蓋倫的想法也不算完全錯誤：如前文所述，腦下腺後葉確實接受了來自腦部神經的分泌物，只不過那些分泌並不是廢物，而是具有重要生理功能的激素。

腦下腺的功能，一直要到二十世紀才逐漸揭開；理由之一，是腦下腺深藏頭部的中心位置，不容易在人體及動物身上研究；再來，腦下腺前葉及後葉掌管的功能繁複，一一釐清得花上不少功夫與時間。許多腦下腺的功能之所以為人所知，主要還是來自腦下腺病變造成的身體失常，像是巨人症、侏儒症、乳漏症、尿崩症等；其餘諸如甲狀腺、腎上腺及性腺功能的失常，經常也可

1下視丘體積不大，卻有不下六、七個獨立的神經核（神經細胞的聚集處）存在，成對分布在第三腦室的左右兩側；視上核（supraoptic nucleus）與室旁核（paraventricular nucleus）是其中兩個，其餘的神經核則與腦下腺前葉的控制有關，還有一個視叉上核（suprachiasmatic nucleus）是生物時鐘所在。

上溯至腦下腺出現腫瘤或壞死。

最早在人身上成功切除腦下腺腫瘤的手術，是維也納醫生弗洛里許（Alfred Fröhlich）於一九〇一年完成的；接著，美國外科醫生庫興進一步將這種困難的手術發揚光大。到了一九二〇年代，美國解剖學家史密斯（Philip E. Smith）在蝌蚪及大鼠身上進行腦下腺切除手術，並取得成功。於是，科學家擁有了方便的實驗動物模型，腦下腺前葉的功能也得以逐一解開。自一九三〇年起，包括華裔學者李卓皓在內的研究人員，更逐步將腦下腺前葉分泌的六種激素分離純化，腦下腺的功能也不再如是神祕（參見〈生殖生理簡史〉）。

然而，陸續有研究顯示，腦下腺前葉的功能，可能受到位於上方的下視丘影響；這一點，以腦下腺調控生殖及腎上腺的功能最為明顯，譬如季節性發情、反射性排卵，以及壓力反應等，都需要神經系統及腦下腺的共同運作。只不過與後葉不同的是，腦下腺前葉上頭找不到什麼來自下視丘的神經末梢投射，因此，如果下視丘真的會影響前葉，必定使用了與控制後葉不同的方式。

一七四二年，法國醫生里爾陶（Joseph Lieutaud）在他編著的解剖學教科書中，描述了連接下視丘與腦下腺的小柄構造。他發現這個小柄並非如蓋倫所述，是個空心漏斗，而屬實心構造；更有趣的是，里爾陶描述了小柄外圍，有順著小柄走向的細小血管分布。這項早期的觀察雖然正確，但受限於當時的知識，里爾陶並未能對這些血管的功能提出解釋，甚至還遭到同行的駁斥；因此，這項發現也湮沒在塵封的典籍當中，直到兩百多年後，才重新被人發掘。

二十世紀初，羅馬尼亞的病理學家藍納（T. Rainer）在進行屍體剖檢時發現，死前有過激烈掙扎的人，腦下腺小柄上的血管會特別清晰可見。藍納並沒有正式發表這項觀察所得，但私下告知了一位醫學生波帕（Gregor T. Popa）。在藍納的幫助下，波帕於一九二五年獲得洛克斐勒基金會的獎學金，前往美國及英國深造，並於一九二八年升上雅夕（Iasi）大學的解剖學教授。波帕在英國進修期間，與倫敦大學學院的費爾汀（Una L. Fielding）合作，於一九三〇年及三三年各發表了一篇文章在《解剖學雜誌》（*Journal of Anatomy*）上，詳細描述了連接下視丘與腦下腺的血管構造。頭一篇論文中有極為精美的手繪插圖，其中雖然有誤，但已成經典。由於這段血管連接了位於下視丘及腦下腺前葉的兩個微血管叢，符合門脈血管（portal vessel）的定義[2]，因此，波帕將其命名為腦下腺門脈（人體最出名的門脈系統，是連接胃腸道與肝臟的肝門脈）。

雖然波帕與費爾汀詳盡的解剖學研究指出，下視丘與腦下腺前葉的連接靠的是血管而非神經，但血液在這個門脈血管中流動的方向，卻不是解剖死屍的研究方法可以確認的。他們最早的推論，認為這個門脈血管的流動方向，是從腦下腺往上到下視丘，就是錯的，還受到來自哈佛大學解剖學家的實驗駁斥，所以波帕也亟欲澄清這一點。

波帕對英國的研究環境情有獨鍾，在長達九年的時間內，他每年都會花四到六個月時間待在

2 門脈是連接兩個微血管叢的一段靜脈。一般的血管連結，是從心臟發出動脈、經微血管、靜脈再回到心臟，中間只會有一個微血管叢，也就沒有門脈；肝門脈與腦下腺門脈是兩個例外。

英國劍橋大學。波帕在劍橋的研究工作，得到一位醫學生哈里斯（Geoffrey Harris）的協助；哈里斯雖然還是學生，但因表現出色，獲頒一份獎學金，正進行學士論文的實驗，主題是兔子反射性排卵的神經控制。因此，波帕與哈里斯兩人結合了彼此的長處，在麻醉的活體兔子身上進行複雜的開腦手術：從兔臉側面切斷顴弧、下顎分支、嚼肌、外翼肌及部分腮腺後，打開頭骨，撥開顳葉抵達下視丘與腦下腺的所在，就可以擠壓或切斷腦下腺門脈。

比起從副咽部由下往上的開腦方式，這樣的手術對動物傷害性頗大，但他們還是給二十六隻兔子動了手術。其中九隻在實驗過程中死亡，另外兩隻只活了三天，其餘七隻存活五到五十天，還有六隻則超過五十天。他們將觀察所得聯名發表在一九三八年的《解剖學雜誌》，並在文章中宣稱，腦下腺門脈當中的血液，是從腦下腺往下視丘的方向流動。不過，這個結論仍是錯的。多年後，哈里斯說，他和波帕忘了顯微鏡下看到的影像，正好上下顛倒，因此他們把血流方向給弄反了。這個有趣的插曲，在哈里斯精采的研究生涯中，只能算是簡短的序曲罷了。

神經內分泌學之父哈里斯

之前介紹過幾位人稱「生理學之父」的人物，以及他們開創性的貢獻；就神經內分泌這門二十世紀新興的學問而言，除了先前介紹的薛勒夫婦外，另一位獲得「神經內分泌學之父」稱呼的重要人物，就是在醫學生時期協助羅馬尼亞解剖學家波帕進行活體實驗，試圖解開連接下視丘與腦下腺之間門脈血流走向的哈里斯。

哈里斯出身英國劍橋大學，受教於著名的生殖生理學家馬歇爾（Francis H. A. Marshall），研究雌兔的排卵控制。兔子屬於反射式排卵動物，也就是說除非有性行為刺激，否則牠們不會排卵；由此可見，卵巢會受神經系統影響。如果在進行性行為後，將雌兔麻醉或注射正腎上腺素的拮抗劑，都可以阻斷排卵，也進一步佐證神經系統參與控制了反射式排卵。

不過，當時已知：卵巢排卵的過程，直接受到腦下腺前葉分泌的激素（黃體生成素）刺激；因此，由陰道及子宮頸接收到的感覺訊息，在傳入中樞神經系統後，必定以某種方式傳給了腦下腺前葉，才促使它分泌黃體生成素。至於其詳細機制，則困擾了早期的生理學家相當時日。

哈里斯學士論文的部分實驗，是將金屬電極植入兔腦下視丘部位，然後通以微量電流刺激，發現可刺激卵巢排卵。這項結果顯示：下視丘確實可以影響腦下腺前葉的激素分泌。至於下視丘是利用神經纖維直接投射，還是利用血液循環作媒介，將訊息傳給腦下腺，則經過相當漫長且激烈的爭議。

由於因緣湊巧，年輕的哈里斯於一九三五年協助了來劍橋訪問的波帕，練習在活體動物動腦部手術，露出位於大腦中央底部的下視丘及腦下腺，以直接觀察並切斷連接下視丘與腦下腺的小柄。雖然他和波帕將血流方向弄反了，但這個經驗卻成為哈里斯日後研究的利器。

在倫敦完成四年住院醫師訓練後，哈里斯回到劍橋重拾研究，以取得醫學博士學位。在同事葛林（John D. Green）協助下，他終於確認腦下腺門脈血液，其實是從下視丘往腦下腺的方向流動；因此，下視丘極有可能會分泌某些未知物質，經由門脈血流輸送，抵達腦下腺。這就是出名的「神經血管控制腦下腺理論」，是奠定神經內分泌學的基石，也是哈里斯最重要的貢獻，讓他獲得了「神經內分泌學之父」的尊稱。

美妙的理論必須有堅實的證據支持，才能流傳後世。自一九四〇年代中葉起，哈里斯以一系列設計精巧且執行完美的實驗，逐步證實了他提出的理論。首先，他在大鼠身上，以手術切斷連接下視丘與腦下腺的小柄，發現由腦下腺控制的生理功能（譬如生殖）就失去了。然而另一位知名的英國研究員祖克曼（Solly Zuckerman）以雪貂為實驗動物，卻未能重複哈里斯的結果；祖克曼將報告發表在《自然》期刊，對哈里斯的理論造成嚴重威脅。

為此，哈里斯特地前往祖克曼於伯明罕大學的實驗室，在顯微鏡下觀察其雪貂腦下腺柄的組織切片。他發現祖克曼的動物在切斷腦下腺柄後，很可能出現了血管再生的現象，因此腦下腺功能得以恢復。為了證實此點，哈里斯也以雪貂為對象，重複該實驗。他甚至在某些動物的腦下腺柄切斷處，插入一小片蠟紙，以防止血管再生。結果一如預期：腦下腺門脈的再生與否，與雪貂生殖功能的恢復之間，具有十足相關。

然而，祖克曼卻不承認自己的實驗有所瑕疵，在一九五四年的一場學術會議中，與哈里斯進行激辯，甚至到了動氣的地步，讓與會者側目。祖克曼不單是學者，還是決定英國科學政策的重要人物，一生過得多采多姿；但對於這個問題，他始終堅持己見。一九七八年，祖克曼在一篇以〈懷疑的神經內分泌學家〉（A Skeptical Neuroendocrinologist）為題的文章中，仍重複他對腦下腺門脈存在及功能的懷疑[3]，他還說：「不曉得二〇〇〇年的科學家，對於控制腦下腺前葉功能的看法會是如何。」在此可以確定，時序進入二十一世紀，我們仍相信哈里斯的理論是正確的。

此外，哈里斯還進行了一系列腦下腺移植的實驗。他發現：將實驗動物的腦下腺從原來的位置取出，移植到體內其他血液循環充分的所在，可以維持腦下腺細胞的存活，但是由腦下腺前葉所控制的身體功能都喪失了；如果將腦下腺移回原本位於下視丘下方的位置，則可恢復大部分功能。這個實驗再度證實：腦下腺前葉受到下視丘分泌的物質所調控。一九五五年，哈里斯發表了《腦下腺的神經控制》（*Neural Control of the Pituitary Gland*）一書，把他將近十年的研究作一總結，這部專書也成為神經血管控制腦下腺理論的聖經。[4]

---

3 見Meites, Donovan, and McCann (1978), pp. 401-411.

4 二〇一五年英國內分泌學會為了紀念《腦下腺的神經控制》一書出版六十週年，特別於旗下《內分泌期刊》（*Journal of Endocrinology*, 226 [2], 2015）出版《神經內分泌學六十週年》（*60 Years of Neuroendocrinology*）專輯。除了十來篇回顧神經內分泌學發展史的論文外，還有三位碩果僅存與哈里斯共事過的學者撰寫回憶文章。其中一位賴克林（Seymour Reichlin）教授還在YouTube上傳了一段哈里斯過世前為ＢＢＣ錄製的影片，非常值得一觀，在YouTube上以Reichlin

追獵下視丘激素

確定了腦下腺前葉受到下視丘的分泌物控制之後，接下來順理成章的工作，就是分離及純化下視丘分泌的物質。自一九五五年起，歐美兩地有許多實驗室都同時積極進行這項工作，哈里斯自然是其中之一。但一來這些物質的含量不高，再來其成分多屬於小型蛋白質（胜肽），必須使用大量下視丘組織，經由多重生化分離步驟，加上靈敏的生物測定法分析，才可能成功；這些都不是生理學家的長項，而是有機與生化學家的。同時，這種研究所需的花費也不是一般使用少數幾隻活體動物進行實驗的生理實驗室負擔得起；因此，研究經費一向拮据的英國實驗室（如哈里斯的）比不上經費充足的美國實驗室，也是意料中事。

美國的研究人員裡面用力最多、競爭最烈，最後並取得成功的，是紀勒門（Roger Guillemin）與薛利（Andrew V. Schally）兩位。他倆的經歷有許多相似與交集之處：一來他們都不是土生土長的美國人，而分別是法國與波蘭移民；再來他們都先在加拿大的蒙特婁（Montreal）與麥吉爾（McGill）大學（都在蒙特婁市）取得博士學位後，才到美國工作。兩人年紀雖只差一歲，但紀勒門的起步較早，自一九五三年起就在德州休斯頓的貝勒醫學院（Baylor Medical College）任職，薛利則遲至一九五七年拿到博士學位後，才前往美國進行博士後研究。薛利選擇的實驗室正是紀勒門的，理由無他，因為他們的興趣與目標相同，都是分離下視丘激素。

早在一九五五年，紀勒門與薛利分別在休斯頓和蒙特婁兩地，發現將下視丘取出進行體外培養，其培養液中含有可以刺激腦下腺增強腎上腺皮質功能的因子；他們將這個未知因子命名為腎釋素（CRH），並著手進行分離純化。最早的實驗結果出來當天，紀勒門回家跟太太說：「今後你不用擔心我在學術界混不下去了。」這話雖然不假，但說得早了些。

從一九五七至一九六二年間，薛利與紀勒門共事了五年之久。由於分離純化腎釋素的工作比想像中困難太多，再加上許多旁觀者的冷嘲熱諷，說他們尋找的是尼斯湖的水怪及喜馬拉雅山的雪人[5]，導致他倆的關係開始惡化。於是薛利尋求自立門戶的機會，最後在路易西安那州紐奧良市的榮民醫院建立自己的實驗室。

幾年的合作經驗下來，雖然沒有真正的發現，但他倆都有相同體認：下視丘激素的含量微乎其微，分離的規模不能再像傳統激素那樣，從幾百到幾千個腺體就可得出結果。紀勒門和薛利分別使用了幾十萬到上百萬頭動物的腦組織，重量以噸計算；同時生化分析也用上工業界量產的規模，像超大型的組織研磨器及高達兩公尺的色層分析管柱。先起步的紀勒門用的是羊的腦組織，另起爐灶的薛利則用了豬的；他想就算趕不上紀勒門，也希望結果有所不同。

自一九六二年分家後，兩人又辛苦了七年，期間相互攻訐不斷，也花了美國納稅人大筆銀子。

及Harris為關鍵字搜尋即可。

5 見Nalbandov (1963), pp. 511-517.

就在一九六九年美國國家衛生院準備停止他們的經費支助前夕，他倆的實驗室幾乎同時分離出第一個下視丘激素：不是腎釋素，而是與控制甲狀腺有關的甲釋素（TRH），只有三個胺基酸大。

再兩年，薛利的實驗室取得勝利，分離出第二個下視丘激素，為控制性腺的性釋素（LHRH），由十個胺基酸組成。又過二年，紀勒門扳回一城，分離出抑制生長激素的體抑素（GHIH，又名somatostatin），有十四個胺基酸大。一九七七年，在同時起步的二十二年後，他倆終於並肩踏上紅地毯，從瑞典國王的手中接過諾貝爾獎。頒獎典禮的照片中，兩人雖並排站立，但面卻各朝一方。

至於腎釋素的分離，還要再等上四年，但不是由紀勒門、也非薛利的實驗室完成，而是由紀勒門先前的學生維爾（Wylie Vale）從紀勒門當年廢棄不用的標本中分離而得。腎釋素有四十一個胺基酸大，純化起來的確困難許多；從知道它的存在，到分離純化，前後整整花了四分之一世紀的時光。

神經內分泌學現況

下視丘激素的發現，只不過是給神經內分泌的生理研究揭開序幕而已，後續的研究發現，神經分泌並非少數下視丘神經元的專屬特例，而是神經化學傳導的通性。一九八〇年代，神經胜肽接二連三地發現，許多原本存在於腸胃道及周邊器官的胜肽，也都發現存在於神經系統，由神經細胞生成及分泌，其數量已高達百種之多。這些神經胜肽所扮演的角色從神經遞質到神經調質（neuromodulator）[6]不等，參與的生理功能則遍及所有生理系統。因此，神經與內分泌本屬一家的說法再次得到佐證，神經內分泌一詞似乎也變得有些多餘。

即便如此，神經與內分泌這兩大控制系統間的互動，仍是研究生理功能調控的學者不可避免的主題，從心血管、泌尿、消化，到生殖功能的調控，都離不開這兩個系統，缺一則不完整；近期對食慾與代謝控制的研究更是如此。回首神經內分泌學不滿百年的歷史，會讓我們對整合性生理學的發展有更深切的體認。

6 神經調質與神經遞質一樣都是由神經元合成、並於突觸釋放，作用於突觸後神經元；但神經調質的作用以調節改變神經遞質的作用為主，本身的作用則不明顯。

10 從避孕到輔助生殖——生殖生理簡史

人（以至於生命）從哪裡來？這是自古以來就困擾無數智者的問題，最常見的答案與解釋來自各地的神話與宗教，但內容大都一樣，說地球生命來自神祇的創造，是為「神創論」（creationism）。[1]在顯微鏡發明以前，肉眼不可見的孢子與配子細胞無從為人知曉，所以「腐草生螢、腐肉生蛆」、甚至「處女懷孕」等現象，成為「自然發生說」（spontaneous generation）的基礎，與神創論分庭抗禮。一直要到十八、十九世紀，才有科學家以實驗方法駁斥了自然發生說，證明現存生命只能來自生命，而不會無中生有；這些科學家中，以義大利的斯巴蘭贊尼（Lazzaro Spallanzani）與法國的巴斯德（Louis Pasteur）最為出名。至於最初的生命如何生成，二十世紀中也有人提出各種理論，並以實驗證明：在合適條件下，有機化合物可從基本的元素生成；只不過確切過程可能永遠也難以為人盡知。

生命如何出現的問題，並不是生理學家的研究課題，他們關心的是下一代如何產生的問題，這也就是生殖生理的內容。對既存生命而言，產生新生命是為了物種的延續，而不是為了個體存活；少了生殖功能的男女仍可終享天年，便為明證。因此，在所有生理系統與功能的研究當中，生殖生理長期位於邊陲地位，經常遭到忽視。譬如在諾貝爾生理或醫學獎的百餘年歷史以及兩百多位獲獎人當中，只有一次以及一位獲獎人與生殖生理具有直接相關（將於下述），可見一斑。

再來，在所有的生理系統當中，生殖生理是物種間變異程度最大的：從體外到體內受精、從卵生到胎生、從季節性生殖到全年性生殖、從顯性排卵到隱性排卵，再加上生殖週期與懷孕期的長短、有無月經等，都隨物種不同而有所不同；這些當然都是生物適應環境的演化產物，以尋求最大的生殖成就（fitness）。因此，生殖生理的研究雖然仍以動物為主，但應用到人身上時，不能原封不動照搬，得小心驗證才行。

最後，還有一個造成生殖生理研究落後的理由，就是生殖與性的關係密切；對人類這個物種來說，性屬於不足為外人道的床笫之私，可做不可說。生殖生理研究與研究人類性行為的性學研究雖然不同，但只要與性沾上邊，就容易引人側目，甚至遭來衛道人士的反對，尤其是人為干涉生殖功能的舉動（好比避孕藥及人工受精的研究），因此也妨礙了研究的進展。

生殖系統構造與功能

兩性外生殖器官以及外在性徵的描述，自古以來就有紀載，其功能也清楚明瞭，但內生殖器官的構造與功能，就沒有那麼讓人一目瞭然。像男性的睪丸、副睪（epididymis）與輸精管（vas deferens），女性的卵巢、子宮與輸卵管等功能，就都有過許多誤解：好比有人說副睪的功能是保護睪丸、子宮有兩個並且可自由在胸腹間遊走、月經對某些婦女有害（痛經）等。西元二世紀的羅馬醫生蓋倫並不認為子宮會移動，也正確指出輸卵管與子宮相連。但他認為乳房與子宮是相通的；分娩後，原本在子宮內孕育胎兒的養分就變成從乳頭流出的奶汁。如果懷孕時有乳汁分泌，就代表胎兒不夠強壯，未能完全吸收子宮的養分；這些當然是錯誤的想法。

至於男性精液的來源，說法更是五花八門，從骨髓、腦、脊髓到血液不等，但都被視為生命與活力之源。特別是傳統中醫把腎當成是藏精之處，腎陽為人體陽氣之本；所以男人性功能不佳，就成了腎虧。把泌尿系統的腎臟與生殖系統混為一談，自然通不過科學的檢驗。

從十八、十九世紀萌芽的胚胎學研究得知，在發育初始，無論男女胚胎都擁有同樣的未發育性腺與兩套管線。這兩條分別發育成男性與女性生殖道的管線，稱作沃爾夫氏管（Wolffian duct）

1 還有個理論是說地球生命來自外星球，是所謂的外源論（exogenesis）；還有一個類似的理論稱為泛種論（panspermia），是說生命可隨著流星與小行星散布在太空中各個星體。只不過這兩種理論對於生命的起源，仍未提供答案。

與繆勒氏管（Müllerian duct），都以發現人為名[2]，前者又稱作中腎管（mesonephric duct），後者是副中腎管（paramesonephric duct）。此外，原始未發育的男女外生殖器官形態上也沒有什麼不同。

男女內外生殖器官的發育，是由Y性染色體上的性別決定基因所啟動的：在胚胎發育第六周左右，帶有性別決定基因的原始性腺將發育成睪丸，然後再由睪丸分泌睪固酮（testosterone）與繆勒氏管抑制因子（Müllerian inhibiting substance）這兩種激素，造成男性外生殖器官的發育（陰莖變大）與繆勒氏管的退化，剩下的沃爾夫氏管則發育成輸精管，連接睪丸與尿道。

至於不帶有性別決定基因的女性胚胎，其原始性腺將發育成卵巢，繆勒氏管則發育成輸卵管與子宮，沃爾夫氏管會自然退化，而外生殖器則發育成女性形態（陰莖縮成陰蒂、尿殖裂不癒合、尿殖管形成與子宮相接的陰道等）。因此，在基因、腺體與激素的連鎖共同作用下，男女兩性的內外生殖器官在出生前就已發育完備。

如同前述的沃爾夫氏管與繆勒氏管，還有一些男女生殖管道與腺體的構造，至今仍帶有發現人的大名，譬如輸卵管又稱法氏管（Fallopian tube），根據發現人義大利帕度亞大學解剖學家法婁皮奧（Gabriele Falloppio）命名。法婁皮奧與另一位知名解剖學家可倫波先後任教於帕度亞大學，是哈維的太老師輩（參見第三章〈心血管生理簡史〉）。他倆都宣稱自己是最早發現女性陰蒂（clitoris）的人，雖說自古以來這個構造就為人所知，也掛過各種名稱，但多數人（包括蓋倫及維薩流斯這兩位更出名的學者在內）並不認為陰蒂有什麼重要性，直到現代仍有陰蒂切除術存在。

可倫波正確指出那是類似男性陰莖的生殖器官，而不像蓋倫與維薩流斯認為陰道是反轉的陰莖。此外，可倫波還是胎盤（placenta）這個懷孕期間子宮內構造的命名者。

說起哈維，大家都知道他是心血管循環理論的創建者，現代生理學之父，卻沒有多少人曉得他對生殖系統也一直抱有濃厚興趣，並於晚年（一六五一）出版了一本《論動物生成》（*On the Generation of Animals*）的書，詳談動物的生殖與發生。其中除了對生殖系統構造與雞胚發育的描述外，還有許多創見，並駁斥前人的不實宣稱。譬如他強調女性卵子的重要性，認為子代的一切都來自於卵（*Ex Ovo Omnia*），而駁斥亞里斯多德等人以精子為大、貶低女性貢獻的說法；他也反對生物的自然發生說與先成說（preformation），主張生命來自生命，以及後成說（epigenesis）。但受到方法學的限制（像顯微鏡的發明與應用是他過世以後的事），哈維在生殖生理與發生學的實質貢獻不如心血管生理來得大，只能算是新觀念的倡導者。

所謂先成說，指的是男性的精液或女性的卵巢裡帶有稱為「小人」（homunculus）的種子，然後在女性生殖器官的滋養下長大；前者又稱「精原說」（spermism），後者則是「卵原說」（ovism）。由於精原說與《舊約聖經》的說法相符，因此得到教會的認可，甚至還有人提出「人類整個種族起初都存在亞當的生殖器裡，等到存貨出清，人種也將滅絕」的說法。就算顯微鏡發明後，讓

2 沃爾夫（Caspar Wolff）是十八世紀德意志解剖生理學家，後來任教俄國聖彼得堡科學院，是現代胚胎學奠基者之一。繆勒於第二章〈十九世紀的生理學〉介紹過，是德意志現代生理學的祖師爺之一。

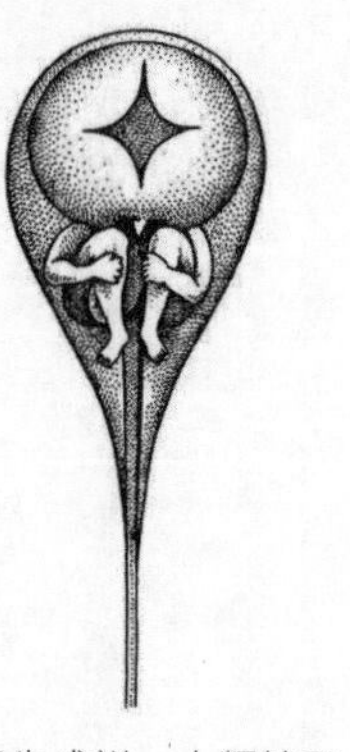

根據先成說，人類精子裡帶有一個小人。

十七、十八世紀的研究者看到精液當中的精子以及卵巢裡的卵子，但不夠精確、帶有像差的早期顯微鏡，卻造成許多人宣稱在精子或卵子當中看到完整的小人，反而強化了先成說。

描述精卵結合以及早期發育的「胚胎學」，是由十九世紀的俄國學者馮貝爾（Karl von Baer）所建立；他在顯微鏡下進行了長時間的系列觀察，發現身體所有組織，都是由胚胎的三層組織發育而成。由於馮貝爾以及後來研究人員的努力，先成說終於遭到拋棄，而以後成說取代；也就是說，生物體內所有的構造，都來自一顆受精卵經由不斷分裂生成的細胞，分化而成。

與男性的睪丸相比，女性的卵巢深藏腹腔，其構造與功能並不容易釐清。同時，哺乳動物的卵子與卵生動物（從魚類到鳥類）的卵不同，不會排出體外，更不會形成有殼的蛋；再加上卵子的體積微小，肉眼無法看見，因此連存在與否都曾遭到懷疑。一直要到十七世紀後半葉，才有荷蘭解剖學家格拉夫（Regnier de Graaf）出版了《論女性生殖器官》（*On Women's Reproductive Organs*）一書，首度對女性卵巢的形態與功能提出詳細且正確的描述。

格拉夫就讀荷蘭萊頓大學時受教於知名解剖學家希維爾斯（參見〈神經生理簡史〉），研究胰臟的分泌，之後並赴法國取得醫學博士學位。因為宗教信仰不同，格拉夫未能回母校任教，於是自行開業維生，並獨立從事研究。之前，格拉夫還寫了一本《論男性生殖器官》（*On Men's*

Reproductive Organs）的書。不幸的是，《論女性生殖器官》出版後，遭到同行不實指控，說他剽竊前人的結果。格拉夫受此打擊，抑鬱以終，享年才三十二歲。

雖然之前已有多人描述過女性卵巢，但對其功能並無真正認識，直到格拉夫才確認了卵巢是卵子生成的所在，與男性生成精子的睪丸屬於對等器官。卵子排出後先在輸卵管受精，再進入子宮著床。格拉夫描繪了卵巢中處於各個發育期的濾泡，只不過當時他還沒有顯微鏡可用，只是在放大鏡的幫忙下以肉眼觀察，而誤以為整個濾泡構造都是卵子，不知道卵子外圍還有多層輔助細胞。因此當他觀察到輸卵管中已經分裂成囊胚的受精卵時，還為其體積變小而感到困惑。事實上，哺乳動物的卵以及精卵受精過程，遲至一八二六年才由馮貝爾觀察發現；至於人類的卵子，還要再晚一個世紀才由美國的生殖生理學家艾倫（Edgar Allen）發現。此外，格拉夫也是最早觀察到卵巢中黃體組織（corpus luteum）的人，指出排卵後的濾泡會變成類似腺體的組織；只不過黃體的真正功能研究，則是進入二十世紀以後的事。[3]

3 黃體原本被認為是填補排卵後卵巢空隙的組織，但十九世紀末德國解剖學家索伯塔（Johannes Sobotta）在顯微鏡下研究了超過一千五百個黃體組織後，認為它必定有其他功能。索伯塔的精美解剖圖譜給另一位德國學者伯恩（Gustav Jacob Born）帶來啟示，認為黃體組織與腺體組織極為相似，可能具有幫助受精卵著床的內分泌功能。伯恩不幸早逝，他的假說則由他的後輩同事弗蘭寇（Ludwig Fraenkel）於一九〇一年以懷孕的兔子進行實驗，證實了黃體確實有幫助著床及維持懷孕的功能。至於黃體的分泌物：助孕酮（progesterone）的純化分離，還要遲至一九三〇年代才由四個實驗室分別提出報告。

由於格拉夫英年早逝，未能對自己的發現多做推廣與辯解；近一世紀後，瑞士裔德意志解剖生理學家霍勒（參見〈神經生理簡史〉）將卵巢當中的成熟卵子加上外圍的細胞、以及形成中空帶液體的構造，稱為格拉夫氏濾泡（Graafian follicle），以紀念他的貢獻，格拉夫的大名也才流傳至今。

至於男性生殖腺睪丸當中，也有兩種細胞以發現人為名：其中之一稱作萊氏細胞（Leydig cell），又稱間質細胞（interstitial cell），是睪固酮的主要生成所在。萊氏細胞最早由德意志解剖學家萊第希（Franz Leydig）於一八五〇年提出報告，是位於細精管外圍富含脂質的細胞；起先萊氏細胞被認為是結締組織細胞，一直要到一九二〇年代中，才確定它有分泌雄性激素的功能。

另外一種細胞位於細精管內，稱作塞氏細胞（Sertoli cell），由義大利生理學家塞托里（Enrico Sertoli）於一八六五年提出報告。如今已知，塞氏細胞的功能繁複，除了形成血睪屏障（blood-testis barrier）及具有滋養、保護精子的作用外，還分泌了繆勒氏管抑制因子、雄性素結合蛋白（androgen-binding protein）、抑制素（inhibin，可回饋控制腦下腺）等多種因子與激素，調控生殖器官發育與精子生成。

馬歇爾與生殖生理學

自農業社會興起，人類開始豢養家禽家畜，做為食物來源後，瞭解動物的生殖型態，包括何時發情、何時交配、懷孕期、泌乳期與青春期長短等資訊，就有了實際應用的價值。因此，早期許多生殖生理研究，都是在農學院的畜牧及獸醫學系進行的，對象則從牛、馬、羊，到狗、貓、兔等大小動物。二十世紀初以寫作《生殖生理》（*Physiology of Reproduction*）一書知名於世的英國生殖生理學家馬歇爾（Francis Marshall），就是劍橋大學農學院的教授。

馬歇爾在劍橋大學基督學院就讀期間，連生理學都沒有修過，讓他日後引以為憾。一九〇〇年大學畢業後不久由於機緣湊巧，他受聘前往蘇格蘭愛丁堡大學進行一項後來證明為偽科學的「先父遺傳」（telegony）的研究。[4]但塞翁失馬，焉知非福，由於這項實驗的等待時間漫長（等動物發情、交配、懷孕、分娩等），因此馬歇爾有空進行一些更有意義的生殖生理實驗。馬歇爾並沒有受過正式的研究訓練，也沒有師承，可說是最後一代自修成家的實驗生物學者。他先後研究了羊、貂，以及狗的動情週期，除了對週期長短以及週期中各種變化的定性描述外，他更最早提出卵巢除了提供卵子外，還是重要的內分泌器官，控制了整個生殖週期的變化；其中包括濾泡細

4 所謂先父遺傳，是說子代會遺傳先前與母親有過性行為的男性（非親生父親）特徵。這種說法在十九世紀曾流行一時，但純屬臆測，毫無學理根據，早已遭到廢棄。

胞以及排卵後形成的黃體細胞在內。

馬歇爾在愛丁堡待了將近八年，期間除了開展他一生的研究方向外，最重要的成就是著手撰寫《生殖生理》一書。如前所述，生殖生理長期處於生理學研究邊陲，教科書大都把生殖擺在最後一章，篇幅也最少，聊備一格，有的甚至完全省略。在馬歇爾前往愛丁堡的前一年，倫敦大學學院生理學教授薛佛正好也轉往愛丁堡大學任教（參見第八章〈內分泌學生理〉）；馬歇爾雖然未直接受教於薛佛，但他寫書的動機卻受到薛佛的啟發，出書時也請薛佛寫序。該書可以說是頭一回有人將季節性生殖、生殖器官週期變化、精子卵子生成、受精、胚胎發育、泌乳，以及與協調生殖相關的化學改變等所有知識融為一爐。該書於一九一〇年出版後即轟動一時，不但讓馬歇爾在學術界一舉成名，也使得生殖生理得以在生理學這門領域受到應有的重視。該書曾多次再版，影響深遠。

馬歇爾的另一項創見，就是探討環境對生殖的影響。一九三六年，他以〈生殖週期及其決定因素〉（Sexual periodicity and the causes which determine it）為題，在地位崇高的英國皇家學會克魯恩講座發表演講。他說：「紐西蘭從世界上許多地方進口鹿……但不管這些鹿來自何處，如今每年到了三月第三個星期，牠們都會發出發情的呼叫。」南半球的三月相當於北半球的九月，時序進入秋天，雌鹿在日照時間變短的秋分過後開始發情，主要是讓小鹿於秋天受孕、春天出生，不至於生不逢時，一出生就被凍死；母鹿也有充分的草食，好提供奶水給小鹿，使其茁壯，能度過第一個冬天。

生物的生殖型態與其生存環境息息相關，自然是演化適應的結果。所謂「萬物有時」，未能在適宜時間產生子代的生物將難以存活，而遭到淘汰。由於感知外在環境變化是神經系統的功能，而控制生殖功能的主要是內分泌系統，因此神經系統與內分泌系統之間必定有所聯繫與互動。一九三五年，馬歇爾把這個問題交給他的學生哈里斯，之後二十年間，哈里斯釐清了「下視丘—腦下腺—性腺」之間的關聯，也建立了「神經內分泌學」這個領域（參見〈神經內分泌學簡史〉）。

雌性生殖週期的判定——陰道抹片

話說隨物種不同，雌性動物的生殖週期長短可有相當大的變化，因此找出能判定各個物種生殖週期的方法，對研究或育種來說都十分重要且有用。早期的做法是根據動物發情的間隔時間（前提是沒有交配受孕）計算週期長短，並分成動情前期、動情期、動情後期與動情間期等；至於有月經來潮的靈長類則以兩次月經為期，計算月經週期。只不過根據身體表徵（陰道出血）與行為（發情及接納雄性）做為分期的標準，既麻煩又不準確，各家得出的數字常有出入；此外，除非將動物犧牲，也難以確定行體內排卵的動物何時排卵，對隱性排卵的人類就更不用說了。

早在十九世紀中葉，就有英美醫生提出陰道分泌與基礎體溫會隨女性周期而有所變化的觀察，但他們沒有與排卵產生連結。一直要到二十世紀初，才有荷蘭婦科醫生維爾德（Theodoor van de Velde）提出體溫上升的時間與排卵後形成的黃體有關，其時間與月經週期長度相比，相對穩定，在十二到十六天之間。因此，排卵是在兩次月經來潮的中段期間發生；排卵前是濾泡發育期，排卵後則是黃體期。由於排卵受到許多因素的影響，時間較不穩定，所以月經週期有長有短；但只要排了卵，卻沒有受孕的話，月經將會準時於之後十四天左右發生。

最早利用陰道表皮細胞的變化做為生殖週期分期標準的，是希臘裔美籍醫生帕潘尼可勞（George Papanicolaou）於一九一七年在天竺鼠身上所做的；後來他將這種做法用於婦科檢查，發明了如今廣泛用於早期子宮頸癌篩檢的帕氏抹片法（Pap smear test），這個方法以他姓氏的前三個字母為名，沿用至今。

帕潘尼可勞畢業於雅典大學醫學院，之後在德國慕尼黑大學取得動物學博士學位。一九一三年，他與妻子移民美國，一開始找不到工作，還到百貨公司擔任銷售員賣過地毯。不久，他在康乃爾大學找到研究助理的工作，之後一路升到教授，直到退休。由於他最早的實驗需要確知天竺鼠的排卵時間，於是進行了陰道分泌物與陰道表皮細胞的檢查；他發現每隔十五到十六天，會出現一回為期約二十四小時的動情週期。他根據分泌物的量與質地，以及採樣表皮細胞的形態，將動情週期分成四期，長度從二到十二小時不等。接著他在不同期間犧牲動物，將卵巢取出固定切片，發現排卵通常在動情前期末與動情期初之間發生，其餘各期也都有對應的卵巢形態變化；帕潘尼可勞將這項結果發表於一九一七年的《科學》（*Science*）與《美國解剖學期刊》（*American Journal of Anatomy*）。

這項發現的重要性，可從先前馬歇爾在《生殖生理》書中寫過的一段話看出：「想要判定齧齒類動物動情前期的時間是困難的，因為其外在表徵相當細微……根據本書作者的經驗，一般是不可能確知大鼠與天竺鼠的動情前期於何時發生。」在帕潘尼可勞的努力之下，之前的不可能變成了可能。之後不久，利用陰道抹片檢查來判定雌性生殖週期的辦法，也開始應用在大鼠、小鼠和猴子身上，給生殖生理的研究展開了新頁。

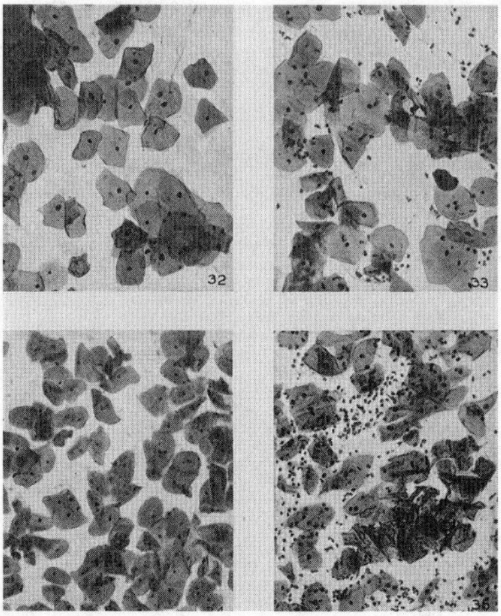

帕潘尼可勞的陰道抹片與女性月經週期的關聯：抹片32至35分別取自週期第12日（排卵前）、14日（排卵日）、15日（排卵後）與23日（月經前）。（Wellcome Library, London [CC BY 4.0]）

接著帕潘尼可勞進行了女性陰道抹片的研究（他的妻子是他最早且最固定的取樣來源），也得出類似的發現：可由此偵測女性週期以及懷孕時的變化。由於他沒有受過病理訓練，所以剛開始從陰道抹片中發現不正常的癌變細胞，得仰賴病理學家幫忙。一九二八年，他在某次學術會議中首度報告這個方法在檢測子宮頸癌的應用，但沒有得到什麼回響，一直要等到一九四一年他才發表了第一篇文章〈陰道抹片用於子宮癌診斷的價值〉(The diagnostic value of vaginal smears in carcinoma of the uterus)，正式向世人宣告這種癌症檢測的新方法。至於這種方法的大型臨床測試，還要再等上十年才得以進行，但結果卻是驚人無比：除了發現侵襲性子宮頸癌外，還發現許多早期區域性的癌變，可用較簡單的手術切除治療。由於後一情況患者的平均年齡要比前者小了二十歲，因此，帕氏陰道抹片成為醫學史上最成功且簡單的癌症早期偵測方法，拯救了無數的婦女。

利用陰道抹片偵測雌性的生殖週期變化，以應用在大鼠的研究最多，因為生殖內分泌的研究以大鼠為實驗動物的占了大宗。最早應用帕潘尼可勞的方法確定大鼠生殖週期的，是加州大學動物系的隆恩（Joseph A. Long）與解剖系的艾文斯（Herbert M. Evans）兩位學者；他倆於一九二二年出版了《大鼠的動情週期及其相關現象》(*The Oestrous Cycle of Rats and Its Associated Phenomena*)一書，可說是研究大鼠生殖生理的聖經，奠定了大鼠這種實驗動物在生殖生理研究無可取代的地位。[5]

此外，他們於一九一五年以白化的威斯塔品系雌鼠（albino Wistar strain，源自費城的威斯塔研究所）與加州野生灰鼠交配生成、並以他倆為名的隆恩－艾文斯大鼠品系（Long-Evans strain，白身黑頭），至今仍廣為使用。再來，艾文斯還發明了艾文斯藍（Evans blue）這種可用於活體的染劑、發現了維生素E的存在，以及進行了腦下腺前葉激素的研究，是二十世紀前半葉美國重要的研究者之一，值得在此多介紹一些他的生平事蹟。

艾文斯其人其事

艾文斯出生於加州醫生世家，外公、父親與舅舅都是名醫，但他興趣廣泛，在大學時就醉心研究，不想克紹箕裘，就只當一名開業醫生。一九〇四年他從柏克萊加州大學畢業後，進入加大醫學院念了一年，就轉學至約翰霍普金斯醫學院。之前於第二章介紹過，一八九三年成立的霍普金斯醫學院與之前學店式的醫學院都不同，強調研究與教學並重，並網羅了許多名師，一下就成為全美最優秀的醫學院。艾文斯除了嚮往霍普金斯醫學院的先進教育以及動手做研究的機會外，也想脫離父親的控制，於是與大學女友一同私奔到美國東部的巴爾的摩，在那裡結了婚並於一年後生下長女。

艾文斯在巴爾的摩待了十年（三年醫學院、七年研究），一直都在解剖學系主任教授莫爾（Franklin P. Mall）[6]的實驗室從事血管系統構造的實驗。他給人及動物屍體的血管注射染劑，然後

5 一九七五年，筆者初進實驗室學習時，頭一樣學會的技術就是給雌鼠做陰道抹片，然後在顯微鏡下觀察，以確定其位於生殖週期的哪一期；那時離隆恩與艾文斯發表這項方法，已超過半個世紀之久。

6 莫爾畢業於密西根大學醫學系，並曾受教於著名的德意志解剖學家希斯（第三章）及生理學家路德維希（第二章），是

觀察血管的分布情形；這項工作還延及人類與動物胚胎，從而得出血管發育的過程。他的技術愈形精湛，能注射的血管也愈來愈細。他在醫學生時代的著作之一，就是協助著名的外科主任教授霍斯泰德（William S. Halsted）釐清了甲狀腺與副甲狀腺的血管供應，好讓外科醫生在動甲狀腺切除手術時，能將維生所需的副甲狀腺保留下來。

艾文斯（Wellcome Library, London [CC BY 4..0]）

一九一五年，艾文斯應柏克萊加大校長邀請，返回母校擔任解剖學系的教授兼主任；一九三〇年，加大為艾文斯單獨成立了實驗生物研究所（Institute of Experimental Biology），由艾文斯擔任所長，他也在該職位一直做到一九五三年退休為止。艾文斯把原先以教學為主而且死氣沉沉的解剖學系，轉變成活力十足的研究單位。他除了帶進新人，也鼓勵原有人員從事研究，其中以史密斯（Philip E. Smith）與李卓皓（Choh Hao Li）兩位的成就最高也最出名。[7]

史密斯於康乃爾大學修習博士學位期間研究的是兩棲類神經系統的發育，特別著重在腦下腺與松果腺。一九一二年畢業後他就來到加大解剖系任職，繼續兩棲類的研究，其中一個原因是實驗材料（青蛙與蝌蚪）可從野外取得，不用花錢。他先是在青蛙胚胎以顯微手術摘除腦下腺的始原細胞（anlage），發現長成的蝌蚪不會變態成青蛙；除了生長發育受到干擾外，缺少腦下腺的兩棲類還有皮膚色澤及內分泌方面的毛病，顯示腦下腺具有多重控制功能。艾文斯看出這項研究的潛力，於是鼓勵史密斯將其應用在大鼠身上。

在活體動物身上以手術切除內分泌器官，然後觀察身體形態與功能的改變，是內分泌學研究的基本進路；這點對甲狀腺、腎上腺及性腺等器官來說都不是問題，但對深藏於大腦底部、並由腦殼包圍保護的腦下腺來說，卻難度極高，過程中很難不傷及周圍的腦組織，造成其他功能的缺失，甚至昏迷死亡，前一章提過哈里斯與波帕的實驗可為明證。經過多方嘗試，最後史密斯從大鼠口腔後方的副咽部位（parapharyngeal）往上將腦殼底部鑽開一個洞，露出腦下腺，然後用吸管將其吸出，成功完成了腦下腺切除手術（hypophysectomy）。這在內分泌學史上是劃時代的貢獻，由此得出腦下腺前葉控制了甲狀腺、腎上腺皮質以及生殖腺的確鑿證據，也給艾文斯實驗室以及整個內分泌學的研究帶來了新頁。

一開始艾文斯與同事以注射動物腦下腺前葉粗萃取物的方式，來研究腦下腺分泌物的功能，由此也得出許多重要的發現，顯示腦下腺具有控制生長、性腺、甲狀腺、腎上腺皮質以及乳腺等

十九世紀末、二十世紀初美國最重要的解剖學者及醫學教育家，也是《美國解剖學期刊》的創辦人；他的實驗室出了不下五位美國科學院院士（包括艾文斯在內），可說是美國解剖學界的教父級人物，對艾文斯的研究生涯有莫大的影響。

7 艾文斯比史密斯只大一歲，個性截然不同，一外放、一內斂，彼此相處並不愉快，後來因實驗結果發表權問題，導致史密斯於一九二六年離開加大。他先是到史丹佛大學，一年後應紐約哥倫比亞大學解剖學系邀請，前往擔任教授（他婉拒了兼任系主任的邀請）。他在哥大一直做到一九五四年七十歲才退休；之後休息了兩年，又回到史丹佛大學再做了七年研究才因視力減退而真正退休。

功能。但艾文斯不久就發現這種定性實驗的局限，尤其是他與其他實驗室就性腺控制素（gonadotropin）是一種還是兩種，以及在兩性當中的異同起了爭執並落敗之後，感覺更是強烈。他曉得土法煉鋼的時代已然過去，他必須要有化學家的幫忙，才能在腦下腺前葉激素的研究上與人一爭長短。艾文斯選中的化學家不是別人，正是一九三八年剛從加大化學系取得博士學位的李卓皓。

主腺的主人——李卓皓

說起李卓皓，可算是二十世紀中最出名的美籍華裔學者之一，除了幾位華裔物理學家外，他也是最常被提名為諾貝爾獎候選人的華裔科學家[8]；只不過在他過世二十多年後，他的大名已少有人提，更不為新一代的國人所知，故此有必要在此略為介紹。

李是廣東番禺人，一九三三年畢業於金陵大學化學系，之後留校擔任助教兩年，師從留美歸國的李方訓教授做研究，完成了一篇論文，發表在《美國化學會期刊》（*Journal of the American Chemical Society*）。一九三五年，李取得美國密西根大學入學許可，前往深造；在舊金山下船後，他在柏克萊加州大學讀企管博士的兄長李卓敏（香港中文大學首任校長）帶他去見加大的化學系主任。結果憑著他發表的論文，系主任破例收了他（之前他的申請被拒，因為加大化學系沒聽過金陵大學的名字，也從沒收過中國學生）。於是李在加大待了下來，一直到一九八三年退休方止。

李卓皓（Courtesy of Archives and Special Collections, Library and Center for Knowledge Management, University of California, San Francisco）

在勤工儉學下（他兼了兩個中文學校的工作，教華僑子弟中文），李三年內就取得了博士學位。當年學術界及產業界的工作少得可憐，更別提當時還是美國經濟大蕭條的三〇年代，因此李能在艾文斯的實驗生物研究所找到一份工作，可說是很不容易的事（當然也是艾文斯有此需求），因此他也分外珍惜。李先前的研究屬於物理有機化學領域，與生物化學離得很遠，與內分泌學就更遠了，他等於是要從頭開始自學起；但對沒有退路的過河卒子而言，只能奮力向前。

此外，李還有身分的問題。當年美國仍有排華法案（遲至一九四三年才撤銷），華人要申請居留極為困難，像李這種學界人士得有教授資格才可能申請，而他只是個剛畢業的博士而已。李巧妙地利用自己在研究領域轉行的理由，說自己雖然已經畢業、不再註冊修課，但他從化學轉行生物，實質上仍是學生，因此說服移民局延長他的學生簽證。一直要到一九四四年，李在研究上已小有成就時，才藉著受邀出國開會的名義（美國科學促進協會於加拿大舉辦的一次激素研討

8 根據已解密的諾貝爾獎委員會資料（一九〇一至一九六三），從一九四九至一九六三的十四年間，李一共被提名了十一次（九次化學獎，兩次生理醫學獎）。至於從一九六三年到他過世的二十四年間，提名次數只會更多。

會）提出永久居留權的申請，成功地從學生身分變成美國永久居民。

由於李是實驗生物研究所唯一的化學家，艾文斯把李安排在研究所的地下室，讓他獨自一人進行激素的分離純化工作。地下室除了採光通風不良外，還有許多裸露的管線，其中的蒸氣管線經常漏氣，造成室溫過高，李半夜還要進實驗室開窗透風，以免高溫影響實驗結果。就算工作條件惡劣，李仍克服重重困難，得出豐盛的結果：在短短十年間，他與所內的生物學家密切合作，一共發表了一百多篇文章，純化出四種腦下腺激素。[9]他也從化學技師、講師、助理教授、副教授一路升上教授（一九五〇年，李年方三十七歲），加大並為李成立了獨立的「激素研究實驗室」（Hormone Research Laboratory），先是位於柏克萊校區，一九六七年又移至舊金山校區。一九八三年李退休前，該實驗室一共吸引了二百多位來自世界各地的研究人員前來進修，是全球最出名的內分泌實驗室之一。

李卓皓的成功固然是靠他的天分與努力，但天時與人和也占了極為重要的因素。由於激素是進入二十世紀以後才被發現的體內天然物質（參見〈內分泌生理簡史〉一章），其作用之強大與多樣，在在吸引世人以及製藥界的目光，像可治療糖尿病的胰島素，就是最好的例子。至於可控制生長、代謝、壓力反應以及生殖等功能的多種腦下腺激素，更是讓時人抱有無窮想望，像是種族改良、增加抵抗力、癌症治療等，也不時占據新聞媒體版面。當時腦下腺有「主腺」（master gland）之稱，因此有媒體稱呼分離純化腦下腺激素的李卓皓為「主腺的主人」（master of the master gland）。為了留住李這位學術新星不被他校挖角，所以加大給予李特殊待遇；事後證明，這是正確的決定。

李從腦下腺激素的純化開始，一路到結構的確定及人工的合成，貢獻既多且廣。一九四三年，他報告了腎上腺皮質控制激素（adrenocorticotropic hormone）的純化；接下來的十幾年當中，他發現了一系列與腎上腺皮質控制激素關係密切的蛋白質激素。其中的色素細胞刺激素（melanocyte-stimulating hormone）是腎上腺皮質控制激素本身的一部分（所以腎上腺皮質控制激素也具有刺激色素細胞的作用），還有另一個大分子也包含色素細胞刺激素的構造在內，同時具有分解脂肪組織的作用，因此李將它命名為脂肪控制激素（lipotropic hormone）。[10]

當時李從不同動物（包括人）取得的腦下腺進行激素的純化鑑定，以比較其中異同；他使用的動物材料之一，是由一位伊拉克籍博士後研究員趁暑期返鄉之便，帶回的駱駝腦下腺。結果駱駝的腦下腺並沒有發現完整的脂肪控制激素，而是脂肪控制激素當中一個片段。由於該片段沒有

9 李對腦下腺前葉的六種主要激素與中葉的色素細胞刺激素都研究過，其他還有許多次要的激素。終其一生，李發表了一千一百篇文章，有超過三百位的合作者。

10 李卓皓對蛋白質激素有兩個洞見，其中之一，是他認為蛋白質激素不需要整段存在，只要部分片段就可能有作用；這一點他以人工合成不同長度的腎上腺皮質控制激素予以證明。另一個則是某個蛋白質激素可能還帶有另一個激素的胺基酸序列，因此可表現不只一種功能；這一點從腎上腺皮質控制激素／脂肪控制激素與色素細胞刺激素之間的關聯也得到證實。

表現腎上腺皮質控制激素家族激素的任何功能，因此李也沒有太在意。

一九七五年，英國亞伯丁大學的兩位研究人員在豬的腦組織中，發現了第一個內生性的類鴉片物質，由五個胺基酸所組成。這項結果發表後，李很快就發現那五個胺基酸的組成與排列，與脂肪控制激素當中未知功能片段的頭五個胺基酸完全相同。經由藥理方法的檢驗，發現這段由三十一個胺基酸組成的蛋白分子，確實具有極為強效的嗎啡性質。於是這段由李卓皓實驗室所分離的內生性類鴉片物質，就定名為β腦內啡（beta-endorphin），由內生性（endogenous）及嗎啡（morphine）兩個英文字合併組成。

至於腦下腺含有大量β腦內啡的駱駝，是否代表牠們較不怕痛呢？李在某次開會時曾有此一說。但後來的實驗發現，那很可能是當初在收集駱駝腦下腺時，保存條件不當，造成脂肪控制激素分解所致；小心收集保存的駱駝腦下腺，就得不出那樣的結果。這種實驗條件所造成的人為誤差，在氣候炎熱地區及冷氣冰箱不那麼流行的年代，經常容易出現。

除了腎上腺皮質控制激素及β腦內啡的工作外，李的實驗室對於其他五種腦下腺前葉激素的分離純化，也都有過貢獻；因此，稱呼李為「腦下腺前葉激素之父」，實不為過。其中尤以一九六九年定出人類生長激素（growth hormone）結構，並於一九七一年以人工合成完整激素的工作，最為世人所知。在基因工程尚未誕生的年代，那可是非同小可的成就，尤其是人類生長激素是由多達一百八十八個胺基酸組成的大分子。我在當學生時曾聽過傳言，說李在最早期的發表當中，把生長激素的胺基酸序列弄錯了一些，導致與諾貝爾獎失之交臂；如今想來，那應該是過於一廂情願的講法。

多年來，諾貝爾生理醫學獎及化學獎頒給不少內分泌學的研究者，李卓皓研究工作的困難度並不在這些人之下，只是原創性稍嫌不足，以至於未獲青睞。話說回來，一九七七年得獎的紀勒門與薛利（參見〈神經內分泌生理簡史〉一章），同樣也以難度而非創新取勝，因此該年的獎項如果一併頒給李卓皓，應該是再理想不過；只不過該年的第三位得獎者，給了發明激素測定法的雅婁（參見〈內分泌生理簡史〉一章）。再來，一九八四年的化學獎，頒給了發明固態蛋白質合成法的梅里菲爾德（R. Bruce Merrifield）。李的實驗室是最早使用這種合成法的實驗室之一，合成了人類生長激素，只不過該年的獎項卻由梅里菲爾德獨得，李成了遺珠。再過三年，李因病過世，他也就永遠失去了機會。[11]

11 筆者個人與李先生有些間接的淵源：一九七二年，李回國為中研院設在臺大校區的生化科學研究所舉行開幕式，並在臺大體育館作專題演講；我捧著剛修過的動物學教科書到場聆聽，那也是我在臺下目睹大師風采的唯一一次機會。二十五年後（一九九七），我申請了以他為名、提供本國內分泌學者進修的紀念獎助金，利用教授休假年出國進修；當時，離他去世已有十年。我前往進修的密西根大學神經內分泌實驗室，也曾與李共同發表過有關腦內啡的論文。在此略述因緣，以緬懷前賢。

性腺控制激素

就生殖生理的調控而言，腦下腺分泌的性腺控制激素以及更晚才發現的下視丘性釋素（參見〈神經內分泌生理簡史〉一章）重要無比，但其發現也相當晚，都是進入二十世紀以後的事。經由注射腦下腺萃取物的實驗，艾文斯發現雌鼠卵巢中成熟濾泡都不見了，卻出現大量的黃體，並導致週期停頓；因此，腦下腺應該有黃體生成素（luteotropic hormone）存在，造成濾泡排卵，並從濾泡細胞生成黃體組織。這是繼生長激素後，艾文斯發現的第二個腦下腺激素。

接著有其他實驗室發現，腦下腺萃取物還會刺激卵巢濾泡的發育，所以應該也有濾泡刺激素（follicle-stimulating hormone）存在；但艾文斯認為那是生長激素的作用，堅持只有一種性腺刺激素存在。更複雜的是，從懷孕及停經婦女的尿液中，都發現有性腺刺激素存在，因此利用尿液驗孕，是行之有年的做法。最早發展這種方法的，是兩位德國婦產科醫生艾許罕姆（Selmar Aschheim）與榮戴克（Bernhard Zondek）；他們將懷孕婦女的尿液重複注入未成年雌性小鼠身上，然後觀察其卵巢與子宮的變化，當作驗孕的標準。這種最早使用尿液的驗孕法，就以他們姓氏的第一個字母稱為A-Z測定法。後來試驗動物從小鼠改為兔子，又再改成青蛙，驗孕標準也改成觀察動物的排卵。這種生物測定法雖然有用，但費時費力，敏感度也不足。直到一九六〇年代起，才開始有人利用抗原抗體造成紅血球凝集的作用，來偵測尿液中的性腺刺激素，但這種做法需要有經驗的技術員在實驗室操作，敏感度也還不夠好。之後，這種驗孕法迭經改進，到了一九七七年，才有讓人在藥房自行購置使用的驗孕棒問世。

榮戴克也是最早提出性腺控制激素有兩種的人。他於一九三〇年提出報告，將這兩種激素命名為Prolan A與Prolan B，並認為懷孕婦女尿液中的性腺刺激素也是其中一種。一直要到一九四〇年代，才有人發現該激素是由胎盤的絨毛膜所分泌[12]，因此命名為人類絨毛膜性腺刺激素（human chorionic gonadotropin）。至於人類絨毛膜性腺刺激素的結構確認，則是遲至一九七〇年代的事。

另一位提出性腺控制激素有兩種、並依其功能命名為濾泡刺激素與黃體生成素的人，是美國威斯康辛大學動物系的海索（Frederick L. Hisaw）。海索是生殖內分泌學界另一位教父級的人物，除了研究成果卓著外，在先後任教的威斯康辛與哈佛大學還培養出許多傑出的生殖內分泌學者，包括雷歐納德（Samuel Leonard）、葛利普（Roy O. Greep）及赫茲（Roy Hertz）等人。海索對生殖生理的另一項貢獻，是在一九三〇年發現了由卵巢黃體分泌的鬆弛素（relaxin）。[13]之後四十多年，

12正確地說，是由胚胎的融合細胞滋養層（syncytiotrophoblast）所分泌；胚胎著床後，該群細胞則變成胎盤絨毛膜（chorion）的一部分。

13鬆弛素起初被認定的功能，是幫助哺乳動物的分娩，也就是造成恥骨聯合的鬆弛，以擴大骨盆開口，方便胎兒排出子宮；但最新研究發現，鬆弛素對於女性懷孕期間的心血管系統變化，扮演重要角色，包括心輸出量增加、血管舒張、血流量增加、腎絲球過濾率增加等。

鬆弛素的存在與功能一直受到懷疑，直到一九七七年才解開其完整構造，是一種類似胰島素的蛋白質激素。

避孕與助孕

雖然生殖功能對個體的存活幾乎沒有影響，但生殖卻是給人帶來快樂與痛苦的重要根源。且不說性的愉悅，懷孕生子更是人生大事：有人不想生卻懷了孕，有人想生卻懷不上。且不說人口過多給地球環境資源帶來的壓力，生養過多對母親身體、家庭經濟都是負擔，更不要說年輕人非預期懷孕對當事人學業事業的影響。再來，有人結婚多年膝下猶虛，遍求名醫、用盡偏方都不見效，其痛苦可想而知。因此，有效的避孕法以及輔助生殖技術的發明，是生殖生理學家帶給人類的最大貢獻。

自古以來，人類追求避孕墮胎的努力就沒少過，但在不瞭解生殖機制之前，多數方法不單匪夷所思，且有效性甚低。就算時序進入二十世紀，人類開始知道排卵發生於月經中期，但女性月經週期的多變也惡名昭彰，週期中幾乎每一天行房都有受孕的紀錄，因此以計算週期為主（加上測量基礎體溫、陰道分泌等方法）的自然避孕法失敗率甚高，難以讓人信任。

如前所述，性腺（卵巢與睪丸）受到腦下腺分泌兩種性腺刺激素的控制，但同時也有許多證據顯示，性腺分泌的男女性激素還會回饋控制腦下腺、甚至下視丘的激素分泌。在男性，這種回饋作用以負回饋為主，藉以維持兩者之間的平衡；但在女性，除了負回饋外，還存在有正回饋：成熟濾泡分泌的大量雌性素會引起黃體生成素短期大量分泌，造成排卵。

早期激素的測定，都仰賴生物測定法，也就是將激素的萃取液注入試驗動物，觀察其生理反應而定；這種做法不單耗時耗力耗材，而且敏感度不高，無法測得單一動物血中激素的量。一直要到一九七〇年代初期，放射免疫測定法廣泛應用於內分泌研究後（參見〈內分泌生理簡史〉一章），才有人將各種生殖相關激素的分泌在整個週期當中的變化，做完整的定量；性腺激素的負回饋與正回饋作用，也才得到確切的證明。

即便如此，無論是利用負回饋作用製作的避孕藥，還是利用正回饋的促進排卵或是進行人工受精的做法，都是在更早期的一九五〇年代就已展開。接下來要介紹的，就是人稱「避孕藥之父（母）」以及「試管嬰兒之父」的幾位先生女士。

避孕藥之父（母）

頭一位被稱為「避孕藥之父」的，是美國生殖生理學家平克斯（Gregory Pincus）。平克斯於哈佛大學取得博士學位，之後遊學德國與英國三年，一九三〇年返回哈佛任教，可說是一帆風順的青年才俊。他的研究成果豐碩，但一九三六年有關兔卵孤雌生殖（parthenogenesis）的報告，引起媒體大幅報導以及兩極反應。[14]一九三八年，哈佛大學拒絕了平克斯的終身職申請，平克斯只好在麻州的克拉克大學擔任客座教授。

從雲端跌落的平克斯並未因此一蹶不振，仍繼續研究工作，並一路成為內分泌學界的重量級人物。一九四四年，他與另一位科學家聯合成立了渥斯特實驗生物基金會（Worcester Foundation of Experimental Biology），靠向外界申請研究經費來維持運作。該單位可說是美國最成功的私立研究所之一，五十多年來研究成就非凡，直到一九九七年才併入麻州大學醫學院。

平克斯的避孕藥研究是由兩位可稱為「避孕藥之母」的女士所委託進行的。其中一位是《時代》雜誌選為二十世紀最具影響力人物之一的桑格（Margaret Sanger），另一位則是富孀麥考米克（Katherine McCormick）。桑格是二十世紀出名的女性運動家，她看出女性受到的最大限制，乃是對於自己的身體沒有控制權。愈是貧困的家庭，愈受到子女眾多的拖累。孩子一個接一個生下來，造成小兒夭折、營養不良、得不到良好的教育不說，也陪上了做母親的青春與健康。桑格是美國最早成立「避孕診所」（Birth Control Clinic）的人（一九一六年在紐約市布魯克林區），提供貧困的婦女簡單的避孕知識及方法。這家診所在早年屢被查封，經過多年的努力並且改名為「家庭計畫中心」（Planned Parenthood），才降低一些衛道人士的敵意與攻擊。

從實際的經驗，桑格發現想解決根本的問題，就必須要有一套簡單而有效的避孕方法，在當年那是不存在的。於是桑格說動了麥考米克夫人，拿錢出來贊助平克斯。他們三人在一九五一年有了一次歷史性的會面，講好每年由麥考米克夫人提供高達十八萬美元的經費供平克斯使用，條件是希望平克斯發明一種口服的藥丸，讓婦女吃了以後就不會懷孕。

平克斯從之前生殖生理及有機化學的進展，就已得知由卵巢所分泌的兩種類固醇（steroid）激素：雌性素（estrogen）及助孕酮（progesterone），對實驗動物的排卵具有決定性的影響，但有兩個因素阻礙了臨床上的應用：一是口服的效用不彰，另一是類固醇的來源缺乏。然而在一九四四年，有位名叫馬克（Russell Marker）的化學家在墨西哥土產的一種薯蕷（*Dioscorea*）中，發現含有大量的助孕酮前驅物。於是馬克在墨西哥當地建立了化學工廠，分離出大量的助孕酮（助孕酮是所有類固醇激素的前驅物），供應全球各大藥廠之需（主要用於製造腎皮質素，也就是俗稱的美國仙丹）。之後有另一位年輕的化學家翟若適（Carl Djerassi）接手馬克在墨西哥的分離工作，翟若適並以有機合成法在類固醇的第十七個碳原子接上乙炔基（ethinyl），解決了口服的問題。因此馬克及翟若適便成為另外兩位「避孕藥之父」，只不過他倆一開始並沒有想到把產品用於避孕，直到平克斯進入這方面的研究。

桑格

14 只要是干預生殖或生命的舉動，像避孕、墮胎、人工受精、基因改造等，都會遭到教會及衛道人士的攻訐與阻止，數見不鮮。

平克斯的避孕藥研究，主要是由他的同事張民覺（Min Chueh Chang）完成的，因此張被稱為另一位「避孕藥之父」。張民覺是山西嵐縣人，一九三三年畢業於清華大學心理系，之後留校工作了幾年，並於抗戰期間隨學校遷往昆明。一九三八年，張考取庚子賠款獎學金赴英進修，於劍橋大學師事生殖生理學家哈蒙德（John Hammond）與沃爾頓（Arthur Walton）二人，研究動物精子的代謝與保存，於一九四一年取得博士學位。當時二戰未歇，於是張滯留英國數年。一九四四年，張申請赴美進修，計畫一年後返回中國。他於一九四五年來到成立不久的渥斯特實驗生物基金會，想師從平克斯學習體外受精的技術，沒想到他在渥斯特基金會一待就是四十多年，直到退休。

張一生成就非凡，避孕藥研究只占了其中一小部分，他更大的研究成就，還是在人工體外受精。張對人工受精法最重要的發現之一，是精子的能化現象（capacitation）[15]；也就是說，射出的精子必須要在雌性的輸卵管或子宮內待上一段時間，才能完全成熟，具備受精能力。之後，張以體外受精法成功孕育了許多動物，為後來的「試管嬰兒」奠立基礎，因此除了「避孕藥之父」外，張還有「試管嬰兒之父」的頭銜。

從一九五一年起為時五年，張以各種合成的助孕酮與雌性素衍生物進行動物實驗，證實了它們對排卵具有抑制作用。然後在婦產科醫師洛克（John Rock）的協助下，先在美國麻州做了小規模的私下人體測試（以調經為幌子），後在波多黎各及海地進行大規模的人體試驗，得到空前的成功（洛克便是第五位「避孕藥之父」）。第一種供婦女服用的避孕藥丸「安無妊」（Enovid），於一九六〇年取得美國食品及藥物管理局（FDA）的核准正式上市。

避孕藥的發明，給千萬婦女帶來了生殖的自由，而人工受精以及後續的各種輔助生殖技術（artificial reproductive technique），則給不孕的婦女帶來希望。雖然如此，牽涉到操弄生命的發明，都免不了遭到誤解與攻訐。避孕藥的發現較早，加上平克斯因病早逝，所以除了翟若適因避孕藥專利致富外，其餘諸人都沒有得到應有的榮耀與報償。至於第一位成功應用人工受精法生出人類胎兒的愛德華茲（Robert G. Edwards），終於在二〇一〇年獲頒諾貝爾生醫獎，當時他已是八十五歲高齡。

張民覺（©Getty Images）

人工受精與試管嬰兒

愛德華茲得獎的工作，一般報導稱之為「試管嬰兒」（test tube baby），其做法是分別將男女的精子與卵子取出[16]，置於培養皿中讓精卵自行結合；等受精卵開始分裂至八個或更多細胞後，再

15 能化現象是由張民覺及澳洲生殖生理學家奧斯丁（C. R. Austin）在一九五一年幾乎同時獨立發現的。

16 取精不難，讓男性以自慰射精即成，取卵則沒那麼容易。早期得全身麻醉，並剖腹為之，同時排卵時間也不容易確定，還可能徒勞無功。如今有排卵藥物、超音波、腹腔鏡等科技幫忙，已不成問題。

植入女性子宮，讓其著床，進行後續的胚胎發育過程，也就是懷孕。因此，這種做法的正確名稱是「人工（體外）受精」（*in vitro* fertilization），至於懷孕與生產過程，則與一般胎兒無異；「試管嬰兒」的說法不只錯誤（根本不用試管），還有誤導之嫌（讓人誤以為胎兒在試管裡發育）。

人工受精的做法說來簡單，但實際做起來卻困難重重，像愛德華茲在取得成功之前，經歷過至少兩百次的失敗；即便是在三十幾年後的今天，其成功率仍不高，只有三〇％左右（許多診所會誇大其成功率以招攬顧客，不可盡信）。其主因是變數太多，不容易找到適合所有精卵的理想狀況；同時每個案例情況都不同（與女性的年齡密切相關），亦增其難。話說回來，就算在健康的兩性體內，精卵相遇後成功懷孕至足月的比率也不是那麼高，只有二〇％到三〇％。因此，人工受精是以一種效率不高的人為做法，取代原本效率就不高的自然做法。

愛德華茲原本是研究小鼠的遺傳學家，不是醫師，因此他的人工受精研究一直都需要臨床醫師的支援。一九六五年他曾前往美國約翰霍普金斯大學婦產科醫師瓊斯夫婦（Howard W. Jones, Jr. 與 Georgeanna S. Jones）[17]的實驗室待過一個暑假（瓊斯負責提供人卵），一九六八年起，他開始與斯特普托（Patrick Steptoe）醫師合作。像是以腹腔鏡取卵、將受精卵由陰道送回子宮，再到剖腹接生等操作，都是斯特普托的功勞。愛德華茲位於劍橋大學的實驗室與斯特普托位於曼徹斯特郊外的診所，相距二百六十公里；在他倆合作的十來年間，愛德華茲為了取得卵子，開車來回兩地多達七百五十趟。

頭一位由愛德華茲以人工受精成功孕育的生命：露意絲．布朗（Louise Joy Brown）於一九七八年出生，如今早已成年並結婚生子；同時，迄今全球已有不下四百萬人以這種方式誕生。因此，人工受精早已是家常便飯，並且還有各式各樣的變貌，好比將精子直接注入卵細胞的做法。因此，二〇一〇年頒給愛德華茲的諾貝爾獎可是遲到了許多年，像斯特普托都已經去世二十二年，未能同享榮耀；再過三年，愛德華茲也過世了。

17 一九七八年，瓊斯夫婦於霍普金斯大學屆齡退休，接受成立不久的東維吉尼亞醫學院邀請，前往主持其婦產科。該年恰逢全球第一位人工受精嬰兒布朗誕生，於是瓊斯夫婦於東維吉尼亞醫學院成立了全美第一家人工受精診所「瓊斯生殖醫學研究所」，三年後這家診所誕生了美國第一位人工受精嬰兒卡爾（Elizabeth Carr）。

11 林可勝、協和醫學院與中國生理學發展史

雖然人體運作機制（也就是「生理」）不分種族、放諸四海皆準（甚至動物生理與人體生理在根本上也都一樣），但生理這門學問卻是舶來品，非中國所固有；因此，生理學研究在中國的歷史並不長，嚴格算來還不到百年時光。

中國傳統醫學裡不乏對人體生理與病理的現象描述，但中醫不重解剖，更缺實驗精神，就以一套陰陽五行、氣血經絡、體質臟象等理論作辨證，以不變應萬變來面對一切病症，自然是不科學的。事實上，中醫與西方的傳統醫學有許多類似之處，譬如強調四元素（火風土水）、四特性（熱燥寒潮）與四體液（血液、黃膽、黑膽、黏液）的蓋倫醫學，與中醫的陰陽五行、氣血經絡之說差別不大。蓋倫醫學使用的植物製劑，與中醫的草藥也有異曲同工之處；其餘如吃啥補啥、以毒攻毒等說法，都可在中西傳統醫學裡找到。因此，想像重於實證、以一套萬有理論解釋所有

現象的做法，兩者並無二致。

問題是，從本書先前各章的介紹可以得知，近二、三百年來西方醫學的大幅進展，使得傳統醫學在現代醫學體系中已無存身之地；傳統說法不論有無道理，在經過實驗室與臨床的驗證去蕪存菁後，都已融入現代醫學。反之，中醫在傳統文化與民族自尊的保護傘下，仍抱持固有理論不放，因為他們深知，科學化或現代化之後的中醫，也將走上蓋倫醫學的舊路，融入現代醫學之中，這就是傳統中醫不能也不願現代化的最主要理由。[1]

生理學引進中國的歷史

西方的天文、地理與算術之學最早是由明末來華傳教的天主教教士引進中國，有關人體構造與功能的知識也不例外。像十七世紀耶穌會神父鄧玉函（Johannes Schreck/Terentius）等人翻譯口述的《泰西人身概要》與《人身圖說》，以西方文藝復興時代興起的人體解剖學為主（參見第一章〈生理學細說從頭〉）；艾儒略（Giulio Aleni）所寫的《性學觕述》[2]，其中有關人體生理部分，仍以當時西方流行的蓋倫醫學為主。[3]

這批在現代生理學萌芽前引入中國的西方醫學，對傳統中醫仍造成一些影響，像是清初康熙年間的王宏翰就試圖融會中醫的五臟五行論與蓋倫醫學的四元素說，變成五臟四元行相屬論；嘉慶道光年間的王清任親赴墳場與刑場觀察屍首，試圖改造中醫不重解剖的傳統，以增進對人體臟腑的瞭解。只不過前者以誤易誤的做法影響不大，後者僅憑觀察，沒有實際解剖，錯誤仍多。王清任著有《醫林改錯》一書，[4] 其中接受西方說法，認為腦才是「生靈機、貯記性」之所，而不是傳統中醫認定的心，是一項進步；但他也受蓋倫醫學誤導，說「心乃出入氣之道路」，可見哈維的血液循環理論雖然已出現百年以上，也得到醫學界普遍接受（參見第三章〈心血管生理簡史〉），但仍未被教會認可，故而沒有及時傳入中國。

到了康熙晚年宣布禁教，雍正乾隆也繼續實施禁教政策，因此，從明末起隨傳教士傳入中國的西學中斷了一百多年，直到十九世紀上半葉才迫於西方列強的船堅炮利而重新打開。在中國鎖國的百餘年間，正是現代科學突飛猛進，以及工業革命開展之際；雖然現代生理學還要再過幾十年才算正式開展（參見第二章〈十九世紀的生理學〉），但根據解剖與生理的現代醫學已然成形，

1 事實上，現下中醫系的課程除了加入中醫的基礎與臨床課程外，其餘與醫學系幾乎雷同，現代醫學甚至占了中醫系課程三分之二之多，等於變相的醫學系。只是苦了這批學子，必修學分多得嚇人，一邊研習科學，一邊還要記誦哲學甚至玄學，精神難得不分裂。據報導，八〇%的中醫系學生畢業後都以西醫自居，可見一斑。

2 當時的「性學」指的是「人／心性之學」，接近現代的「心理學」，並非現代人所謂的「男女性事之學」；「觕」同「粗」字。

3 例如該書談呼吸時說：「噓吸之具有四，一為心，一為肺，一為膈，一為氣管……膈肺開，則外氣自氣管吸進，以涼其心，其所入氣，旋為心所蒸熱，則旋閉而出之，如海潮之漲落然……。」仍是蓋倫醫學氣血不分之說法。

4《醫林改錯》在中醫界褒貶不一，有人說是「集數十載之精神，考正數千年之遺誤」，是「稀世之寶」；也有人認為「醫林改錯，越改越錯」，可見傳統說法難以改變，自古皆然。

因此這第二波隨著通商港口的開放而進入中國的西方醫學，無論在廣度與深度上都不是明末清初的傳教士所能望其項背。

清末最早一本包含現代解剖與生理發現的生理學教科書，是一八五一年由英國傳教士合信（Benjamin Hobson）寫作的《全體新論》，共三萬字；除了當時還不存在的內分泌系統外，其餘系統一應俱全，像是血液循環、微血管、肺的換氣功能、氧的發現、胃酸、脊髓神經功能等，當然也包括了與基督教有關的自然神學。此外，合信還編過一本《醫學英華字釋》（*A Medical Vocabulary in English and Chinese*），雖然只有七十幾頁，但可算是第一本醫學英漢辭書。

再來是一八八六年，由擔任中國海關總稅務司的英國人赫德（Robert Hart）[5]責令下屬著名漢學家艾約瑟（Joseph Edkins）翻譯的一套《格致啟蒙十六種》，其中《身理啟蒙》一書原為著名英國生理學家佛斯特（參見第二章〈十九世紀的生理學〉）為初學者所寫的《生理學入門》（*Physiology Primer*）。雖然該書的篇幅與深度不能與佛斯特寫作的正式生理學教科書相比，但至少是第一本由生理學者所寫、脫離神學與生機論桎梏的科學生理學。

第一本完整深入的中文生理學教科書，是一九〇六年由高似蘭（Philip B. Cousland）摘譯英國倫敦國王學院生理學教授哈利波頓（William D. Halliburton）所寫的《生理學手冊》（*Handbook of Physiology*）；該書初名《體功學》，三年後改名為《哈氏生理學》。高似蘭是蘇格蘭人，畢業於愛丁堡大學醫學院，一八八三年來華行醫傳教。高似蘭除了是廣受歡迎的名醫外（他一年診療病人人次就高達五千餘名），還積極從事引介西方醫學典籍、統一中文醫學名詞的工作。他翻譯過解剖學與生理學的教科書，也翻譯了歐斯勒的名著《歐氏內科學》（*The Principles and Practice of Medicine*）及編輯《高氏醫學詞彙》（*An English-Chinese Lexicon of Medical Terms*）[6]；除了之前合信的《醫學英華字釋》外，《高氏醫學詞彙》是第一本流傳與影響皆廣的正式醫學英漢辭典。

在此同時，還有從日本引進的生理學教科書出現，如一九〇六年鈴木龜壽所著的《生理學》。[7]由於日本西化較早，同時也使用漢字，所以許多現代中文名詞（包括醫學領域）多直接援用日譯；只不過許多漢字詞彙還是取自中文典籍，並非由日人首創（像「生理」一詞就是個例子[8]），所以功勞不能全歸給日本。再來，醫學名詞的中譯從早期的各行其是，到西方傳教士於一八八六年成立的「中國教會醫學會」（簡稱「博醫會」，The China Medical Missionary Association）[9]

---

5 赫德是清朝末年最出名的駐華外籍人士，在華前後共五十四年，任職中國海關稅務司近五十年，是極少數擁有清朝官銜的外國人，位至正一品。

6 該書後由中華醫學會接手，持續增訂再版，英文書名改為*Cousland's English-Chinese Medical Lexicon*，至一九四九年出版第十版。

7《生理學》，鈴木龜壽講授，江蘇師範編輯，江蘇寧屬學務處、蘇屬學務處印行，一九〇六。網上能找到有關鈴木龜壽的資料不多，只知道一九〇九年魯迅從日本輟學回國，在浙江兩級師範學堂任教時，當過鈴木龜壽的植物課翻譯；還有資料顯示，當時鈴木也在浙江高等學堂兼課，教過陳布雷。

8「生理」一詞出自魏晉竹林七賢稽康的〈養生論〉：「形恃神以立，神須形以存，悟生理之易失，知一過之害生。」其中的「生理」接近「生存之道」，而非「生命之理」，只不過兩者的界線不是那麼清楚，轉借也無妨。

9 一九二三年，博醫會決議去除其正式名稱中「教會」（Missionary）一詞，以降低其宗教色彩；一九三二年更與進行統一，再到一九一六年起的十年間，由江蘇省教育會與民間醫學團體共同舉辦了四次的醫學名詞審查會，才確定下來。因此，就算現行名詞與日本使用的一樣，也是經過討論後的決定，而非不分青紅皂白地隨意援用。

再過幾年，則有從國外學成歸國的國人自行編寫的生理學教科書出現，包括曾在日本習醫的魯迅在內。最早編寫給醫學院及大學使用的生理學教科書，分別是一九二八年及二九年由留學德日的周頌聲與留美的蔡翹所為，其中尤以蔡翹的《生理學》影響更大，並再版過兩次。[10]

中國早期的醫學教育與生理學家養成

如前所述，現代西學多是由十九世紀中來華傳教的西方傳教士引進，醫學教育也不例外，由習醫的傳教士所為。他們先是在行醫之餘自行開班授徒，以便幫忙診所的工作，然後逐步擴大規模；到了二十世紀初，已陸續成立了十來所正式的醫學院校。因此，中國最早的一些醫學院校大多帶有教會色彩，像是上海聖約翰大學醫學院（一八九六年成立）、北京協和醫學院（一九〇二年成立）、廣州博濟醫學堂（一九〇三年成立）及長沙湘雅醫學院（一九一四年成立）等都是。除了清末官辦的一些醫學堂與醫學館，以及應軍隊需求而成立的幾所軍醫學堂外，第一所由國人創辦的醫學院，是國立中央大學醫學院（一九二七年成立），後來獨立成上海醫學院（一九三二）。[11]

這些醫學院裡，尤以協和與湘雅[12]的名氣最大，水準也最高，享有「南湘雅、北協和」的稱譽：其入學資格、修業年限與課程安排都遵照美制，且以英語教學。實質上，協和與湘雅分別在美國紐約州與康乃狄克州註冊，所以畢業生可同時取得美國該州授予的醫學博士學位。這些醫學院的教授一開始都是由外國人擔任，後來才逐漸由學成歸國的中國人取代，而最早的一批中國生理學家也大都出自這批人。

公認第一位在外國醫學院取得醫學博士學位的中國人是黃寬。一八四七年，黃寬與號稱中國第一位留學生的容閎同時隨教會學校校長赴美；兩年後黃寬轉往英國愛丁堡大學醫學院就讀，是第一位在英國獲得醫學博士學位的中國人，也是第一位從歐洲大學畢業的中國人。黃寬回國後在

一九一五年成立的中華醫學會合併，走入歷史。

10 蔡翹的《人類生理學》第三版上下兩冊（一九四七）共八百餘頁，臺大圖書館有藏書，並已由國家圖書館數位化，可上網自由閱讀 http://192.83.186.251/zh-tw/book/NTUL-0535614/reader。該書雖然已有七十年歷史，不少內容已過時，但其深度與廣度仍少有中文教科書可望其項背。

11 一九二一年於南京創辦的中央大學原名東南大學，後又陸續改名為第四中山大學及中央大學，一九四九年後，又改名為南京大學。至於上海醫學院曾改名為上海醫科大學，如今則併入復旦大學，恢復舊名，稱為復旦大學上海醫學院。

12 湘雅醫學院的「湘」字是湖南簡稱，「雅」則是雅禮協會（Yale Mission in China）簡稱；後者是由美國耶魯大學畢業生組織的傳教團體，雅禮則是耶魯的舊譯名。中共取得政權後，該校先後被改名為湖南醫學院與湖南醫科大學；二〇〇〇年與中南大學合併，並恢復舊名，變成中南大學湘雅醫學院。

廣州博濟醫學堂從事臨床與教學工作，但不幸患病早逝，未能做出更大貢獻。

黃寬

容閎在耶魯大學取得學士學位後返國，一路參與了太平天國、自強運動、戊戌維新、君主立憲與興中會革命等近代重要事件，可謂一代聞人。一八七二年，他成功推動小留學生計畫，三年內由清廷選派十到十五歲學童赴美學習，共一百二十位。只可惜該計畫於一八八一年因故中止，全數學生被召回國；除了極少數已完成大學學業外，多數被迫中斷學習，另有少數滯留不歸。這些人當中最出名的有鐵路工程師詹天佑及民國第一任國務總理唐紹儀，但沒有以醫學專業出名者。

清朝從光緒三十一年（一九〇五）廢除科舉，到民國成立（一九一二）的六年之間，曾針對赴國外留學、取得學位歸國的學人授予進士或舉人的功名，是為「游學進士」或「洋進士」。[13]其中醫科進士／舉人共有四十名，九名留學美國，一名英國，其餘全留學日本，並且以就讀日本的「醫學專門學校」占絕大多數，那離真正的醫科大學或大學醫學院有段距離。這批人後來也多以開業為主，少有從事教學研究者。[14]

真正在生理教學及研究留名的早期國人，多是自行出國留學（但大都領有各種獎學金），取得碩／博士學位歸國者，間以少數在海外受教育的華僑。下頁表格列出中國早期生理學家的基本資料，選擇標準之一，是出生於十九與二十世紀之交的二十年間（一八九〇到一九一〇）；之二是有留學經驗；之三是以動物（人體）生理學為專業。中國早期的生理學家，幾乎都包括在內了，可見當時出國留學的風氣之盛。[15]當然更多的是沒有留過洋的生理學工作者，但他們多數是擔任前面這批人的學生或助手，名氣也小得多。

這份名單還可以加上幾位所學與生理相近的學者，例如藥物學家趙承嘏與劉紹光、解剖學家馬文昭、生化學家江清、吳憲、劉思職與林國鎬、營養學家陳慎昭、藥理學家朱恆璧、陳克恢與張昌紹、神經解剖學家盧於道、植物生理學家湯佩松，遺傳學家李汝祺等，他們多是早期中國生理學會的會員，趙承嘏、吳憲與劉思職還當過理事長；由此可見，二十世紀初生理學的涵蓋面甚廣，還有就是基礎醫學的分科不像今日那麼細微與刻板。

13 見維基百科「醫科出身（清朝）」條。

14 這批醫科進士中以伍連德最出名，成就也最高。伍是馬來西亞華僑，一九〇三年於英國劍橋大學取得醫學博士，之後並於德法進修。一九〇七年，他接受袁世凱聘請，來華擔任陸軍軍醫學堂副校長。他最出名的事蹟是消弭了一九一〇年底於東北爆發的鼠疫，因此獲頒醫科進士。伍是中華醫學會的發起人之一，前後擔任過北平中央醫院與瀋陽醫學院首任院長，及全國海港檢疫總監。一九四六年，伍返回僑居地創辦吉隆坡醫學中心，並終老當地。根據曹育的文章，伍是林可勝的姨丈。

15 還有一個數字可供參考：一九〇九至一九一一年由庚子賠款資助、選拔赴美留學的一百八十名學生中（包括胡適、梅貽琦、竺可楨、趙元任等名人），卻沒有一位以生理學為專業（最接近的是學習生化的吳憲，此外習醫的也只有四位）。參見維基百科「第一次庚子賠款留美學生列表」條。

姓名	生卒年	學歷	主要經歷	研究領域
倪章祺	1891-1965	浙江醫藥專門學校、美國密西根大學（MS, DSci）、明尼蘇達大學、哈佛大學進修	協和、雷士德醫學研究所、上海醫藥工業研究院	血管生理、腎臟生理、營養學
林樹模	1893-1982	上海聖約翰大學（MD）、美國康奈爾大學醫學院（DSci）、愛丁堡大學進修	協和醫學院、嶺南大學	血液化學、消化生理
沈嶲淇	1894-1969	清華、美國西儲大學（MD）、英德進修	協和、北京大學醫學院	代謝生理
汪敬熙	1896-1968	北大、美國霍普金斯大學心理生物學（PhD）	中山大學、北平大學、中研院心理所、威斯康辛大學	電生理
林可勝	1897-1969	英國愛丁堡大學（MD, PhD, DSci）、美國芝加哥大學進修	協和、紅十字會、軍醫署、國防醫學院	消化、痛覺生理
蔡翹	1897-1990	美國印第安那大學、芝加哥大學（PhD）、英德進修	復旦大學、上海醫學院、中央（南京）大學醫學院	航空醫學
柳安昌	1897-1971	協和（MD）、美國哈佛進修	協和、軍醫學校、國防醫學院	消化生理
張錫鈞	1899-1988	清華、美國芝加哥大學（PhD）、拉許醫學院（MD）、英國進修	協和、中科院	神經生理
張宗漢	1899-1985	南京東南大學、美國芝加哥大學（PhD）	上海醫學院、華東師範	神經生理
侯祥川	1899-1982	協和（MD）、加拿大麥吉爾大學（MS）、美國進修	協和、雷士德醫學研究所	營養學

侯宗濂	1900–1992	南滿醫學堂、京都大學（MD）、德國進修	滿州醫大、北平大學醫學院、福建醫學院、西北醫學院	
沈霽春	1903–1978	復旦大學、比利時根特大學（PhD）	中央大學、雷士德醫學研究所	呼吸及循環生理
徐豐彥	1903–1993	復旦大學、英國倫敦大學學院（PhD）、比利時進修	協和、中央大學、中研院心理所、上海醫學院	循環生理
吳功賢	1903–1987	中央大學、英國倫敦大學學院（PhD）	中央大學	比較生理學
易見龍	1904–2003	上海醫學院、加拿大美國進修	中央大學、湘雅、湖南醫學院	血液學
李茂之	1905–1984	北平大學醫學院、日本美國進修	國防醫學院、浙江醫科大學	
張鴻德	1905–1997	清華、美國芝加哥大學（BS, PhD）	上海醫學院、聖約翰大學、上海第二醫科大學	心臟生理
朱鶴年	1906–1993	復旦大學、美國芝加哥大學、康奈爾大學（PhD）	中研院心理所、湘雅、第二軍醫大學	神經生理
馮德培	1907–1995	復旦大學、芝加哥大學（MS）、倫敦大學學院（PhD）	協和、上海醫學院、中科院	神經肌肉生理
張香桐	1907–2007	北大、美國耶魯大學（PhD）	中研院心理所、耶魯大學、霍普金斯大學、中科院	神經生理
趙以炳	1909–1987	清華、美國芝加哥大學（PhD）	清華、北大	冬眠生理
朱荏葆	1909–1987	浙江大學、英國愛丁堡大學（PhD）	中央大學、上海醫學院	內分泌生理
王志均	1910–2000	清華、美國芝加哥伊利諾大學（PhD）	北京醫學院	消化生理

當時中國之所以會有這麼多生理學者，與天時地利人和都有關係：一來生理學是十九世紀末、二十世紀初的顯學（參見第二章〈十九世紀的生理學〉），再來是中國有幾所重要的醫學院成立（例如協和、湘雅、上海醫學院等），最後則是生理學界有幾位傑出的領頭人物出現（例如林可勝、張錫鈞、蔡翹、汪敬熙等）。首先，我們簡單介紹一下協和醫學院的歷史。

協和醫學院

北京協和醫學院（Peking Union Medical College）的前身是協和醫學堂，一九〇六年由六家英國教會共同成立，因此「協和」一詞取「聯合」之意。[16]一九一四年，美國洛克斐勒基金會成立美國中華醫學基金會（China Medical Board），評估在中國設立醫學院的計畫。[17]基金會最終決定成立一所以美國霍普金斯醫學院為樣本的醫學院，招收大學畢業生[18]，修業期限五年（包括實習一年），畢業時可同時獲得紐約州立大學的醫學博士學位。

基金會於一九一五年買下協和醫學堂，並在六年內花了將近八百萬美元在硬體建設上[19]；其運作經費在第一學年（一九一九至二〇）就將近三十萬美元，之後一路攀升，八年後（一九二七）已高達九十萬美元（這是將近一世紀前的數字，換算成今日可是龐大無比）。我們可從一九二三年的人員編制略窺一二：教職人員當中有一百七十七位外國人及七百位中國人，同時教授年薪高達五千美元，以當時中國的物價來說，可謂天價，因此吸引了許多歐美人士前往任教。然而協和採菁英式教育，所以畢業生數目不多，從一九二四年到一九四三年的二十年間，只有三百一十位。

北京協和醫學院對中國（包括臺灣）醫學界的影響既深且遠，對本書的主題生理學亦然，主要理由是一九二六年成立的中國生理學會，幾位主要的發起人都是協和的教授，像是生理的林可勝與倪章祺、生化的吳憲與林國鎬、藥物化學的趙承嘏等人，發起大會與第一屆年會也都在協和召開。其中尤其重要的推手是林可勝先生，他也擔任了頭兩屆的會長，值得多花一些篇幅介紹。

16 當時以「協和（合）」為名的教會學校還有許多，像華北協合學院、濟南協和醫學院、漢口協和醫科大學、華西協合大學等，但如今提到協和醫學院，指的都是北京協和醫學院。

17 一九一一年，美國哈佛大學也在上海開辦中國哈佛醫學院（Harvard Medical School of China），同樣採用美制及高標準教學。只可惜因資金問題，只撐了五年就停辦。當時美國中華醫學基金會也考慮資助中國哈佛醫學院，同時在北京與上海成立兩家醫學院，最後決定只支持協和一家，因此中國哈佛醫學院在中國只是曇花一現。

18 一開始，協和並不信任中國的大學教育，因此還開設了醫預科，要求有學士學位的大學畢業生多修長達三年的課，才准進入醫學院就讀。隨著中國大學的進步，協和醫預科於一九二六年停辦。

19 雖然協和醫學院於一九一九年就開始招生，但正式的落成典禮是在一九二一年的九月舉行。小洛克斐勒（John D. Rockefeller, Jr.）夫婦還特地從美國搭船來華參加，同行的有霍普金斯醫學院的創始院長魏爾區（William H. Welch）等超過二十五人，可見其重視程度。

林可勝其人其事

林可勝是新加坡華僑，祖籍福建廈門，父親林文慶畢業於英國愛丁堡大學醫學院，行醫之餘也經營橡膠園並參與新加坡政壇。他結交了當時奔走革命的孫中山先生，民國成立後，曾擔任南京臨時政府衛生司司長及外交顧問，後來更出任廈門大學校長。林可勝八歲時，就被父親送往蘇格蘭接受英國教育，因此說得一口蘇格蘭腔英文，中文則所識無多，普通話也說不好。

林接受父親建議，也進入愛丁堡大學醫學院就讀，畢業時取得醫學士及化學學士雙學位。之後，他追隨著名生理學家薛佛從事研究（參見〈十九世紀的生理學〉），又先後獲得生理學哲學博士及科學博士學位。接著，林向美國中華醫學基金會申請赴美進修獎助，受到時任基金會主席的顧臨（Roger S. Greene）[20]賞識，除了批准獎助外，還附帶要求林在進修期滿後，能回北京協和任教。原先美國中華醫學基金會只答應給予林副教授的職位，經過一番折衝（林提出他父親主掌的廈門大學願意以教授聘用，並在廈大建立全新的醫學院），最終協和同意以客座教授名義聘請，並擔任生理學系主任。於是林在芝加哥大學生理學家卡爾森（A. J. Carlson）[21]的實驗室進修一年期滿後，於一九二五年來到了協和。

林可勝

林是協和第一位受聘擔任教授兼系主任的華人，彌足珍貴；而林也沒有辜負這份榮譽，在極短時間內就把中國生理學研究推上國際舞臺。如前所述，他帶頭成立了中國生理學會，並於次年（一九二七）創辦了《中國生理學雜誌》（*Chinese Journal of Physiology*），一直擔任主編，直到抗戰開始，他離開協和參與救援工作，才把雜誌的編輯工作交給同事張錫鈞。[22]林在協和只待了十二年（一九二五至三七），不但將現代生理學的實驗精神與方法帶進了中國，還訓練出一批出名的學生及助手，包括盧致德、柳安昌、馮德培、王世濬、劉占鰲、賈國藩、徐豐彥及易見龍等人，都是後來海峽兩岸及美國醫學、生理與解剖學界的重要人物。

在他手下，《中國生理學雜誌》刊載的論文不但水準高，且都以英文寫作，因此很快就成為全球生理學家必讀的雜誌之一。在抗戰前由林主編的十幾卷《中國生理學雜誌》所受到的重視程度，是後來兩岸出版的後續期刊難以望其項背的。

---

20 顧臨還當過洛克斐勒基金會副會長及北京協和醫學院的代院長（一九二七至三五），與北京協和醫學院的關係密切。他與小洛克斐勒後來因理念不同，辭職返美，在中國抗戰期間積極支持美國援華工作。

21 事實上，林是跟著卡爾森實驗室的艾維進行消化道調控的實驗，與艾維共同發表了三篇文章。艾維於第六章〈消化生理學簡史〉中介紹過，是膽囊收縮素的發現人，後來當過美國生理學會會長，是二十世紀中葉美國重要的生理學家之一。早期的中國生理學家當中，從芝大取得博士學位者占了很高的比例，與林可勝、張錫鈞及蔡翹等人都在該校進修過，不無關係。

22 由於協和屬於美國在華事業，所以北京淪陷後，協和的教學與研究仍繼續維持，包括《中國生理學雜誌》也繼續出版；直到一九四一年日本偷襲珍珠港、美國向日本宣戰後，該校才被日軍關閉。

林的研究成績當時在國內也是首屈一指，並跟得上歐美水準的。他除了繼續先前在英美就開始的消化生理研究、並提出腸抑胃素的存在外，還進行了中樞神經控制心血管系統的研究。他和同事發現延腦擁有不只一個心血管控制區，刺激延腦不同部位可引起升壓或減壓等不同反應。[23]這些成果都為當時歐美重要的生理學教科書收錄。

也許是在異域成長的經驗，造成林具有強烈的民族主義思想。他曾參加五卅慘案的示威遊行，並支援學生成立救護隊，對受傷的示威民眾展開救護。日本侵占東三省並在華北地區與國軍不斷發生軍事衝突時，林也組織了抗日救護隊，開赴古北口、喜峰口等戰場，擔負起艱巨的救護任務。一九三七年抗戰軍興，林更率先放下教學研究工作，出任中國紅十字會救護委員會主任，組織醫護團隊協助前線和後方軍醫院的醫療工作。他更向國外友人與機構聯絡，籌措各種醫藥器材及運輸隊伍。鑒於當時受過正規訓練的醫護人員極度缺乏，林在貴州成立了戰時衛生人員訓練所並擔任所長，成為抗戰時期中國最大的醫療人員訓練中心。他並協助美國來華的史迪威將軍從緬甸撤退至印度，而獲頒美軍特等動章。

然而，會做事的人常也容易得罪人，在中國的官場更是如此。一九四二與四三年間，林因供應醫療物資給中共而讓人有可趁之機，以莫須有的罪名被迫辭去所有職務。由於美國朋友的協助，林受聘為總部設在紐約的美國在華醫藥促進局（ABMAC）的在華負責人，並接受邀請於一九四四年赴美做短期訪問。林受邀在紐約醫學會（New York Academy of Medicine）以傷殘軍人的復健方法為題，給了一場精采的演講，得到全場觀眾起立鼓掌，持久不衰。[24]

一九四五年，老蔣總統任命林為軍醫署長帶中將職，恢復了他對戰地救護工作的組織與領導；林還奉令籌設中研院的醫學研究所（也就是近四十年後於臺灣中央研究院成立的生物醫學研究所前身）。抗戰勝利後，他將戰時的醫護人員訓練單位以及原本的軍醫學校加以整合，在上海成立了國防醫學院，並擔任首任院長。不久，大陸淪陷，他也將國防師生連同設備安全遷來臺灣，並完成復校工作。然而，在離開學術研究十二年之後，他還是選擇了離開臺灣，前往美國重新起步。[25]

從一九四九年到他去逝的二十年間，林先後在芝加哥伊利諾大學及內布拉斯加州的克萊頓大學短暫停留了一到兩年，最後落腳於印第安那州艾克哈市的邁爾斯實驗室，達十五年之久，也開創了他另一個研究的高峰期。林早期是全球知名的消化生理學家，後來則在痛覺生理研究做出特

23 這項研究由林的弟子王士濬與劉占鰲發揚光大，並傳給在臺國防醫學院的蔡作雍等人，持續研究了一甲子以上的時光。

24 見 Cannon (1945), p. 183.

25 林可勝會選擇前往美國，除了個人意願外（他這位愛國華僑已經為祖國奉獻了二十幾年人生最美好的時光，而國共內戰是兄弟鬩牆，不像對日抗戰是抵禦外侮，他沒有理由選邊站），還有一個更迫切的理由：當時有人拿他抗戰時資助中共醫療資源一事做文章，要對他不利；於是為了避難，他選擇去國。近年國內有篇以林可勝為題的論文用了「闇聲晦影」四字為標題，刻意強調少數人對林的批評，個人以為失之偏頗（該文談及生理時，更是錯誤頻出，讓人懷疑作者學養）。當年以協和人主導、成立國防醫學院，自然造成軍醫學校的學生與校友不滿，多年後為文攻擊林是情緒發洩，史家怎可與數十倍的正面評價等量齊觀？

別貢獻。林是最早入選美國國家科學院的華人科學家（一九四二），也是第一屆當選的中央研究院院士（一九四八），可見其學術成就於一斑。

其他知名的早期華人生理學家

一九四八年，中央研究院選出第一屆院士共八十一人，其中生理學家有林可勝、蔡翹、汪敬熙與馮德培四人[26]，加上與生理息息相關的藥理學家陳克恢與生化學家吳憲，陣容可謂相當強大。除了蔡翹與汪敬熙外，其餘四位都曾任職北京協和醫學院；這些都再度顯示生理學於二十世紀初的顯學地位，以及協和在中國生理學發展史上的重要性。

蔡翹

蔡翹一八九七年生於廣東，與林可勝同年。他中學畢業後在北京大學旁聽了一年，一九一九年赴美留學，於印第安納大學取得心理學學士，然後在芝加哥大學師從功能心理學派（functional psychology）的創始人之一卡爾（Harvey A. Carr），以「動作習慣保留曲線的比較研究」（A Comparative Study of Retention Curves for Motor Habits）取得心理學博士學位[27]；之後又師從神經解剖學家黑瑞克（C. G. Herrick）研究北美負鼠（*Didelphis virginiana*）的視神經通路，並旁及視丘與中腦的構造。這項研究成果，以兩篇相連文章發表於《比較神經學雜誌》（*Journal of Comparative Neurology*），是最早描述中腦腹側背蓋區（ventral tegmental area, VTA）[28]的論文；這個區域起初稱作「蔡氏腹側背蓋區」（VTA of Tsai），讓他留名後世，只不過這個名稱如今已沒有多少人知道及使用了。

蔡翹

蔡翹學成歸國後，先後任教於復旦大學、上海醫學院、雷士德醫學研究所，以及中央大學，都在上海與南京兩地，與林可勝南北輝映。一九三〇至三一年間，蔡獲得洛克斐勒基金會資助，前往英國倫敦大學學院與劍橋大學，以及德國法蘭克福大學進修了一年半。他在倫敦大學學院艾文斯（C. Lovatt Evans）的實驗室進行肝醣研究，於《生理學雜誌》發表了三篇相連的文章，然後到劍橋大學阿德里安的實驗室，研究麻醉藥對單根神經纖維動作電位傳導的影響，單獨發表了一篇文章；阿德里安因動作電位的研究，獲頒一九三二年的諾貝爾生理醫學獎（參見第七章〈神經生理

26 汪的學位與任職單位（中研院心理所）都是心理學，故給歸入心理學領域，但他是道地的神經生理學家，其研究內容可見下述。

27 還有一位知名學者陸志韋也是芝大心理系的博士，其論文題目是〈保留的條件〉（The conditions of retention），顯然也是系主任卡爾的學生。一九三四年，陸志韋出任燕京大學校長，直至一九五二年燕京廢校為止。

28 一九六〇年代神經化學顯微解剖學的進展（參見〈神經生理學簡史〉），發現中腦腹側蓋區是腦中重要的多巴胺神經元聚集區之一（標號為A10），由此區投射至前腦的多巴胺徑路，即後來出名的「報償徑路」，一切成癮的起點。

學簡史〉)。

中共建國後，蔡翹應國防需求轉向研究航空生理，探討了減壓增壓對人體生理的影響；但他在國內的主要成就還在於編寫中文生理學教科書，以及培養了一整批的生理學者，像馮德培、徐豐彥、朱鶴年、沈霽春、吳襄、易見龍，以及方懷時等人，都在他的實驗室待過，可謂一代宗師。

汪敬熙

汪敬熙與陳克恢是另外兩位享有國際知名度的中國第一代生理心理／藥理學者，值得詳細介紹。[29]汪敬熙一九一九年畢業於北大經濟系，是五四新文化運動健將之一，曾以白話文寫作多篇小說與新詩，發表在羅家倫和傅斯年主編的《新潮》雜誌（汪也是新潮社同仁）。一九二〇年，汪敬熙與其他五位北大畢業生獲得實業家穆藕初的獎學金資助，赴美留學（羅家倫也是其中之一），並改行修習心理學。

汪的這項決定，在出國前已有跡象：他曾在《新潮》發表過兩篇介紹歐美心理學最新進展的文章，提到佛洛依德的精神分析與沃琛（John B. Watson）的行為學派。汪選擇前往約翰霍普金斯大學就讀，顯然是想師從行為學派的創始人沃琛。[30]當時沃琛的心理學實驗室位於精神病學系主任邁爾（Adolf Meyer）所主持的費普斯精神病院（The Henry Phipps Psychiatric Clinic），邁爾是霍普金斯大學醫學院第一位精神病學主任，是現代精神病學的奠基者之一。

但就在汪入學那年十月，沃琛因婚外情遭霍普金斯大學辭退，實驗室由沃琛的學生利赫特（Curt P. Richter）代理，因此，汪的博士研究是在利赫特的指導下完成的。利赫特自己於一九二一年才取得博士學位，論文題目是〈大鼠活動的行為學實驗〉（A behavioristic study of the activity of the rat），而汪於一九二三年取得博士學位，論文題目是〈大白鼠自發性活動與動情週期之間的關聯〉（The relation between 'spontaneous' activity and oestrous cycle in the white rat），可見兩人研究主題的密切關聯。汪的博士論文研究發表了三篇文章在《美國生理學雜誌》，兩篇為單一作者，一篇與利赫特及另一位研究者共同掛名，其中探討了年齡、性別、生殖週期、懷孕哺乳、去勢，以及卵巢移植對大鼠活動行為的影響。利赫特在霍普金斯大學主持心理生物學實驗室近七十年之久，被認為是最早發現大鼠活動力具有「日變週期」（circadian rhythm，或譯「約日週期」），以及雌鼠的活動力隨動情週期而有變化（主要是受動情激素的影響）的學者，至於汪的貢獻則受到忽視。

一九二四年，汪回國任教於新成立的河南中州大學，兩年後又再度回到美國霍普金斯大學進修。汪在這段進修期間顯然學習了電生理的技術，因為他在接受廣州中山大學的聘書於一九二七

29 汪的生年有一八九三（中國生理學會）、一八九六（中央研究院）與一八九七（張香桐文章）三種紀錄，網上能找到的相片極少，還有許多張冠李戴者，殊為可惜。

30 沃琛於一九一三年發表的一篇演講：〈行為學家眼中的心理學〉（Psychology as the behaviorist views it），宣告了以實驗取代空談的行為學派的誕生。沃琛是杜威（John Dewey）在芝加哥大學的學生，而一九一九至二一年間，杜威在中國北京待了兩年，與新潮社員時有來往，汪顯然受其影響。

年六月回國之前，已於二月間「電召辦理心理研究所之時，即著手定購儀器」；「六月到校後，所購儀器，陸續運來」。該年九月搬入新所址，開始工作。到此時，「已購有值毫銀萬元之儀器，甚足為生理心理學，及動物行為的研究之用。在設備上，在中國可稱無二，即比之美國有名大學之心理學實驗室，亦無多愧。」[31]

汪在中山大學待了四年，建立起中國第一所神經生理實驗室，開展皮膚電反射與出汗控制的研究，至少發表了五篇論文在《中國生理學雜誌》。一九三一年，汪應聘為北京大學心理學教授，一九三四年，他又被任命為國立中央研究院心理研究所所長，先後在北京、上海與南京建立神經生理實驗室。他除了繼續皮膚電的研究外，還深入大腦皮質與視丘，記錄由光線引發其中的電位反應。他是最早記錄到中腦的上丘（superior colliculus，又稱視頂蓋〔optic tectum〕）不但對光線的「開」有反應，對光線的「關」也有反應。從一九三二到三七年間，他在《中國生理學雜誌》發表了一系列共十篇論文。

一九三七年抗戰爆發後，汪在南京的電生理實驗室被日本人破壞殆盡，他隨中研院心理所一路搬遷，從湖南到廣西再到貴州，一九四〇年落腳於廣西桂林，四年後又遷到重慶北碚，直到抗戰勝利一年後才遷回上海。在物資極為短缺的大後方，汪仍繼續研究，改以方便取得的蛙卵及蝌蚪為材料，探討神經發育與游泳動作的關係，並在美國的《科學》與《神經生理學雜誌》（*Journal of Neurophysiology*）共發表了三篇文章。

一九四八年，汪應李約瑟（Joseph Needham）之邀，擔任聯合國教科文組織科學部主任；一九五三年任期結束後他選擇前往美國，而沒有回國。汪先回到母校霍普金斯大學工作了幾年，一九五七年轉往威斯康辛大學任教，持續研究發表不斷，直到一九六八年逝世。汪於一九六四年出版《出汗的神經控制》（*The Neural Control of Sweating*）一書，將其研究做一總結。

汪的了不起之處，除了他半路改行、卻卓然成家外，尤其是他早在一九二、三〇年代，全世界也還沒有幾所電生理實驗室時，就在從零起步、百廢待舉的中國，建立了記錄周邊皮膚以及中樞神經電位變化的實驗室。根據汪出色弟子張香桐的回憶，汪從造船廠取得半英寸厚的鐵板做為實驗室的防護牆，以隔絕外來的電訊干擾（因此同事戲稱他的實驗室為「戰艦」）；同時他還自製電生理記錄所需的放大器和示波儀等設備。對有現成儀器可以購置的現代研究者來說，是很難想像前人經歷過的困難，因此，汪的成果也格外讓人生敬。

陳克恢

陳克恢中學畢業後在庚子賠款建立的清華學校（留美預備學堂）念了兩年，於一九一八年前往美國威斯康辛大學修讀藥學，取得學士學位，接著入該校醫學院生理研究所，於一九二三年取

31 中山大學校史網頁：http://gjs.sysu.edu.cn/zsdxs/ms/9842.htm。

得生理學博士學位。他的論文題目是〈自體分解的研究：肌肉的自體分解〉（Studies on autolysis. The autolysis of muscle）。

一九二三年，陳因母病返國任職北京協和醫學院藥理、生理與生化系。他與前一年來到協和客座的美國賓州大學藥理系講師許密特（Carl F. Schmidt）合作，研究中草藥的藥理作用。

陳克恢

經過許多不成功的嘗試後，陳接受中醫師舅舅的建議，以麻黃為材料，因此發現了麻黃素（ephedrine）這種擬交感神經物質的藥理性質。[32]他們的原始報告於一九二四年發表在《藥理與實驗治療學雜誌》（*The Journal of Pharmacology and Experimental Therapeutics*），之後，陳又單獨發表了十餘篇麻黃素的文章。一九三〇年，他與許密特合寫《麻黃素與相關物質》（*Ephedrine and Related Substances*）專書，總結了麻黃素的藥理研究，也奠定了他在國際藥理學界的地位。

許密特於一九二四年返美，就一直待在賓大藥理系，後來接替他的老師理查茲當上系主任，直到退休。[33]陳克恢在協和也只待了兩年，一九二五年又回到美國，進入霍普金斯醫學院就讀，並擔任藥理學系主任阿貝爾的助教。他於一九二七年獲得醫學博士學位，繼續在藥理系工作兩年後，就擔任禮來藥廠藥理研究部主任，直到一九六三年退休。陳在美國藥理學界享有盛名，擔任過美國藥理及實驗治療學會會長及其他許多重要職務。[34]

馮德培與張香桐

早期中國生理學家裡還有兩位具有國際知名度的值得一提，那就是馮德培與張香桐。馮當過蔡翹的助教與林可勝的助手，張則受教於汪敬熙，因此他們屬於第二代的中國生理學家。他倆雖然年紀相同（都生於一九〇七年），但馮起步早得多，十九歲就從復旦大學生物學院畢業，在復旦及協和各工作兩年才出國進修，二十六歲就取得英國倫敦大學學院的博士學位；而張從中學起就一路勤工儉學，二十六歲才從北大心理系畢業，然後在中研院心理所工作了幾年，又因抗戰被困在大後方幾年，直到三十六歲那年（一九四三）才踏上留學之路，三年後取得博士學位，比馮整整晚了十三年。[35]因此，一九四八年，馮和他的兩位老師一起當選第一屆中研院院士，張則遲至一九五七年回國後才當選中國科學院院士。除此之外，兩人的成就與聲譽可謂不分軒輊。

32 事實上，麻黃素早在一八八五年就由日本有機化學及藥學家長井長義（Nagai Nagayoshi）分離並命名，但長井長義沒有進一步研究其藥理性質與臨床應用，所以「再」發現麻黃素的功勞要歸給陳克恢與許密特。麻黃素具有增加心肌收縮力、升血壓，放鬆氣管平滑肌等功能，加上毒性低、可以口服等優點，很快就成為臨床常用藥物，治療心血管疾病與氣喘。

33 理查茲在〈泌尿生理簡史〉中介紹過，是最早成功以微吸管進行單腎元穿刺取樣的科學家，也是二次大戰期間盤尼西林在美國量產的推手。阿貝爾的事蹟於〈泌尿生理簡史〉及〈內分泌生理簡史〉中都有提及，

34 關於陳克恢的生平，網上有兩篇文章可以參考：http://m.y-lp.com/pages/Article.aspx?id=6353869882693987367，及http://www.360doc.com/content/15/1209/01/17132703_518889187.shtml。

35 張香桐在抗戰期間突破萬難，踏上留學之路的過程十分曲折動人，可參見參考資料中他自己寫的兩篇回憶文章。

馮德培

馮初入美國芝加哥大學生理學系傑洛德的實驗室學習[36]，研究神經在缺氧窒息下的恢復機制，但林可勝安排他轉往英國倫敦大學學院生理系希爾的實驗室進修，於是馮在芝大只待了一年，取得碩士學位後就在一九三〇年九月前往英國。希爾是一九二二年諾貝爾生醫獎得主（〈神經生理簡史〉中提過），研究肌肉收縮時的產熱機制，可說是生物物理學的創建者之一。馮在他的實驗室待了三年，發表了八篇論文，課題大都集中在肌肉與神經的活性與產熱。[37]其中有半年時間，希爾讓馮前往阿德里安（劍橋）與薛靈頓（牛津）的實驗室學習；馮幫阿德里安解決了受傷皮膚短暫失去觸感的問題（由於受傷細胞釋出大量鉀離子，造成神經傳導受阻），還以此單獨發表了一篇文章。馮在薛靈頓的實驗室則同埃寇爾斯學習在活體動物身上進行電生理記錄。薛靈頓與阿德里安是一九三二年諾貝爾獎得主，埃寇爾斯則於一九六三年得獎，所以馮在英國短短三年時間，就師從了四位諾貝爾獎得主，可謂難得的機緣。

馮學成歸國後，回到協和生理任教，並建立自己的實驗室，研究神經肌肉會合處（neuro-muscular junction）的訊息傳遞機制。他以不同頻率的電流刺激青蛙大腿的縫匠肌與神經，得出許多有趣的發現，短短六年期間發表了二十六篇文章在《中國生理學雜誌》。當時，神經訊息傳遞的化學理論正逐漸為人接受，發現乙醯膽鹼是迷走神經物質的婁威與戴爾於一九三六年獲頒諾貝爾獎，但包括埃寇爾斯在內的神經生理學家，對於需要快速傳遞的神經肌肉會合處是否也有神經遞質的參與，仍有疑義；馮的實驗結果提供了化學傳遞的間接證據。此外，他還發現鈣離子對神經肌肉會合處訊息傳遞的重要性，以及強直後增強（post-tetanic potentiation）現象。發現鈣離子對神經訊息傳遞的重要性，比起在他畢業後才進入希爾實驗室工作的卡茲，早了十來年（參見〈神經生理簡史〉），而卡茲是一九七〇年的諾貝爾獎得主，我們不免猜想，馮的研究要是沒有受到日本侵華、國共內戰與文化大革命等多次外力阻斷，或有可能與卡茲共享榮耀。

馮在協和一直工作到一九四一年美日宣戰、協和被日軍強迫關門後，才輾轉逃到大後方重慶，任教上海醫學院。後來他接受林可勝推薦，擔任中研院醫學研究所籌備處副主任。中華人民共和國成立後，他擔任新成立的中國科學院生理生化研究所所長，後來更擔任過科學院副院長等重要職位。他在這段期間最重要的研究發現，是去除神經控制的快肌會萎縮，慢肌則會增大，顯然神經對肌肉的營養性控制會隨肌肉的不同而有所不同。可惜這項研究因文化大革命而中斷，就僅止於現象描述，而沒有進一步的機制探討。

36 傑洛德在〈神經生理簡史〉一章提到過，他指導的學生凌寧是最早成功使用玻璃微電極進行細胞內記錄的人。傑洛德一生成就非凡，擔任過美國生理學會會長，也是幾所重要研究單位及學會的創始人，包括密西根大學心理健康研究所、加州大學爾灣分校，以及美國神經科學學會等。

37 由於肌肉的結構與收縮機制要到二十世紀後半葉電子顯微鏡發明應用後才釐清，因此早期有關肌肉收縮的工作難免讓人有隔靴搔癢之感，如今已少有人提。

至於張香桐之所以能在三十六歲那年突破萬難來到美國留學，要感謝耶魯大學的生理學教授福爾頓（John F. Fulton）的幫忙。福爾頓是當時美國最出名的神經生理學家之一，出身醫學世家，從小就是書痴，哈佛大學動物系畢業後，來到英國牛津大學又取得學士、碩士與博士學位，師從薛靈頓。之後，他回到哈佛醫學院師從神經外科醫師庫興，取得醫學博士學位。他在三十歲那年就被耶魯大學聘為生理學講座教授兼系主任，是當時最年輕的講座教授。

福爾頓是最早使用靈長類進行神經生理研究的人，是《神經生理學雜誌》的創辦人（一九三八），他所編寫的《神經系統生理學》（*Physiology of the Nervous System*）更是當時最權威及流行的神經生理學教科書。此外，他對科學史的愛好以及豐富的藏書，更促使他在耶魯成立了醫學史圖書館（一九四一）；一九五一年，他因健康問題辭去生理講座教授，而轉任醫學史講座教授。

一九四二年，人在貴陽軍醫學校的張香桐讀了福爾頓的《神經系統生理學》，忍不住寫了封信給遠在美國的福爾頓，表達想要師從的心願，結果福爾頓居然回信並接受張前往進修。於是張花了半年時間取得出國許可，以及三個月的迂迴旅程（時為二次大戰期間，海陸空交通處處受阻），終於在一九四三年春天抵達耶魯。起步雖晚的張沒有浪費任何時間，在三年內就取得了博士學位，他厚達三百頁的博士論文一共發表了八篇文章，可以想見他的努力程度。

張的博士論文研究，結合了神經解剖與神經生理的研究方法，探討蜘蛛猴（Ateles〔spider

monkey〕）的體節控制區（特別是長尾巴）在中樞神經系統的投射分布。其中最重要的發現，是運動皮質的神經元直接控制了骨骼肌的收縮，而不是當時有人認為控制了整個動作；也就是說，任何一個動作，不論多簡單，都牽涉不只一個腦區及神經元，其中有許多主動與非主動的肌肉參與收縮，同時還需要感覺神經的回饋輸入，才可能完成。

張的博士論文雖然內容豐富，但所用的方法在當時已算古典，與他的太老師薛靈頓使用的差別不大，因此福爾頓安排他前往約翰霍普金斯大學跟隨伍爾西（Clinton N. Woolsey）做博士後研究，學習更先進的電生理技術。當時霍普金斯大學醫學院生理學系主任巴德（Philip Bard）是坎能的學生，以提出「坎能—巴德情緒理論」知名；伍爾西則是他的學生，是最早建立大腦皮質感覺運動區完整圖譜的人。一九四六年與張同時進入霍普金斯生理系做博士後研究的，還有一位蒙凱叟（Vernon B. Mountcastle）後來也成為舉世知名的神經生理學家，專精大腦皮質的結構，十餘年後並接替巴德擔任生理系主任一職。[38]伍爾西則於一九四八年起就轉往威斯康辛大學生理系擔任主任，在威大建立了出色的神經生理實驗室，直到退休。張的老師汪敬熙最後一個工作單位，就是威大的生理系。

38 蒙凱叟方於二〇一五年過世，新聞報導稱他為「神經科學之父」，有過譽之嫌；他還有「大腦皮質的雅克庫斯托（Jacques Cousteau）」之稱，則貼切一些。他是大腦皮質柱狀結構的發現人，是瞭解皮質運作（感覺、運動與意識）的基礎。由他主編兩大冊、厚達二千頁的《醫學生理學》（*Medical Physiology*, 14th ed., 1980）曾是生理學教科書的「聖經」。

張在霍普金斯待了一年，學到新的電生理技術以及基本電子學知識。伍爾西同當年的汪敬熙一樣，自製電生理實驗所需的放大器與刺激器，示波儀與照相機也是舊物新用，克難從事，但絲毫不影響他們做實驗的熱情。張在霍普金斯只有一篇論文發表，是利用當時還算新鮮的逆向法（antidromic）刺激從大腦皮質發出、控制身體動作的錐體徑路，然後記錄皮質神經的電位變化。其他還有更多的實驗結果，因為參與者陸續都離開了霍普金斯，因此沒有人做最後的整理及動筆而湮沒不存。這在學術界是常事，多少人的學位論文在畢業前沒有寫好發表，等畢業後新工作一忙，就永不見天日。

在此同時，張還與另一位耶魯的舊同事洛伊德（David P. C. Lloyd）合作完成了一項重要的研究，就是肌肉輸出神經的形態學研究。洛伊德也是薛靈頓的學生，以電生理技術證明了薛靈頓提出的單突觸肌肉伸張反射。但洛伊德缺乏神經解剖的訓練，因此與張合作，在顯微鏡下測量了兩隻貓的後肢共二十八條神經當中近一萬根髓鞘神經軸突的直徑，並與肌肉形態做關聯。他們發現肌肉的感覺輸出神經按直徑可分成三種（無髓鞘神經是第四種），在伸肌與縮肌、白肌（快肌）與紅肌（慢肌）上的分布也有所不同，而以伸肌（快肌）上的神經直徑最大。這項發現至今仍寫在教科書中，但沒有多少人注意到張對此發現的貢獻。

結束博士後研究，張回到耶魯開展腦皮質誘發電位的工作將近十年，得出許多重要的發現，包括皮質—視丘往返網絡（reverberating circuit）的反覆激發、視覺誘發電位與三色光的傳遞、視覺誘發電位的光效應，以及他最為人知的樹突電位研究。張發現樹突也能被電刺激興奮，並能傳導電脈衝，但樹突電位屬於階梯電位（graded potential）而非動作電位；他還是最早提出有軸突—本體（pericorpuscular/axosomatic）與軸突—樹突（paradendritic/axodendritic）兩種突觸的人。

一九五二年，張受邀在冷泉港實驗室的年度研討會中報告樹突電位的發現，有位先前耶魯的同事、後來在加州大學與美國國家衛生院擔任過許多重要職位的李文斯頓（Robert B. Livingston）寫了封短簡給張，摘譯於下：

> 香桐，這封短簡只是想告訴你，我很榮幸能讀到你在冷泉港年度研討會中發表的報告，那是我讀過最好的科學論文，約翰福爾頓也同意，並補充說那屬於諾貝爾獎等級……認得你是我的驕傲。祝好，李文斯頓敬上

我想能從同行得到這種評價的人，只怕是鳳毛麟角。

一九五二年，張接到《生理學年度回顧》（*Annual Review of Physiology*）[39]這份地位崇高的出版

39 年度回顧系列（*Annual Reviews*）是一九三二年由史丹佛大學生化學教授拉克（J. Murray Luck）創辦，原本只有生化學一個系列，生理學則是一九三八年加入的第二個系列，如今已有四十個年度回顧系列，涵蓋了生物醫學、物理學與社會科學多種領域。

品邀稿，撰寫〈視覺生理〉一文，登在一九五三年出版的第十五卷中。一九五六年，他又接到美國生理學會出版的《生理學手冊》（*Handbook of Physiology*）[40]邀稿，撰寫〈誘發電位〉的全面回顧。國人中有此殊榮者，並不多見。

張還有一項鮮為人知的貢獻，就是教科書中常見、描述轉移痛（referred pain）機制插圖的最早版本是他畫的。根據張的說法，其背後的匯聚投射（convergence projection）假說也是他提出的。該圖最早出現在一九四六年福爾頓主編的《豪威爾氏生理學教科書》（*Howell's Textbook of Physiology*）中、由福爾頓早先學生魯奇（Theodore C. Ruch）撰寫的〈疼痛的生理病理學〉一章，圖中還有張的署名（得用放大鏡看）。魯奇後來擔任西雅圖華盛頓大學生理與生物物理系的創系主任，並在福爾頓過世後接手這部教科書的編著工作；因此目前提到該假說，都說是魯奇提出的，遺漏了張的貢獻。

由於韓戰爆發，中共與美國成為對敵，加上麥卡錫主義當道，美國反共氣焰高漲，因此阻擋了中國留美學人的返國之路（錢學森是其中最出名的）。一九五六年初，張藉赴歐開會講學之便，輾轉比利時、丹麥及芬蘭等國，最後取道蘇聯，搭上橫越西伯利亞的火車，返抵中國。張的回國之路，與他當年的出國之路一樣崎嶇，前後輝映。

與張香桐相比，馮德培的起步早，幾項重要發現都在國內完成（甚至是在中共建國之前），而張的重要研究成果，幾乎都在美國求學與工作的十四年間得出；他倆後來的工作受到外在環境的影響（包括各種政治運動的干擾，資源不足，以及與國外同行的斷絕往來等），都中斷了好長時間。張回國後試圖建立神經細胞的體外培養，但因腳步不及國外的研究者快速而放棄。他後來轉向針刺止痛機制的研究，並以身試針；但這方面的研究，先前已有張昌紹及鄒岡的內源性嗎啡止痛藥理研究成果，因此在生理層面的發現有限。

研究工作是放下容易、重拾困難的行業，尤其是在競爭激烈、進展快速的領域，如果落下了，很快就會有人捷足先登，甚或發展出更新更好的方法，讓人望塵莫及。事實上，早期的中國生理學家，除了少數來到臺灣（柳安昌、方懷時）以及滯留海外（林可勝、汪敬熙、吳憲）者，其餘都留在大陸；而他們的早期留學經驗與學術地位，也讓他們成為各種運動的批鬥對象，就連德高望重的馮張兩位也未能免疫，被關入「牛棚」改造，甚至馮還遭到罰跪與挨打的羞辱，至於自殺的例子也在所多有。[41]這不只是中國生理學的黑暗時代，也是整個中國學術界的不幸。

40《生理學手冊》是生理學界最具權威及最完整的出版品，按系統分部（section），其下再分卷（volume），張的文章出現在一九五九年出版的第一部《神經生理學》的第一卷。該系列最後分成十四部，將近三十卷，出版年份前後相隔二十餘年；同時頭七部在一九八〇年代又陸續發行新版（張的文章沒有出現在新版當中）。如今，該系列以附錄方式發表在美國生理學會的《綜合生理學》（*Comprehensive Physiology*）。

41 筆者所知的有陳慎昭與張昌紹兩位。陳是早期中國生理學家中少數的女性，身影出現在一九三五年中國生理學會的兩幀老相片中（坎能訪華及中國生理學會第八屆年會留影）。她畢業於燕京大學化學系，一九三九年獲美國康乃爾大學博士，研究老年人骨質與營養的關聯；中共建國後擔任山東大學醫學院生化科主任，在最早的反右運動中被指為間諜，而於隔離審查中服毒自殺，享年僅四十六歲。張畢業於上海醫學院，一九四〇年獲倫敦大學學院博士學位，師從戴爾中國大陸自一九八〇年代改革開放以來，學術界也恢復與外界聯絡，從早期選派出國的訪問學者，到後來大批的交換學生以及自費留學生，再加上國家的大幅經費支援，大陸高等教育與學術研究早已重新站上全球舞臺。一九九四年十月，兩岸在上海中國科學院舉辦過一屆神經科學會議，筆者有幸與會，並與馮張兩位前輩留影，彌足珍貴。

筆者（右立）與馮、張兩位合影，時一九九四年十月十日；左立者是當時陽明藥理的陳慶鏗。

臺灣生理學研究簡史

臺灣的生理學研究可大別為臺大與國防兩個派系：前者承襲臺北帝大，受日據時代的遺風影響較大，早期成員也多以臺籍人士為主；後者由大陸遷臺，成員幾乎全是外省人。再來，國防屬於軍校，以服從上級領導為天職；但早期國防主事者多是協和人（包括生理在內），偏美式風格，因此沖淡了一些軍校的制式。至於臺大校風雖然崇尚自由，但日式教育（尤其是醫學）講究輩分與階級，因此與國防亦有相似之點。

臺北帝大醫學院存在期間只有短短九年（一九三六至四五）[42]，其生理學科下設的第一與第二講座前後共有過四位日籍教授，並沒有留下什麼值得稱道的研究成果。其中擔任過第一講座的永井潛（Hisomu Nagai，任職期間為一九三七至三九）原是東京帝大教授，於退休後轉任，並兼任臺北帝大醫學部部長（即院長）。[43]永井潛在來臺任職前一年，還被日方派到北平大學醫學院講學，臺下有一名浙江醫專的進修生方懷時，後來也來臺當上臺大生理學教授。

一九四五年日本戰敗，臺灣光復，臺北帝大於次年改名國立臺灣大學，日籍教授也陸續遣返日本，許多科系頓呈真空狀態。至於生理科的第二講座教授細谷雄二（Yuji Hosoya）則留任至一九四九年才返國，同時從藥理科及生化科調來彭明聰與黃廷飛兩位擔任生理科講師與助教，協助教學。一九四七年，又有方懷時從江蘇醫學院借調前來任教，擔任副教授，於是方、彭、黃三

的學生蓋登姆（John H. Gaddum），研究腎上腺素對血管的影響。他回國後一直任教上海醫學院，他與學生鄒岡的嗎啡中樞止痛作用點研究（一九六四）於一九九二年被美國科學資訊社（ISI）選為「引用經典」(Citation Classic ®)。張於文化大革命初期（一九六七）就自殺了，享年六十一歲。他的女兒張安中也是上海醫大教授，外孫女陳沖後來是著名演員。張自殺時陳沖年方六歲，他給陳留下「講話要和氣、對人要尊重」幾個字，可謂無聲的抗議。

42 有人把之前的臺灣總督府醫學校及後來改名的醫學專門學校視為臺大醫學院前身，但就生理學研究史而言，只能從帝大醫學院成立後起算。

43 永井潛是二十世紀初在日本提倡優生學最力的學者，一九三〇年成立了日本國家衛生學會，並促成日本優生法案通過，以絕育手術為手段進行人種改良。一九三九至四五年間，他還擔任北京帝大的醫學部主任，極力宣揚大東亞共榮，為日本侵華做張本。Chung, Y. J. (2002) *Struggle for National Survival: Eugenics in Sino-Japanese Contexts, 1896-1945*. pp. 152-156, Routledge, New York, NY, USA. Nakatani, Y. (2006) The birth of criminology in modern Japan. In: Becker, P. and Wetzell, R. F. (eds). *Criminals and Their Scientists. The History of Criminology in International Perspectives*. pp. 295-296, Cambridge University Press, New York, NY, USA。

人就成了臺大生理學科的「三巨頭」。方與彭於一九七八年同時獲選為中研院院士，成為臺灣生理學界的祖師級人物。在介紹方與彭兩位的研究經歷前，得先介紹國防生理的首任主任：柳安昌。

一九四九年，國民政府內戰失利，遷都臺灣。當時曾有「搶救學人計畫」，但響應者不多，像前一年選出的第一屆八十一位院士裡，只有十一位去了臺灣。[44] 其中生理學門僅有一位，就是將國防醫學院遷往臺灣的林可勝，但林在臺灣沒待太久，就離臺赴美。前文列表中的早期知名生理學家裡，除了林可勝外，就只有柳安昌一位隨國防醫學院來臺，其餘都滯留大陸或國外；所以，柳也成為臺灣生理學界的另一位祖師級人物，其輩分與資歷猶在臺大諸人之上。

柳安昌是山西代縣人，與林可勝同年；一九一九年考入協和醫學院，從醫預科讀起，於一九二八年畢業，是改制後協和的第五屆畢業生。他畢業後沒有行醫，留校擔任林可勝的生理助教，並進行胃液分泌的研究。一九三四至三五年間，林推薦柳到哈佛大學坎能的實驗室進修了一年，研究交感神經及其分泌物的作用，成果發表在《美國生理學雜誌》，共兩篇論文。柳回國後，由於日本侵華野心日熾，並占領大部分華北地區，因此他沒有在協和久待，而前往南京軍醫學校擔任生理系主任，訓練軍醫，為抗戰作準備（這很可能也是林可勝的安排）。

軍醫學校的前身是北洋軍醫學堂（一九〇二）、陸軍軍醫學堂（一九〇六），以及陸軍軍醫學校（一九一二）。原校校址在北平，一九三三年遷往南京，一九三六年改名為軍醫學校（因為畢業生不只分發陸軍，也包括空軍與海軍）。軍醫學校遷往南京後，由前協和院長劉瑞恆（哈佛大學醫學博士）兼任院長，沈克非（美國西儲大學醫學博士，協和外科教授）為教育長，實際主持校務，將原來的德日系統改為美式，並全面更換基礎各科教師（柳安昌是其中之一），還引發短暫學潮。在此同時，有陸軍軍醫學校一九二三年畢業生張建從德國取得醫學博士回國，於一九三四年在廣東也成立了一所軍醫學校。該校於一九三六年併入南京的中央軍醫學校，稱為廣州分校，由張建擔任教育長，仍採德式教育。

一九三七年抗戰爆發，軍醫學校先是遷往廣州，與廣州分校合併，後又遷往桂林，最後落腳貴州安順。由於南京與廣州的兩所軍醫學校教育方式不同，柳安昌與張建起了衝突，因此離職前往新成立的貴陽醫學院任教。[45]一九四一年起，柳又轉往林可勝主持的戰時衛生人員訓練所，擔任生理學教官兼教務主任。抗戰勝利後次年（一九四六），衛生人員訓練所與軍醫學校合併，在上海成立國防醫學院，由林可勝任院長，張建與盧致德[46]任副院長，柳則擔任生物理學系主任兼

44 其餘七十位裡，除了一位早逝外，十位去了美國（加上林可勝是十一位），留在大陸的有五十九位；但胡適與吳大猷又先後從美國回到臺灣，擔任中研院院長。

45 貴陽醫學院是抗戰期間在大後方成立的國立醫學院，以收納逃離淪陷區的醫學生為主。該院首任院長李宗恩是熱帶病學家，英國格拉斯哥大學醫學博士，一九二三年起任教協和，也是一九四八年第一屆當選的中研院院士；抗戰勝利後擔任協和醫學院院長，但終究治校理念與共產黨不同，於一九五七年被貶至雲南昆明醫學院，五年後病死當地。

46 盧致德也是協和人，比柳安昌低一屆；接任林可勝為國防醫學院院長，並兼任榮民總醫院院長，一九六八年當選第七屆中研院院士。

教務長。一九四九年初，柳隨國防醫學院遷來臺灣，一直擔任該院生物物理系主任，至一九六八年退休。

柳安昌一生教學研究不懈，共發表七十餘篇論文，大多以消化生理為主題；其合作者除了早期幾位協和師友以及從軍醫學校開始的方懷時外，其餘二十多位都是國防畢業留校擔任助教的學生輩，較出名者有姜壽德、韓偉、蔡作雍、周先樂、楊志剛等人。在柳推動下，《中國生理學雜誌》於一九六〇年在臺復刊，延續原先卷號。五十多年來，該期刊從一年一期，到兩期（不時還有脫期），可謂慘澹經營；一直要到九〇年代初才穩定下來，從一年四期到目前的六期，但因內外因素，水準參差不齊，不復當年盛名。[47]

柳安昌退休後，國防生理由其弟子蔡作雍接掌。蔡於一九六〇年代初赴美國哥倫比亞大學進修，師從王世濬進行毛地黃等強心苷的減緩心跳機制研究，於一九六六年取得博士學位。王世濬是協和一九三五年的畢業生，曾擔任林可勝的助教；一九三七年取得洛克斐勒基金會獎學金赴美，於西北大學取得博士學位後，就留在美國哥大任教，直至退休；一九五八至五九年間，王曾返臺客座一年，在臺大及國防講學並指導實驗。王於一九五八年當選第二屆中研院院士，蔡則於一九七八年與臺大的方懷時、彭明聰一起當選院士，之後就再也沒有國內的生理學者當選院士。

早期的國防延續協和傳統，畢業生前幾名都必須留任助教，以培養未來師資。這些人優先享有公費出國進修的機會，因此造就了不少研究人才（學優則仕，當官的也不少），使得國防的研究成果能與臺灣醫界龍頭臺大分庭抗禮。但這項制度也引起學生不少怨言，後來取消強制，改採自願，研究水準就下降許多；加上陸續有陽明、長庚、成大等多家公私立醫學院成立，國防的學術地位就更節節落後了。

國立陽明醫學院於一九七五年成立（一九九四年改制為大學），採公費制度，學生畢業後必須下鄉服務若干年限，以充實基層醫療。該學院成立之初，與國防關係密切，因為首任院長韓偉以及後來的三任院（校）長都是國防人；其餘包括醫學系（周先樂）、生理（姜壽德）、藥理（周先樂兼）、生化（魏如東）、寄生蟲（范秉真）等科的首任主管，也都是國防人。但不到十年時間，隨著老一輩國防人的退休及離職，後繼者與國防多無淵源，國防對陽明的影響也就式微。

回頭來談臺大生理。方懷時是浙江嘉興人，一九三七年畢業於浙江省立醫藥專科學校，他於第五年實習時，前往北平大學醫學院生理學科進修一年，並師從侯宗濂學習生理實驗技術。一年後，侯介紹他到南京軍醫學校擔任柳安昌的生理助教。方抵達南京時，正逢七七事變爆發，於是隨軍醫學校遷往廣州；一年後，又追隨柳前往貴陽醫學院工作，三年內從助教升為講師。一九四一年，柳從貴陽醫學院辭職，前往林可勝的衛生人員訓練所任職，方則離職前往成都，任教由浙醫同學張祖德主持的航空醫官訓練班，並在課餘時間前往同在成都的中央大學醫學院生理

47 自柳安昌退休後，《中國生理學雜誌》便成了繼任生理學會理事長的燙手山芋，直到一九八〇年代後葉才由陽明生理的王錫崗接下編輯與出版重擔，且一做二十餘年，直到退休，功不可沒。

學系進行研究，該系主任正是蔡翹。

中央大學是抗戰期間遷往大後方的諸多大學裡，師資經費都最充實的一所；蔡翹還在當地成立了中國生理學會成都分會，並於一九四一年北京協和被迫關門後，創辦了《中國生理學會成都分會簡報》，以延續停刊的《中國生理學雜誌》。方在這份會誌發表了八篇論文，三篇為獨立發表，展現出研究的潛力。一九四三年，位於重慶北碚的江蘇醫學院以副教授聘請方前往任教，於是方在該校一直待到一九四七年才離職前往臺大任教。因此，方雖然缺少留學深造經驗以及高等學位，但他師從侯宗濂、柳安昌與蔡翹三位名師，加上自身努力，終於在學術界站穩腳步。

方初抵臺大任教的頭兩年，日籍教授細谷雄二仍留在生理系協助教學。細谷畢業於日本東北帝大醫學院，並取得醫學博士學位，是日本研究視覺生理的先驅。[48]他先是研究許多動物眼睛擁有的反光膜（*tapetum lucidum*）[49]，後赴德國研究視紫質（rhodopsin）的吸收光譜與光照漂白反應。細谷自一九三六年臺北帝大醫學院成立後就來臺任教，並以臺灣烏龜及蟾蜍為實驗對象，分離視紫質，同時進行以藥物促進夜視能力的研究。在細谷指導下，方發表了四篇文章於日本的《東北實驗醫學雜誌》，細谷並以指導教授身分推薦方懷時（也包括黃廷飛）以提交論文方式於一九五二年取得日本名古屋大學的博士學位，算是對臺灣生理學界留下的貢獻。細谷離臺返日後，任教新成立的大阪市立大學，並歷任該校醫學院院長及校長一職。細谷的視紫質研究國際知名，但以藥物增進夜視能力的研究則有疑義；夜視鏡發明後，該類研究也就式微。

方懷時的研究初無一定方向，隨指導教授而變，但在任職航空醫官訓練班時，對飛行員體能及航空生理產生興趣。他真正進入這個領域，是在一九五二至五三年赴美進修期間，先入西維吉尼亞大學生理系主任兼醫學院院長凡李立（Edward J. van Liere）的實驗室，探討缺氧對胃腸道運動的影響；後半年則入俄亥俄州立大學生理學教授希區考克的航空生理實驗室，從事減壓（模擬高空）對生理的影響。希區考克就是第四章〈呼吸生理簡史〉中提過、於二次世界大戰期間與夫人聯合翻譯法國生理學家伯特《大氣壓力：實驗生理學研究》一書的呼吸生理學家。希區考克曾進行自體實驗，親身體驗迅速減壓至相當於七萬英尺（兩萬一千公尺）高空的壓力變

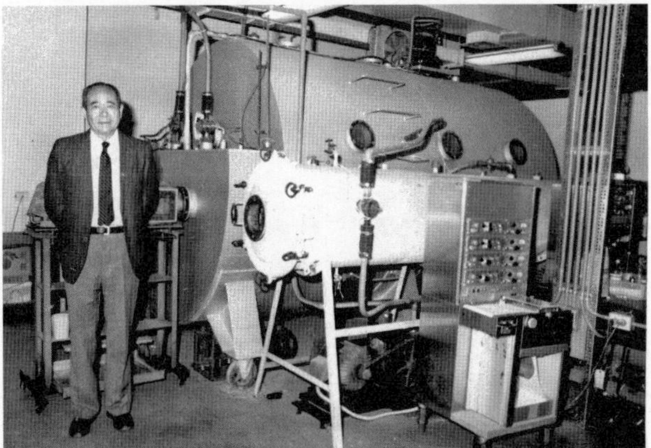

方懷時和減壓艙（臺大生理所提供）

48 Tomita, T. Neurophysiology of the retina. In: Dawson, W.W. and Enoch, J. M. (eds). *Foundations of Sensory Science*. pp. 159-160, Springer-Verlag, Berlin, 1984.

49 *Tapetum lucidum* 是位於視網膜後面的一層膜狀組織（多數位於脈絡膜層，少數在視網膜層），可將通過視網膜到眼底的光線再反射回去，增加動物夜視能力，並造成黑暗中眼睛發亮的眼耀（eyeshine）現象，但人類眼睛缺此構造。

化，發現對身體並無明顯不良影響（受試時戴有氧氣面罩）。[50]

方返臺後，先進行缺氧對腸道運動影響的實驗，結合了航空生理與之前腸道生理的研究。稍後仿希區考克實驗室設計，建造了一大一小相連的減壓艙，可製造迅速減壓的效果，以模擬高空飛行時機艙突然破洞、出現爆炸性減壓（explosive decompression）的情況。方從一九五〇年代起至七〇年代，展開缺氧及迅速減壓的系列研究，發表了七十餘篇論文，建立了他在這一行的地位。期間，他還兩度前往哥倫比亞大學進修，與王世濬共同發表過兩篇文章，探討刺激下視丘對自主神經及腦下腺後葉激素的影響。方於一九七八年當選中研院院士，可謂實至名歸。

彭明聰（取自馬偕醫護管理專校網頁）

臺大生理學科的另一位院士彭明聰，是臺北帝大醫學系第二屆畢業生（一九四一），畢業後留校擔任第一位臺籍醫學博士（畢業於京都大學）、也是當時臺北帝大唯一臺籍教授杜聰明的助教，研習藥理，獲醫學博士學位（一九四五）。[51]如前所述，臺大成立後，由於師資空缺，彭被杜聰明調到生理學科，一待就是四十餘年，直到一九八八年退休。

彭的早期研究也與方一樣，沒有固定主題，舉凡蛇毒、夜視、血量、嘔吐、呼吸中樞等題目都碰過。一九五八年，他頭一次出國到哥倫比亞大學進修，與錢煦[52]共同發表了兩篇心血管生理的文章，登在《美國生理學雜誌》，但他沒有繼續這方面的研究。一九六三年，彭又前往英國牛津大學人類解剖學系進修；該系由神經內分泌學的開創者哈里斯主掌（參見〈神經內分泌簡史〉），彭與該系來自紐西蘭的研究員亞當史密斯（W. N. Adams Smith）合作發表了兩篇文章，分別使用腦下腺與卵巢移植的技術，確定睪固酮造成性別分化的作用點在下視丘、而非腦下腺。自此，彭確定了生殖生理的神經內分泌控制為研究方向，後來更加入老化的主題，探討生殖功能的老化，問題出在哪裡。根據彭的自述[53]及其論文發表，可將其研究成果歸納為以下幾點：

一、利用記錄膈神經（phrenic nerve）活性，協助李鎮源釐清雨傘節蛇毒（bungarotoxin）的

50 Decompression "test flight" amazes experts. *Popular Mechanics*, pp. 174-5, October, 1946.

51 根據波茨坦宣言，臺灣將於戰後歸還中華民國，臺北帝大也將走入歷史，之後的研究生必須將論文送交日本大學，才能獲得博士學位。因此，趕在一九四五年十月臺灣光復前由臺北帝大授予的醫學博士人數特多，修業僅四年的彭明聰與高他一屆的李鎮源同時於該年十月畢業，他們戲稱自己為「波茨坦博士」。

52 錢煦畢業於臺大醫學院（一九五三），是彭的學生輩；一九五七年取得哥大生理博士，並留校任教，一路升到教授（一九六九），一九八八年轉往聖地牙哥加大任教至今。一九九〇至九一年，錢擔任美國生理學會第六十三任會長，也是該會第一位亞裔會長。錢是一九七六年當選的中研院院士，與父親錢思亮同為院士，前外交部長及監察院長錢復是他的弟弟。

53 這是彭院士於一九九四年應陳幸一之請，手寫的一份研究成果簡介，二〇一四年，陳取出發表在臺大醫學院的景福醫訊。由於陳不是神經內分泌學家，其中有許多解讀錯誤，在此一一改正。陳畢業於國防醫學院，受教於蔡作雍，並接受過林可勝的短期指導，是國府遷臺後第一代研究有成的生理學者，但不幸已於二〇一六年因病過世。

作用位置不在中樞，而在膈神經末梢與橫膈交接處，造成肌肉麻痺、呼吸中止而致死（一九六一年）。

二、以年老雌鼠的卵巢及腦下腺與年輕雌鼠的交換，證明年老雌鼠生殖機能老化的主因不在卵巢，也不在腦下腺（一九七二年）。

三、年老雌鼠下視丘前部與腦下腺的雌二醇（estradiol）受體減少，可能是生殖機能老化的原因之一（一九七三、一九八一年）。

四、年老雌鼠視前區、下視丘前部，以及弓狀核神經元數目減少，但年老雄鼠無此現象，符合年老雌鼠神經內分泌機能老化之事實（一九七八年）。

五、注射對氯酚胺酸（parachlorophenylamine）能使年老雄鼠及雌鼠性行為恢復，多巴胺致效劑（dopamine agonists）也能使年老雄鼠性行為恢復（一九九二年）。

六、以胎鼠視前區（preoptic area）懸浮液移植於年老雄鼠視前區，能使三分之二年老雄鼠性能力恢復，證明視前區老化為雄鼠性能力減低原因。以胎鼠下視丘懸浮液移植於年老雌鼠下視丘腹內核，可使約半數年老雌鼠恢復性行為，血中泌乳素濃度亦降至年輕鼠數值（一九九五年）。

臺大生理研究所碩士班於一九四七年就已成立，但直到一九六一年才有第一位碩士畢業。在將近四十年時間裡，臺大是國內唯一的生理學研究所（第二個是一九八五年成立的陽明醫學院生理所），因此國內早期生理學人才除了國防人外，多出自該所。但多年來臺大生理所一年只收一至五名學生，且一直沒有成立博士班[54]，即便一九七八年方、彭兩位當選為院士後亦然，一直要等到一九八九年陽明準備申請博士班時，才趕緊成立；因此臺大生理所的畢業生人數不多，對早期臺灣生理學界人才的培養絕對造成影響。之所以如此，固然與臺大生理幾位大老本身缺乏研究所訓練的經歷有關，同時也難免遭到保守與缺少願景的批評。

最後要提另一位對臺灣生理學界留下影響的人，是臺大生理所一九六三年的畢業生萬家茂。萬原本就讀國防醫學院，但因志趣不和，讀了四年後毅然休學重考，入臺大動物系取得理學士，再考入臺大生理所。他的碩士論文是彭明聰指導的，題目是〈貓延腦的氣管控制區〉（Bronchomotor area of the medulla oblongata of cats）。之後

這是一九六三年臺大生理所第二屆碩士班畢業生與彭、方、黃（右二到右四）三位教授合影，最右邊的一位就是萬家茂。（臺大生理所提供）

54 在此可拿臺大藥理所相比：原本藥理是臺大生理所下設的分組之一，一九六二年才獨立出去，但一九六七年藥理就成立了博士班，培養出許多優秀人才，可見其主事者李鎮源的魄力。

萬赴美於密西根州立大學生理系取得博士學位，博士論文題目為〈甲狀腺功能的比較研究〉（Comparative studies of thyroid function）。

萬於一九七〇年返國，任職中研院動物所，並在臺大動物系與生理所兼任。在他任教的短短十五年間，指導了不下三十位研究生，主要來自臺大動物所、師大生物所與海洋漁業系，臺大生理所則只有兩位。[55]萬的研究從甲狀腺、性腺到腦下腺，再到下視丘，方法則從生物測定到放射免疫法，一路求進。萬指導出來的學生，大多出國進修取得博士學位，除了五、六位留在國外發展外，其餘回國任教陽明、成大、師大、海大等單位，成為國內基礎內分泌研究的主力。萬於一九八五年因心臟病突發過世，享年僅五十，是臺灣生理學界的損失。

總的來說，臺灣的生理學界先天有所不足，以至於在上世紀中未能取得什麼留名生理學史的重大發現；反之，臺灣藥理與生化學界的蛇毒研究，則對神經訊息傳遞以及血液凝結的機制做出貢獻（參見〈神經生理簡史〉），在生物醫學研究史上留名；廣義而言，也是對生理學的貢獻。胡適曾說過：「成功不必在我，而功力必不唐捐。」緬懷前賢，以待後者，以此與國內生理學界同仁共勉。

55本書作者就讀臺大動物學研究所期間（一九七五至七七），即受教於萬家茂，完成碩士論文。

結語

科學（包括生理學）是不斷進步的學問，每年的新發現與新發表不計其數，教科書也不斷更新，變得愈來愈厚。為了不想增加初學者負擔，多數教科書編作者都把歷史性敘述減到最少，人物大多不提，曾經有過的爭議更是不會出現。這麼做雖然不至於影響學習，卻可能造成一些不良後果，那就是學子對所學內容少了歷史的傳承感，對於先賢花了多少心血才得出的知識不夠珍惜，非但不能加以維護，一不小心還落入打著「傳統」、「天然」招牌的另類醫療陷阱而不自知。

除此之外，生理學在二十世紀末葉還遭到邊緣化的危機，那是因為號稱能解開生命奧祕的分子生物學興起，吸引了新一代的生物醫學研究者，使得傳統的生理學研究變得似乎有些過時。許多新潮的生物科系（所謂生命科學）甚至取消生理學的必修學分，還有許多生理科系則遭到改名或合併的命運，這些都是非常不幸的事。由此造成的後果，是造就出一批眼中只有分子細胞、全無整體運作概念的生物醫學專家，經常就試管或培養皿得出的結果，就提出過頭的引申，甚至藉以牟利。這一點，我們從報章雜誌經常出現的研究成果報導（多是自吹自擂），以及失敗率極高的各種藥物臨床試驗，可以看出一二。

再來，那對臨床醫事人員的養成教育也造成影響。由於「醫學之本在生理」，無論是醫生、護士，還是其他醫事人員，都需要對人體生理有完整正確的瞭解，醫學院各科系也絕對不會停掉生理學教學。問題是：新一代的所謂「分子」生理學家是否能提供完整深入的教學內容，則大有疑慮。

對國人來說，生理學知識還有另一項好處，就是對抗無所不在的傳統醫學（也就是中醫）說法。個人並不反對從傳統經驗中擷取有用的素材，進行研究或應用，但反對傳統醫學裡昧於人體解剖生理、只訴諸玄學的理論。不瞭解汽車引擎構造與運作的人，是不敢自己動手修理的（更複雜的飛機就別提了），但傳統中醫就敢在病人身上做各種試驗（好在他們大多只是開些大抵無害也無大用的草藥，而不會開腸剖腹，問題是延誤就醫）。兩相對比，豈不諷刺？

以上幾點，是促使我在過去二十來年筆耕不輟的動力，更是繼前一本《揭開人體生理的奧祕》後，接著撰寫這本《發現人體：生理學簡史》的目的。我希望讓更多人曉得人體到底是怎麼運作的，以及目前我們所知道的人體運作知識，究竟是怎麼來的。唯有對這兩方面有些瞭解，我們才能夠在當今多得讓人眼花撩亂的資訊中，分辨對錯真假，而不至於動不動就被不實宣稱給迷惑。

＊＊＊

拜網路之賜，如今在資料搜尋上比以往方便太多：許多之前必須上圖書館翻出老舊期刊一一影印的文章，如今坐在家中就可在彈指間取得，並下載閱讀。但許多由商業出版社擁有的學術期刊，還都需要付費閱讀，除非你所屬的學術機構圖書館訂閱了該期刊的電子版（有的還有年份限制，只從某年到某年），否則仍有不便。此外，絕版舊書的取得也因網路而容易許多，只要價格合理，我會自行購置；不然，從圖書館借閱（通常要經由館際合作）也是可行之道。

在撰寫〈中國生理學發展史〉一章時，除了廣泛蒐集已發表資料外，還曾得到許多人幫忙，在此一併提出感謝。早在二〇〇八年還沒動手撰寫本書時，就因在部落格撰寫有關協和、林可勝與中國生理學會的文章，接到沈寯淇教授外孫、旅美學人陳達維來信，並慨贈《中國近代生理學六十年》一書，讓我對中國最早期的生理學者有所認識。達維對老一輩中國生理學家及協和醫學院歷史素有研究，對第十一章初稿提供許多寶貴意見，特此致謝。此外，在撰寫及蒐集資料期間，蒙倪章祺教授外孫熊克儉、柳安昌教授孫女柳家珍與柳家瑞提供寶貴資料，北京中國生理學會的肖玲女士提供陳慎昭教授資料，並贈送《根深葉茂，蔚然成蔭。中國生理學人物記》一書，皆銘謝在心。此外，何宜慈科技發展教育基金會將紀念方懷時院士的《懷時論集》放在網上供人免費下載（厚達四百頁），省去我許多找資料的麻煩，功德無量。

倪章祺（熊克儉提供）

關於倪章祺、柳安昌及陳慎昭三位，網路以及平面發表能找到的資料很少，都屬於被遺忘的生理學家，值得在此多說幾句。倪章祺在中國生理學界的輩分極高，一九二二年就取得密西根大學生理學博士學位，之後在明尼蘇達大學與哈佛大學各做過一年博士後研究；一九二五至三五年間任職北京協和醫學院生理學系，其間曾赴丹麥哥本哈根大學進修一年；一九三五年後任職上海雷士德醫學研究所（人民共和國成立後，併入上海醫藥工業研究院），直至一九五八年退休。他是中國生理學會的發起人之一，與林可勝共同在《美國生理學雜誌》發表過一篇文章，但可供玩味的是，中國生理學會在紀念六十週年及八十五週年的人物誌中都沒有關於倪的簡介。我列出倪的簡歷，都是由熊克儉先生提供的。

至於陳慎昭的資料就更少了。我之所以知道她，是《中國近代生理學六十年》書中僅有的兩張團體照中，都有她的身影，且是唯一女性，不免讓人好奇。只不過網上能找到的資料甚少，只在山東大學校長華崗的傳記中附帶提到：陳在一九五一年三反運動中被隔離審查期間服氰化鉀自殺。我由肖玲女士提供的資料得知，陳是福建人，一九二五年燕京大學化學系學士。畢業後在福州文山女校任教，曾參與從美國教會回收教育權活動（採民國學制、由國人擔任校長，以及廢除聖經必修等）。一九二八年任燕京大學助教並攻讀碩士，一九三〇年獲碩士學位後曾任職燕京大學化學系、北平協和醫學院（前述兩幀相片應攝於此時），以及北平市衛生局。一九三六年曾赴新加坡、義大利、法國與英國考察居民營養及衛生狀況。一九三七年留學美國康乃爾大學攻讀生物化學和營養學，一九三九年獲博士學位；留美期間曾宣傳抗日並參與華僑組織抗日募捐。陳於一九三九年回國（抗戰最艱苦時期），先後任教於陸軍軍醫學校、江蘇醫學院及山東大學醫學院（現併入青島大學，擔任教授兼生化科主任）；陳並曾擔任青島市人大代表。

像這樣一位傑出的女性科學家竟然遭小人嫉妒，羅織國民黨特務的罪名（可能與她曾任教國防醫學院前身的軍醫學校有關），導致她自殺明志，享年僅四十六歲，讓人惋惜不已。關於陳短暫但精采的一生，還留待有心人做更多的發掘報導。

一九三五年坎能於協和醫學院講學期間留影；中坐者是林可勝與坎能，左一是沈寯淇，右一是侯宗濂，站立者右一是張錫鈞，右三是陳愼昭，左四是馮德培。

在林可勝赴美後，柳安昌是國府遷臺後國內輩分最高的生理學者，「中國生理學會」以及《中國生理學雜誌》都因為他的緣故，在臺灣持續存在至今。國防生理諸人也都是他的學生輩。從流傳不多的幾則軼事中，可以看出柳是極為嚴格的老師：像他的考題可能只有一條（例如「人為什麼能走路？」或是「踢腿會用到那些肌肉？」），學生如果不會就完了[1]；可能會當掉一半學生，要求補考或重修；許多人也因此延誤畢業，讓學生又敬又怕。

以柳的輩分及研究成果而言（以當年的水平），他應該可以在一九五八年中研院在臺恢復院士選舉後當選院士的，但一連六、七屆下來卻一直沒有成功。在協和比他低一屆的盧致德則於一九六八年當選第七屆院士，可見柳的耿直狷介個性不討人喜。[2]早年國防生物物理學科還設有「安昌室」，如今新一代大概已沒有多少人知道。我在《國防醫學院院史：耆老口述》一書中讀到蔡作雍的自述，竟然無一字述及曾提攜他為助教、指導研究，並派送出國進修的老師柳安昌。這不免讓我對「軍人和學者的特質有先天不相容」的說法，有更深一層的體認。

一九三五年中國生理學會第八屆年會留影；站立者右一是陳慎昭，右五是蔡翹，左一是張錫鈞、左二是汪敬熙、左四是吳憲，中坐穿白衣者為馮德培。

本書承蒙錢煦院士惠賜推薦文，以及好友陳慶鏗、華瑜賢伉儷惠賜序文，在此一併感謝。錢院士是目前國內外輩分以及成就最高的華人生理學者，是唯一一位榮膺美國四大科學院院士、兩岸院士、兩岸生理學會榮譽會員，以及曾任美國生理學會會長的前輩生理學家。他在百忙之中抽空閱讀本書初稿，提供許多寶貴意見，並慨允撰寫推薦文；前輩提攜後進風範，感佩於心。

慶鏗與華瑜是三十一年前我初返陽明任教就認識的同事，當時慶鏗已有在美任教研究多年經驗，給教學研究剛起步的我莫大鼓勵與幫助，我們也成了工作上無話不談的好友。近年來，慶鏗與華瑜積極參與生理與藥理國際學會交流工作，他倆除了分別擔任過亞太藥理與亞太生理學會的會長外，華瑜並於今（二〇一七）年當選世界生理學會聯盟會長；除了是第一位華人會長外，她還是聯會成立六十四年來第一位女性會長，可謂殊榮。他倆慨允賜序，給本書增光不少。

最後，我要感謝內子金鳳長久以來的支持，讓我能在無後顧之憂下，安心寫作。在沒錢萬萬不能的今日，搖筆桿爬格子可是奢侈的興趣；我能不停地寫作翻譯多年，不能不感謝她。

---

1 以今日的教育理念來看，這種考試方式自然是不公平的；但人都是時代的產物，柳接受的是協和式菁英教育，自然難以被一般的國防軍校生接受。

2 根據何邦立發表在《傳記文學》的文章中所述：柳「一九五七年獲教育部在臺首屆學術成就獎，為中央研究院院士第二屆提名之不二人選。有人建議請一桌酒席，以便票選順利，他為此拒絕提名，棄之如敝屣」。因此，「清高」的學術界同樣也有講究人情事故的一面。

參考文獻

一般文獻

Foster, M. (1901) *Lectures on the History of Physiology during the Sixteenth, Seventeenth, and Eighteenth Centuries*. Cambridge University Press, London, UK.

Fulton, J.F. and Wilson, L.G. (1966) *Selected Readings in the History of Physiology*. 2nd ed., Charles C. Thomas, Springfield, IL, USA.

Rothschuh, K.E. (1973) *History of Physiology*. Robert E. Krieger, Huntington, NY, USA. (translated by Risse, G.B.)

諾貝爾獎提名紀錄檔案（解密至一九五三年）http://www.nobelprize.org/nomination/archive/

諾貝爾生理或醫學獎數據 http://www.nobelprize.org/nobel_prizes/facts/medicine/index.html

第一章

Benison S., Barger A.C., and Wolfe E.L. (1987) *Walter B. Cannon. The Life and Times of a Young Scientist*. Harvard University Press, Cambridge, MA, USA.

Nuland, S. (2000) *The Mysteries Within. A Surgeon Reflects on Medical Myths*. Simon & Schuster, New York, NY, USA.

Porter, R. (1996) *The Cambridge Illustrated History of Medicine*. Cambridge University Press, Cambridge, U.K.

第11章

American Physiological Society (1987) *A Century of American Physiology* National Library of Medicine, Bethesda, MD, USA.

Bauereisen, E. (1962) Carl Ludwig as the founder of modern physiology. *The Physiologist* 5:293-299.

Benison S., Barger A.C., and Wolfe E.L. (1987) *Walter B. Cannon. The Life and Times of a Young Scientist*. Harvard University Press, Cambridge, MA, USA.

Bernard, C. (1865) *An Introduction to the Study of Experimental Medicine*. Translated by Greene, H.C. (1927), Dover edition (1957), New York, NY, USA.

Brobeck, J.R., Reynolds, O.E., and Appel, T.A. (1987) *History of the American Physiological Society. The First Century, 1887-1987.* The American Physiological Society, Bethesda, MD, USA.

Cannon, W.B. (1922) Henry Pickering Bowditch 1840-1911. in *Biographical Memoir* 10:183-196, National Academy of Sciences, Washington DC, USA.

Dawson, P.M. (1908) *A Biography of Fran ois Magendie*. Albert T. Huntington, Brooklin, NY, USA.

Franco, N.H. (2013) Animal experiments in biomedical research: A historical perspective. *Animals 3*:238-273.

Geison, G. (1978) *Michael Foster and the Cambridge School of Physiology.* Princeton University Press,

Princeton, NJ, USA.

Guerrini, A. (2003) *Experimenting with Humans and Animals: From Galen to Animal Rights*. Johns Hopkins University Press: Baltimore, MD, USA.

Henderson, J. (2005) *A Life of Ernest Starling*. American Physiological Society, Oxford University Press, New York, NY, USA, pp. 3-4

Hoff, H.E., Geddes, L.A., Spencer, W.A. (1957) The physiograph-an instrument in teaching physiology. *Journal of Medical Education* 33:181-198.

Huxley, T. (1893) The state and the medical profession. In: *Science and Education: Essays*. MacMillan, London, UK, pp. 323-346.

James, E.J. (1974) William Townsend Porter. *Dictionary of American Biography*, Suppl. 4, 1946-50. Charles Scribner' s Sons, New York, NY, USA, pp. 675-677.

Neil, E. (1961) Carl Ludwig and his pupils. *Circulation Research* 9:971-978.

Olmsted, J.M.D. and Olmsted, E.H. (1961) *Claude Bernard and the Experimental Method in Medicine*. Collier Books, New York, NY, USA.

Otis, L. (2004) *Johannes Müller*. The Virtual Laboratory, Max Planck Institute for the History of Science, Berlin, Germany, http://vlp.mpiwg-berlin.mpg.de/references?id=enc22

Sharpey-Schafer, E. (1927) History of the Physiological Society, 1876-1926. *Journal of Physiology* 64 (3 Suppl):1-181.

Valentinuzzi, M.E., Beneke, K., Gonzalez, G. (2012) Ludwig: the bioengineer. *IRRR Pulse* 3:68-78.

Weissmann, G. (2007) Homeostasis and the east wind, in: *Galileo's Gout: Science in an Age of Endarkenment*.

Bellevue Literary Press, New York, NY, USA, pp. 31-44.

Wolfe E.L., Barger A.C. and Benison S. (2000) *Walter B. Cannon. Science and Society*. Countway Library of Medicine, Cambridge, MA, USA.

Zloczower, A. (1981) *Career Opportunities and the Growth of Scientific Discovery in Nineteenth Century Germany*. Arno Press, New York, NY, USA.

第三章

Allen, E.V. (1958) William Harvey Speaks. *Circulation* 17:428-431.

Booth J. (1977) A short history of blood pressure measurement. *Proceedings of the Royal Society of Medicine* 70:793-799.

Fishman, A.P. and Richards, D.W. (1982) *Circulation of the Blood. Men and Ideas*. American Physiological Society, Bethesda, MD, USA.

McAlister, V.C. (2007) William Harvey, Fabricius ab Acquapendente and the divide between medicine and surgery. *Canadian Journal of Surgery* 50:7-8.

Harvey, W. (1628) *The Circulation of the Blood and Other Writings*. Translated by Franklin, K.J. (1963) including *Movement of the Heart and Blood in Animals: An Anatomical Essay* and letters to Riolan, Everyman, London, UK.

Henderson, J. (2005) *A Life of Ernest Starling*. American Physiological Society, Oxford University Press, New York, NY, USA.

Katz A.M. (2002) Ernest Henry Starling, his predecessors, and the "law of the heart" . *Circulation* 106:2986-

2992.

Lynch, R.G. (2009) Hypertension and the kidney. In: *Milestone in Investigative Pathology*, American Society for Investigative Pathology, pp. 25-26.

Rivera-Ruiz, M., Cajavilca, C., and Varon, J. (2008) Einthoven' s string galvanometer. The first electrocardiograph. *Texas Heart Institute Journal* 35:174-178.

Sakai T. and Hosoyamada, Y. (2013) Are the precapillary sphincters and metarterioles universal components of the microcirculation? An historical review. *The Journal of Physiological Sciences* 63:319-331.

Shackelford, J. (2003) *William Harvey and the Mechanics of the Heart*. Oxford University Press, New York, NY, USA.

Silverman , M.E. (2002) Walter Gaskell and the understanding of atrioventricular conduction and block. *Journal of the American College of Cardiology* 39:1574–80.

Silverman, M.E., Daniel Grove, D., and Upshaw, C.B.Jr. (2006) Why does the heart beat? The discovery of the electrical system of the heart. *Circulation* 113:2775-2781.

Silverman, M.E. and Hollman, A. (2007) Discovery of the sinus node by Keith and Flack: on the centennial of their 1907 publication. *Heart* 93:1184–1187.

Van Epps, H.L. (2005) Harry Goldblatt and the discovery of rennin. *Journal of Experimental Medicine* 201:1351.

Zimmer H.-G. (2002) Who discovered the Frank-Starling mechanism? *News in Physiological Sciences* 17: 181-184.

Zimmer, H.-G. (2004) Heinrich Ewald Hering and the carotid sinus reflex. *Clinical Cardiology* 27:485-486.

Zimmer, H.-G. (2004) Ilya Fadeyevich Tsion, alias Elias Cyon, alias Élie de Cyon. *Clinical Cardiology* 27:584–585.

第四章

Bensley, E.H. (1978) Sir William Osler and Mabel Purefoy Fitzgerald. *Osler Library Newsletter* 27:1-2

Bert, P. (1878) *Barometric Pressure. Researches in Experimental Physiology*. Translated by Hitchcock, M.A. and Hitchcock, F.A. (1943) College Book Company, Columbus, OH, USA.

Boycott, A. E., Damant, G. C. C., and Haldane, J. S. (1908) The prevention of compressed air illness. *Journal of Hygiene* 8:342-443.

Douglas, C. G., Haldane, J. S., Henderson, Y. and Schneider, E. C. (1913) Physiological observations made on Pike' s Peak, Colorado, with special reference to adaptation to low barometric pressures. *Philosophical Transactions of the Royal Society B*. 203:185-381.

De Castro, F. (2009) Towards the sensory nature of the carotid body: Hering, De Castro and Heymans. *Frontiers in Neuroanatomy* 3:1-11.

FitzGerald, M.P. (1913) The changes in the breathing and the blood at various high altitudes. *Philosophical Transactions of the Royal Society B*. 203: 351-371.

FitzGerald, M.P. (1914) Further observations on the changes in the breathing and the blood at various high altitudes. *Proceeding of the Royal Society B*. 88: 248-258.

FitzGerald, M.P.; Haldane, J.S. (1905) The normal alveolar carbonic acid pressure in man. *Journal of Physiology* 32: 486-494.

Goodman M. (2015) The high-altitude research of Mabel Purefoy FitzGerald, 1911–13. *Notes and Records. The Royal Society Journal of the History of Science* 69:85-99.

Kety, S.S. and Forster R.E. (2001) Julius H. Comroe, Jr. 1911-1964.in *Biographical Memoir* 79: 67-83, The National Academy Press, Washington, D.C., USA.

Kinsman, J.M. (1927) The history of the study of respiration. Presented to the Innominate Society. http://www.innominatesociety.com/Articles/The%20History%20of%20the%20Study%20of%20Respiration.htm

Lumsden T. (1923) The regulation of respiration: part I. *Journal of Physiology* 58:81-91. and The regulation of respiration: part II. Normal type. *Journal of Physiology* 58:111-126.

Otis, A. (1998) Wallace Fenn and the Journal of Applied Physiology. *Journal of Applied Physiology* 85:43-45.

Svedberg, G. (2012) *A Tribute to the Memory of Carl Wilhelm Scheele (1742-1786)*. Royal Swedish Academy of Engineering Sciences, Stockholm, Sweden.

Underwood, A.U. (1943) Lavoisier and the history of respiration. *Proceedings of the Royal Society of Medicine* 37:247-262.

West, J.B. (2012) Torricelli and the ocean of air: the first measurement of barometric pressure. *Physiology* 28:66-73

West, J.B., Schoene, R.B., and Milledge, J.S. (2007) *High Altitude Medicine and Physiology*. 4th Ed., Hodder Arnold, London, UK.

第五章

Agre, P., Preston, G.M., Smith, B.L., Jung, J.S., Raina, S., Moon, C., Guggino, W.B., and Nielsen, S. (1993) Aquaporin CHIP: the archetypal molecular water channel. *American Journal of Physiology* 265 (*Renal Fluid Electrolyte Physiology* 34): F463-F476.

Gottschalk, C.W., Berliner, R.W., and Giebisch, G. H. (1987) *Renal Physiology. People and Ideas*. American Physiological Society, Bethesda, MD, USA.

Hargitay, B. and Kuhn, W. (1951) The multiplication principle as the basis for concentrating urine in the kidney. Translated by Torossi, T. and Thomas, S.R. (2001) and published in *Journal of American Society of Nephrology* 12:1566-1586, with comments by B. Hargitay and S.R. Thomas.

Hastings, A.B. (1976) Donald Dexter van Slyke, 1883-1971. in *Biographical Memoir* 48:309-360, National Academy of Sciences, Washington, DC, USA.

Kennedy, T.J. Jr. (1998) James Augustine Shannon, 1904-1994. in *Biographical Memoir* 75:357-380, National Academy of Sciences, Washington, DC, USA.

Morel, F. (1999) The loop of Henle, a turning point in the history of kidney physiology. *Nephrology Dialysis Transplantation* 14:2510-2515.

Pitts, R.F. (1967) Homer William Smith, 1895-1962. in *Biographical Memoir* 39:445-470, National Academy of Sciences, Washington, DC, USA.

Schafer J.A. (2004) Experimental validation of the countercurrent model of urinary concentration. *American Journal of Physiology Renal Physiology* 287:F861-863.

Schmidt, C.F. (1971) Alfred Newton Richards, 1876-1966. in *Biographical Memoir* 42:271–318, National

Academy of Sciences, Washington, DC, USA.

Valtin, H. (1999) Carl W. Gottschalk' s contributions to elucidating the urinary concentrating mechanism. *Journal of American Society of Nephrology* 10:620-627.

第六章

Anonymous (1974) Andrew C. Ivy. 1893-. *Physiologist* 17: 11-14.

Beaumont, W. (1833) *Experiments and Observations of the Gastric Juice, and the Physiology of Digestion*. Dover edition (1959) with William Osler' s address on Beaumont.

Bloch, H. (1987) Man' s curiosity about food digestion: an historical overview. *Journal of the National Medical Association* 79:1223-1227.

Jornvall, H., Agerberth, B., and Zasloff, M. (2008) Viktor Mutt: a giant in the field of bioactive peptides. in Skulachev, V.P. and G. Semenza (Eds.) *Stories of Success – Personal Recollections. XI* (*Comprehensive Biochemistry* Vol. 46) pp. 397-416.

Kirsner, J.B. (1998) The origin of 20th century discoveries transforming clinical gastroenterology. *The American Journal of Gastroenterology* 93:862-871.

Konturek, P.C. and Konturek, S.J. (2003) The history of gastrointestinal hormones and the Polish contribution to elucidation of their biology and relation to nervous system. *Journal of Physiology and Pharmacology* 54:83-98.

Todes, D. (2000) *Ivan Pavlov. Exploring the Animal Machine*. Oxford University Press, New York, NY, USA.

第七章

Bresadola, M. (1998) Medicine and science in the life of Luigi Galvani (1737–1798). *Brain Research Bulletin* 46:367-380.

Carlsson, A. (2000) A half-century of neurotransmitter research: impact on neurobiology and psychiatry. in Jornvall, H. (ed.), *Nobel Lectures in Physiology or Medicine 1996-2000*, pp. 303-322.

Davis, M.C., Griessenauer, C.J., Bosmia, A.N., Tubbs, R.S., and Shoja M.M. (2014) The naming of the cranial nerves: A historical review. *Clinical Anatomy* 27:14-19.

Dale, H.H. (1962) Otto Loewi. 1873-1961. *Biographical Memoirs of Fellows of the Royal Society*, 8: 67-89.

De Carlos, J.A. and Borrell J. (2007) A historical reflection of the contributions of Cajal and Golgi to the foundations of neuroscience. *Brain Research Reviews* 55:8-16.

Eccles, J.C. and Gibson, W.C. (1979) *Sherrington. His Life and Thought*. Springer International, Berlin, Germany.

Feldberg W. S. (1970) Henry Hallett Dale, 1875-1968. *Biographical Memoirs of Fellows of the Royal Society*, 16:77-174.

Finger, S. (2000) *Minds Behind the Brain. A History of the Pioneers and Their Discoveries*. Oxford University Press, New York, NY USA.

Forbes, A. (1916) Keith Lucas. *Science* 44:808-810.

Granholm A.-C., Skirboll, L., and Schultzberg, M. (2010) Chemical signaling in the nervous system in health and disease: Nils-Ake Hillarp' s legacy. *Progress in Neurobiology*. 90:71-74.

Grant, G. (2007) How the 1906 Nobel Prize in Physiology or Medicine was shared between Golgi and Cajal.

Brain Research Reviews 55:490-498.

Hoffman, B.B. (2013) *Adrenaline*. Harvard University Press, Cambridge, MA, USA.

Hökfelt, T. (2010) Looking at neurotransmitters in the microscope. *Progress in Neurobiology*. 90:101-118.

Hughes, J.T. (1991) *Thomas Willis 1621-1675. His Life and Work*. Royal Society of Medicine Services Limited, New York, NY, USA.

Huxley, A. (1996) Kenneth Stewart Cole, 1900-1984. in *Biographical Memoir* 70:25-46, National Academy of Sciences, Washington, DC, USA.

Katz, B. (1996) Sir Bernard Katz. in *The History of Neuroscience in Autobiography, Vol. 1*. Squire, L.R. (ed.), Society for Neuroscience, Washington DC, USA, pp.348-381.

Kandel, E.R. (2009) The Biology of Memory: A Forty-Year Perspective. *Journal of Neuroscience* 29:12748-12756.

Lømo T. (2003) The discovery of long-term potentiation. *Phil. Trans. R. Soc. Lond Philosophical Transactions of the Royal Society of London B* 358:617–620.

Molnár, Z. (2004) Thomas Willis (1621–1675), the founder of clinical neuroscience. *Nature Reviews Neuroscience* 5:329-335.

O' Connor, J.P.B. (2003) Thomas Willis and the background to *Cerebri Anatome*. *Journal of the Royal Society of Medicine* 96:139-143.

Pearce, J. (2004) Sir Charles Scott Sherrington (1857–1952) and the synapse. *Journal of Neurology, Neurosurgery and Psychiatry* 75:544.

Perl, E. (1994) The 1944 Nobel Prize to Erlanger and Gasser. *The FASEB Journal* 8:782-783.

Piccolino, M. (1998) Animal electricity and the birth of electrophysiology: The legacy of Luigi Galvani. *Brain Research Bulletin* 46:381–407.

Piccolino, M. (2002) Fifty years of the Hodgkin-Huxley era. *Trends in Neuroscience* 25:552-553.

Piccolino, M. (2006) Luigi Galvani' s path to animal electricity. *C. R. Biologies* 329:303–318.

Rapport, R. (2005) *Nerve Endings. The Discovery of the Synapse.* W.W. Norton &Company, New York, NY, USA.

Sakmann B. (2007) Sir Bernard Katz: 1911-2003. *Biographical Memoirs of Fellows of the Royal Society*, 53:186-202.

Schwiening, C.J. (2012) A brief historical perspective: Hodgkin and Huxley. *Journal of Physiology* 590:2571-2575.

Seyfarth, E.-A. (2006) Julius Bernstein (1839–1917): pioneer neurobiologist and biophysicist. *Biological Cybernetics* 94:2-8.

Todman, D. (2009) *John Farquhar Fulton (1899–1960),* IBRO History of Neuroscience.

Valenstein, E.S. (2005) *The War of the Soups and the Sparks. The Discovery of Neurotransmitters and the Dispute over How Nerves Communicate.* Columbia University Press, New York, NY USA.

Zimmer, C. (2004) *Soul Made Flesh. The Discovery of the Brain—and How It Changed the World.* Free Press, New York, NY, USA.

第八章

Ahlquist, R.P. (1978) A study of the adrenotropic receptors. *Citation Classics, Current Contents* 45:209.

Bennett, J. (2001) Adrenalin and cherry trees. *Modern Drug Discovery* 4:47-51.

Bowditch, H.P. (1897) *Charles-Edouard Brown Séquard, 1817-1894*. in *Biographical Memoir* 4:93-97, National Academy of Sciences, Washington, DC, USA.

Bliss, M. (1982) *The Discovery of Insulin.* The University of Chicago Press, Chicago, IL, USA.

Davenport, H.W. (1982) Epinephrin(e). *The Physiologist* 25:76-82.

de Herder, W.W. (2014) Heroes in endocrinology: Nobel Prizes. *Endocrine Connections* 3:R94-104.

Henderson, J. (2005) Ernest Starling and "Hormones" : an historical commentary. *Journal of Endocrinology*184:5–10.

McCann, S.M. (1988) *Endocrinology. People and Ideas*. American Physiological Society, Bethesda, MD, USA.

Wilson, J.D. (2005) The evolution of endocrinology. *Clinical Endocrinology* 62:389-396.

第九章

Harris, G.W. (1955) *Neural Control of the Pituitary Gland.* Edward Arnold, London, UK.

Marshall, L.H. and Magoun, H.W. (1998) *Discoveries in the Human Brain*. Humana Press, Totowa, NJ, USA.

Meites, J., Donovan, B.T., and McCann, S.M. (1975) *Pioneers in Neuroendocrinology.* Plenum Press, NewYork, NY, USA.

Meites, J., Donovan, B.T., and McCann, S.M. (1978) *Pioneers in Neuroendocrinology II.* Plenum Press, New York, NY, USA.

Nalbandov, A.V. (1963) *Advances in Neuroendocrinology*, University of Illinois Press, Urbana, IL, USA.

Raisman, G. (1997) An urge to explain the incomprehensible: Geoffrey Harris and the discovery of the neural control of the pituitary gland. *Annual Review of Neuroscience* 20:533-566.

Sawin, C.T. (1992) Philip E. Smith (1884-1970). *The Endocrinologist.* 2:213-215.

Scharrer, E. and Scharrer, B.(1963) *Neuroendocrinology.* Columbia University Press, New York, NY, USA.

Vogt, M.L. (1972) Geoffrey Wingfield Harris, 1913-1971. *Biographical Memoirs of Fellows of the Royal Society* 18:309-329.

Wade, N. (1981) *The Nobel Duel. Two Scientists' 21-Year Race to Win the World's Most Coveted Research Prize.* Anchor Press/Doubleday, Green City, NY, USA.

第十章

Asbell, B. (1995) *The Pill: A Biography of the Drug that Changed the World.* Random House, New York, NY, USA.

Chang, M.C. (1985) Recollection of 40 years at the Worcester Foundation for Experimental Biology. *The Physiologist* 28:400-401.

Cole, R.D. (1996) Cho Hao Li, 1913-1987. in *Biographical Memoir* 70:221-240, National Academy of Sciences, Washington, DC, USA.

Corner, G.W. (1974) Herbert McLean Evans, 1882-1971. in *Biographical Memoir* 45:153-192, National Academy of Sciences, Washington, DC, USA.

Conrad, K.P. (2011) Maternal vasodilation in pregnancv: the emerging role of relaxin. *American Journal of Physiology Regulatory, Integrative and Comparative Physiology* 301:R267–R275.

Diamantis, A., Magiorkinis, E., and Androutsos, G. (2009) What' s in a name? Evidence that Papanicolaou, not Babes, deserves credit for the Pap test. *Diagnostic Cytopathology*, 38:473-476.

Eakin, R.M., Evans, H.M., Goldschmidt, R.B., and Lyons W.R. (1959) Joseph Abraham Long, Zoology: Berkeley, 1879-1953. *University of California: In Memoriam*, Berkeley, CA, USA, pp. 40-42.

Elgert, P.A. and Gill, G.W. (2009) George N. Papanicolaou, MD, PhD. Cytopathology. *Lab Medicine* 40:245-246.

Friedman, A. (2003) Remembrance: the contributions of Frederick Hisaw. *Journal of Clinical Metabolism and Endocrinology* 88:524-527.

Gardner, R. (2015) Robert Geoffrey Edwards, 1925-2013. *Biographical Memoirs of Fellows of the Royal Society* 61:81-102.

Goodman, H.M. (2004) Discovery of the luteinizing hormone of the anterior pituitary gland. *American Journal of Physiology Endocrinology and Metabolism*. 287:E616-819.

Greep, R.O. (1995) Min Chueh Chang, 1908-1991. in *Biographical Memoir* 68:45-62, National Academy of Sciences, Washington, DC, USA.

Ingle, D.J. (1971) Gregory Goodwin Pincus, 1903-1967. in *Biographical Memoir* 42:229-270, National Academy of Sciences, Washington, DC, USA.

Jay, V. (2000) The legacy of Reinier De Graaf. *Archives of Pathology & Laboratory Medicine* 124:1115-1116.

Long, J.A. and Evans, H.M. (1922) The oestrous cycle in the rat and its associated phenomena. *Memoirs of the University of California*, Vol. 6, pp. 1-148.

Ombelet W. (2011) A tribute to Robert Edwards and Howard Jones Jr. Facts, *Views & Vision in ObGyn*, 3:2-4.

Parkes, A. S. (1950) Francis Hugh Adam Marshall. 1878-1949. *Obituary Notices of Fellows of the Royal Society* 7:238-251.

Simmer, V.H.H. (1971) The first experiments to demonstrate an endocrine function of the corpus luteum. On the occasion of the 100 birthday of Ludwig Fraenkel (1870-1951). *Sudhoffs Archiv*, 55:392-417.

Ziel, H.K. and Sawin, C.T. (2000) Frederick L. Hisaw (1891-1972) and the discovery of relaxin. *The Endocrinologist* 10:215-218

Zulueta, B.C. (2009) Master of the master gland: Choh Hao Li, the University of California, and science, migration, and race. *Historical Studies in the Natural Sciences* 39:129-170.

第十一章

Bullock, M.B. (1980) *An American Transplant. The Rockefeller Foundation and Peking Union Medical College*. University of California Press, Berkeley, CA, USA.

Cannon, W. B. (1945) *The Way of an Investigator*. W.W. Norton, New York, NY, USA.

Davenport, H.W. (1980) Robert Kho-Seng Lim, 1897-1969. in *Biographical Memoir* 51:281-306, National Academy of Sciences, Washington, DC, USA.

Feng, T.P. (1988) Looking back, looking forward. *Annual Review of Neuroscience* 11:1-12.

Chang, H. T. (1984) Pilgrimage to Yale. *The Physiologist* 27:390-392.

Chang, H. T. (1988) Physiology of vision in China: past and present. in Yew, D.T., So, K.F., and Tsang, D.S.C. (eds), *Vision: Structure and Function,* World Scientific, Singapore, pp. 3-43.

Chang, H.T. (2001) Hsiang-Tung Chang. in Squire, L.R. (ed.) *The History of Neuroscience in Autobiography,*

Vol.3. Academic Press, San Diego, CA, USA.
Chen, K.K. and Schmidt, C.F. (1930) *Ephedrine and Related Substances. Medicine Monographs Vol. VVII.* William &Wilkins, Baltimore, MD, USA.
Ferguson, M.E. (1970) *China Medical Board and Peking Union Medical College. A Chronicle of Fruitful Collaboration 1914-1951.* China Medical Bard of New York, New York, NY, USA.
Schulkin, J., Rozin, P. and Stellar. (1994) Curt P. Richter 1894-1988. in *Biographical Memoir* 65:311-320, National Academy of Sciences, Washington D. C., USA.
Tsou, G. (1992) The central gray and morphine analgesia. Citation Classic, *Current Contents* 35:11.
Zheng, S. (2013) Ging-Hsi Wong and Chinese physiopsychology. *Protein Cell* 4:563-564.
王志均、陳孟勤（1986）《中國近代生理學六十年（1926-1986）》湖南教育出版社，長沙，湖南，中國。
王曉明（2011）《根深葉茂，蔚然成蔭。中國生理學人物記》高等教育出版社，北京，中國。
何邦立（2014）《懷時論集—航空生理一代宗師方懷時院士》財團法人何宜慈科技發展教育基金會。臺北，中華民國。
何邦立（2017）生理學名家柳安昌教授的道德學問與事功。《傳記文學》110 (4):29-40。
李金湜、張大慶（2013）中國近代生理學學術譜系研究初探—以北京協和醫學院生理學系為例。《生理通訊》32:33-40。
汪曉勤（2001）艾約瑟：致力於中西科技交流的傳教士和學者。《自然辯證法通訊》5:74-83。
高晞（2008）「解剖學」中文譯名的由來與確定。《歷史研究》6:80-104。
孫琢（2010）近代醫學術語的創立—以合信及其《醫學英華字釋》為中心。《自然科學史研究》4:456-474。

夏媛媛、張大慶（2010）曇花一現的中國哈佛醫學院。《中國科技史雜誌》31:55-69。
袁媛（2010）《近代生理學在中國》（1851-1920）。上海人民出版社，上海，中國。
張仲民（2008）晚清出版的生理衛生書籍及其讀者。《史林》4:20-36。
張大慶（2001）高似蘭：醫學名詞翻譯標準化的推動者。《中國科技史料》22:324-330。
陳幸一（2014）臺灣生理學界的典型——彭明聰院士。《景福醫訊》31:6-8。
曹育（1988）民國時期的中國生理學會。《中國科技史料》9:21-31。
曹育（1998）中國現代生理學奠基人林可勝博士。《中國科技史料》19:26-41。
董少新（2007）從艾儒略《性學觕述》看明末清初西醫入華與影響模式。《自然科學史研究》26:64-76。
劉遠明（2011）中國近代醫學社團——博醫會。《中華醫史雜誌》41:221-226。
謳歌（2016）《協和醫事》第二版，生活・讀書・新知三聯書店，北京，中國。

十八劃

十九劃

二十劃以上

十六劃

十七劃

十四劃

十五劃

十三劃

十二劃

十一劃

十劃

九劃

八劃

六劃

七劃

索引

島嶼新書
32

發現人體：生理學簡史

作者——潘震澤
總編輯——莊瑞琳
責任編輯——吳崢鴻
封面繪圖——Tai Pera
封面設計——張瑜卿
排版——藍天圖物宣字社

社長——郭重興
發行人兼出版總監——曾大福
出版——衛城出版
發行——遠足文化事業股份有限公司
地址——二三一四一　新北市新店區民權路一〇八-二號九樓
電話——〇二-二二一八一四一七
傳真——〇二-八六六七一〇六五
客服專線——〇八〇〇-二二一〇二九
法律顧問——華洋法律事務所　蘇文生律師
製版——瑞豐電腦製版印刷股份有限公司
初版——二〇一七年十月
定價——四〇〇元

國家圖書館出版品預行編目資料

發現人體：生理學簡史／潘震澤作. -- 初版. -- 新北市：衛城出版：遠足文化發行, 2017.10
面；　公分. --（島嶼新書；32）
ISBN 978-986-95334-3-0（平裝）

1. 人體生理學

397　　106015785

填寫本書線上回函

ACRO POLIS 衛城
EMAIL acropolis@bookrep.com.tw
BLOG www.acropolis.pixnet.net/blog
FACEBOOK http://zh-tw.facebook.com/acropolispublish

● 親愛的讀者你好，非常感謝你購買衛城出版品。
我們非常需要你的意見，請於回函中告訴我們你對此書的意見，
我們會針對你的意見加強改進。

若不方便郵寄回函，歡迎傳真回函給我們。傳真電話 —— 02-2218-1142

或上網搜尋「衛城出版 FACEBOOK」
http://www.facebook.com/acropolispublish

● 讀者資料

你的性別是 □ 男性 □ 女性 □ 其他

你的職業是 ____________________ 你的最高學歷是 ____________________

年齡 □ 20 歲以下 □ 21-30 歲 □ 31-40 歲 □ 41-50 歲 □ 51-60 歲 □ 61 歲以上

若你願意留下 e-mail，我們將優先寄送 ____________________ 衛城出版相關活動訊息與優惠活動

● 購書資料

● 請問你是從哪裡得知本書出版訊息？（可複選）
□ 實體書店 □ 網路書店 □ 報紙 □ 電視 □ 網路 □ 廣播 □ 雜誌 □ 朋友介紹
□ 參加講座活動 □ 其他 __________

● 是在哪裡購買的呢？（單選）
□ 實體連鎖書店 □ 網路書店 □ 獨立書店 □ 傳統書店 □ 團購 □ 其他 __________

● 讓你燃起購買慾的主要原因是？（可複選）
□ 對此類主題感興趣 □ 參加講座後，覺得好像不賴
□ 覺得書籍設計好美，看起來好有質感！ □ 價格優惠吸引我
□ 議題好熱，好像很多人都在看，我也想知道裡面在寫什麼 □ 其實我沒有買書啦！這是送（借）的
□ 其他 __________

● 如果你覺得這本書還不錯，那它的優點是？（可複選）
□ 內容主題具參考價值 □ 文筆流暢 □ 書籍整體設計優美 □ 價格實在 □ 其他 __________

● 如果你覺得這本書讓你好失望，請務必告訴我們它的缺點（可複選）
□ 內容與想像中不符 □ 文筆不流暢 □ 印刷品質差 □ 版面設計影響閱讀 □ 價格偏高 □ 其他 __________

● 大都經由哪些管道得到書籍出版訊息？（可複選）
□ 實體書店 □ 網路書店 □ 報紙 □ 電視 □ 網路 □ 廣播 □ 親友介紹 □ 圖書館 □ 其他 ______

● 習慣購書的地方是？（可複選）
□ 實體連鎖書店 □ 網路書店 □ 獨立書店 □ 傳統書店 □ 學校團購 □ 其他 __________

● 如果你發現書中錯字或是內文有任何需要改進之處，請不吝給我們指教，我們將於再版時更正錯誤

____
____
____
____
____

請沿虛線剪下

廣告回信
臺灣北區郵政管理局登記證
第 1 4 4 3 7 號

請直接投郵•郵資由本公司支付

23141
新北市新店區民權路108-2號9樓

衛城出版 收

● 請沿虛線對折裝訂後寄回, 謝謝!

ACROPOLIS 衛城出版

島嶼新書

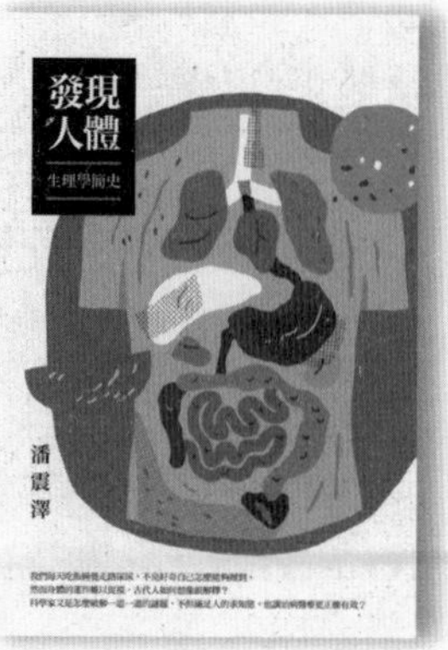